河南省"十四五"普通高等教育规划教材

PHP Web开发技术

（第2版）

高国红　炎士涛　王延涛　李士勇　主编

李学勇　杨献峰　毛克乐　魏峰　副主编

U0377922

清华大学出版社

北　京

内 容 简 介

PHP 简单易学且功能强大,是开发 Web 应用程序理想的脚本语言。具备 HTML 基础知识的 Web 开发初学者,通过学习本书可以快速掌握 PHP 动态网站的设计与开发技术。本书以 PHP 为主线,由浅入深、循序渐进,系统地介绍了 PHP 的相关知识及其在 Web 应用程序开发中的实际应用,并通过具体案例使读者巩固所学知识,更好地进行开发实践。

本书编写者具有多年网站的开发与建设经验,从 PHP 语言和 MySQL 数据库初学者的角度出发,详细讲解了 PHP 语言与 MySQL 的基础概念及编程实践,以及如何在 Dreamweaver CS4 中利用可视化的方式进行网站制作,通过各种实例引导学习者学会使用 PHP 语言和 MySQL 数据库进行动态网站开发。

本书在内容选择上不求面广,但求实用。在书写方式上突出案例学习,避免空洞的描述,每个知识点都设计一个典型实践案例,并留有帮助读者梳理所学知识的实训项目。力求通过实际动手实践练习,全面提高读者的学习效果和动手能力。

本书内容丰富、讲解透彻,适用于 PHP 的初学用户,是一本面向广大 PHP 爱好者的快速入门书或学习者参考用书,也可以用作各类院校相关专业的教学用书或参考用书。

图书在版编目(CIP)数据

PHP Web 开发技术/高国红等主编. —2 版. —北京:清华大学出版社,2023.7
ISBN 978-7-302-63846-9

Ⅰ.①P… Ⅱ.①高… Ⅲ.①PHP 语言—程序设计 Ⅳ.①TP312.8

中国国家版本馆 CIP 数据核字(2023)第 104992 号

责任编辑:汪汉友
封面设计:何凤霞
责任校对:李建庄
责任印制:丛怀宇

出版发行:清华大学出版社
　　　　网　　　址:http://www.tup.com.cn,http://www.wqbook.com
　　　　地　　　址:北京清华大学学研大厦 A 座　　　　　　邮　　编:100084
　　　　社 总 机:010-83470000　　　　　　　　　　　　邮　　购:010-62786544
　　　　投稿与读者服务:010-62776969,c-service@tup.tsinghua.edu.cn
　　　　质量反馈:010-62772015,zhiliang@tup.tsinghua.edu.cn
　　　　课件下载:http://www.tup.com.cn,010-83470236
印 装 者:三河市人民印务有限公司
经　　销:全国新华书店
开　　本:185mm×260mm　　　　　印　张:23.25　　　　字　　数:560 千字
版　　次:2015 年 12 月第 1 版　2023 年 9 月第 2 版　　印　次:2023 年 9 月第 1 次印刷
定　　价:69.00 元

产品编号:101451-01

前　　言

随着网络技术和计算机技术的快速发展,ASP、JSP、PHP 等网站开发技术已成为互动网站开发的主流。PHP 语言是最受欢迎的 Web 开发语言之一,它是一种优秀的服务器端 Web 编程语言,发展迅速,功能强大,由于能运行于不同的平台,已经成为一种应用最为广泛的服务器端 Web 编程语言。在 PHP 动态网站开发技术中,Apache＋MySQL＋PHP 组合以简单易学、开发快速、性能稳定和跨平台等优势而倍受 Web 开发人员的青睐。

编写本书的目的,是让具备 HTML 基础知识的 Web 开发初学者通过学习本书掌握 PHP 动态网站的设计与开发技术。在编写原则上,尽量从 PHP 语言和 MySQL 数据库初学者的角度出发,结合编写者多年的网站开发经验,详细讲解了 PHP 语言和 MySQL 的基础概念及编程实践,以及如何在 Dreamweaver 中利用可视化的方式进行动态网站的开发,通过各种实例引导学习者学会使用 PHP 语言和 MySQL 数据库进行动态网站开发。

本书在内容选择上不求面广,但求实用。在讲述方式上,突出案例实践讲解,避免空洞的描述,每个知识点都设计一个典型案例和若干演示案例,并留有帮助读者梳理所学知识的实训项目,力求通过实践练习全面提高读者的学习效果和动手能力。

全书内容编排简洁、结构合理,在语言表述上力求通俗易懂。在内容安排上共分为 11 章,各章主要内容如下。

第 1 章对网站构建进行了全面的介绍,从不同的角度对比了不同的开发平台。

第 2 章对 PHP 语言进行了一个总体的介绍,讲述了 PHP 语言的发展历史、PHP 语言的优势和应用领域、PHP 语言的开发组件,重点介绍了 PHP 开发环境的配置。

第 3 章介绍了 PHP 语言的一些基础知识,主要包括 PHP 语言的标记风格,如何在 HTML 代码中插入 PHP 语言,PHP 语言的数据类型、常量和变量、运算符和表达式等。

第 4 章介绍了 PHP 语言的结构化程序设计,包括顺序结构、选择结构和循环结构。

第 5 章介绍了 PHP 语言中的函数、数组和字符串的常用操作。

第 6 章介绍了 PHP 面向对象的应用,类和对象的声明与创建、封装、继承、多态、抽象接口,以及一些常用魔术方法的使用。

第 7 章介绍了使用 Dreamweaver CS4 进行可视化的 PHP 动态网页制作的方法,包括获取表单变量、表单验证、获取 URL 变量、页面跳转、会话管理以及 Cookie 应用等。

第 8 章介绍了 PHP 文件编程技术,主要包括文件操作、目录操作以及向服务器上传文件的方法步骤。

第 9 章介绍了 PHP 与 MySQL 数据库的链接、操作方法,包括查询记录、添加记录、更新记录、删除记录等常用操作方法。

第 10 章介绍模板引擎的原理以及 Smarty 模板引擎的应用,包括模板引擎原理、Smarty 模板引擎的安装以及配置,Smarty 的基本、语法与应用以及 Smarty 的缓存问题。

第 11 章介绍了一个信息管理系统的设计思路与设计方法,供读者实战演练。

本书由高国红、炎士涛、王延涛、李士勇担任主编,李学勇、杨献峰、毛克乐、魏峰担任副主编;此外,参加编写工作的还有孙甲霞和韩亚峰。

　　在本书的编写过程中,编者参考了一些资料,吸取了诸多同仁的经验,在此表示感谢。由于计算机技术和 Web 开发技术的不断发展,以及编者水平有限,书中难免存在不足之处,恳请同行专家和读者指正。

编者

2023 年 6 月

目　　录

第 1 章　　**LAMP 网站的概述** ································· 1

1.1　网站软件简介 ··· 1

　　1.1.1　Web 应用的优势 ······································· 1

　　1.1.2　动态网站介绍 ·· 2

　　1.1.3　认识脚本语言 ·· 2

1.2　动态网站软件开发所需的 Web 构件 ····················· 3

　　1.2.1　客户端浏览器 ·· 3

　　1.2.2　扩展超文本标记语言 XHTML ····················· 3

　　1.2.3　层叠样式表 CSS ·· 4

　　1.2.4　客户端脚本编程语言 JavaScript ··················· 4

　　1.2.5　Web 服务器 ··· 4

　　1.2.6　服务器端的编程语言 ··································· 5

　　1.2.7　数据库管理系统 ·· 5

　　1.2.8　主流的 Web 应用程序平台 ·························· 5

　　1.2.9　WWW 的工作原理 ····································· 6

1.3　LAMP 网站开发组合概述 ································· 7

　　1.3.1　Linux 操作系统 ··· 7

　　1.3.2　Web 服务器 Apache ···································· 8

　　1.3.3　MySQL 数据库管理系统 ····························· 8

　　1.3.4　PHP 后台脚本编程语言 ······························ 8

习题 1 ··· 9

第 2 章　　**PHP 开发环境配置** ······························ 10

2.1　PHP 概述 ·· 10

　　2.1.1　PHP 的定义 ··· 10

　　2.1.2　PHP 的发展历史及趋势 ······························ 10

　　2.1.3　PHP 的优势 ··· 11

　　2.1.4　PHP 的应用领域 ·· 11

2.2　PHP 开发组件介绍 ··· 12

　　2.2.1　Apache 服务器 ·· 12

　　2.2.2　PHP 语言 ··· 12

　　2.2.3　MySQL 数据库 ·· 12

2.3　Windows 下 PHP 开发环境配置 ·························· 13

　　2.3.1　安装和测试 Apache ···································· 13

　　2.3.2　配置 Apache 服务器 ···································· 17

2.3.3 管理 Apache 服务器 ·· 18

2.3.4 安装和配置 PHP ·· 19

2.3.5 安装和配置 MySQL ·· 22

2.3.6 使用 Dreamweaver 创建 PHP 站点 ·············· 31

2.4 Linux 系统下源代码包安装 ·· 33

2.4.1 安装前准备 ·· 34

2.4.2 编译安装过程介绍 ·· 36

2.4.3 安装 libxml2 最新库文件 ·· 36

2.4.4 安装 libmcrypt 最新库文件 ·· 37

2.4.5 安装 zlib 最新库文件 ·· 38

2.4.6 安装 libpng 最新库文件 ·· 38

2.4.7 安装 jpeg6 最新库文件 ·· 39

2.4.8 安装 freetype 最新库文件 ·· 40

2.4.9 安装 autoconf 最新的库文件 ·· 40

2.4.10 安装最新的 GD 库文件 ·· 41

2.4.11 安装新版本的 Apache 服务器 ·· 41

2.4.12 安装 MySQL 数据库管理系统 ·· 43

2.4.13 安装最新版本的 PHP 模块 ·· 47

2.4.14 安装 Zend 加速器 ·· 49

2.4.15 phpMyAdmin 的安装 ·· 50

2.4.16 phpMyAdmin 的配置 ·· 51

2.5 本章小结 ·· 54

实训 2 ·· 55

实训 2-1：Apache 的安装与使用 ·· 55

实训 2-2：PHP 开发环境配置 ·· 55

习题 2 ·· 56

第 3 章 PHP 语言基础 ·· 58

3.1 PHP 入门 ·· 58

3.1.1 PHP 标记风格 ·· 58

3.1.2 PHP 程序的注释 ·· 59

3.1.3 在 HTML 中嵌入 PHP ·· 61

3.2 数据类型 ·· 62

3.2.1 PHP 支持的常见数据类型 ·· 62

3.2.2 数据类型转换 ·· 62

3.3 常量与变量 ·· 70

3.3.1 常量 ·· 71

3.3.2 变量 ·· 74

3.4 运算符与表达式 ·· 77

3.4.1 算术运算符及算术表达式 ·· 78

3.4.2　赋值运算符及赋值表达式 ································ 79

3.4.3　关系运算符及关系表达式 ································ 79

3.4.4　逻辑运算符及逻辑表达式 ································ 80

3.4.5　字符串运算符及字符串表达式 ···························· 81

3.4.6　其他运算符及表达式 ···································· 82

3.4.7　运算符优先级 ·· 83

3.5　本章小结 ·· 84

实训 3 ·· 84

习题 3 ·· 87

第 4 章　结构化程序设计 ·· 89

4.1　顺序结构 ·· 89

4.2　选择结构 ·· 90

4.2.1　if 语句 ·· 90

4.2.2　switch 语句 ·· 94

4.3　循环结构 ·· 98

4.3.1　while 语句 ··· 98

4.3.2　do…while 语句 ··· 99

4.3.3　for 语句 ·· 100

4.3.4　foreach 语句 ·· 102

4.4　本章小结 ··· 105

实训 4 ··· 105

习题 4 ··· 108

第 5 章　函数、数组与字符串操作 ······································ 109

5.1　函数 ··· 109

5.1.1　函数的一般形式 ······································· 109

5.1.2　函数参数与返回值 ····································· 110

5.1.3　函数调用 ··· 114

5.1.4　变量的作用范围和生命周期 ····························· 116

5.2　数组 ··· 119

5.2.1　一维数组 ··· 119

5.2.2　数组的排序 ··· 120

5.3　字符串 ··· 123

5.3.1　基本的字符串函数 ····································· 123

5.3.2　正则表达式 ··· 127

5.4　本章小结 ··· 130

实训 5 ··· 130

习题 5 ··· 132

第 6 章　PHP 面向对象的程序设计 ···································· 133

　6.1　面向对象 ···································· 133

　　6.1.1　面向对象与面向过程的比较 ···································· 133

　　6.1.2　面向对象的特性 ···································· 134

　6.2　类、属性、方法与对象 ···································· 135

　　6.2.1　类的声明 ···································· 136

　　6.2.2　成员属性与方法 ···································· 138

　　6.2.3　通过类实例化对象 ···································· 140

　6.3　构造函数与析构函数 ···································· 146

　　6.3.1　构造函数 ···································· 147

　　6.3.2　析构函数 ···································· 148

　6.4　封装性与继承性 ···································· 149

　　6.4.1　访问类型及私有成员的访问 ···································· 150

　　6.4.2　__set()、__get()、__isset()和__unset() ···································· 152

　　6.4.3　类继承的应用 ···································· 155

　　6.4.4　子类中重载父类的方法 ···································· 157

　6.5　抽象类、接口与多态性 ···································· 159

　　6.5.1　抽象方法和抽象类 ···································· 160

　　6.5.2　接口技术 ···································· 161

　　6.5.3　多态的应用 ···································· 164

　6.6　本章小结 ···································· 168

　实训 6 ···································· 168

　习题 6 ···································· 170

第 7 章　使用 Dreamweaver 构建 PHP 互动网页 ···································· 172

　7.1　获取表单变量 ···································· 172

　　7.1.1　创建表单 ···································· 172

　　7.1.2　创建表单按钮 ···································· 174

　　7.1.3　获取表单变量 ···································· 176

　　7.1.4　使用文本域 ···································· 180

　　7.1.5　使用单选按钮 ···································· 185

　　7.1.6　使用复选框 ···································· 190

　　7.1.7　使用列表框 ···································· 193

　　7.1.8　使用隐藏域 ···································· 196

　　7.1.9　添加图像按钮 ···································· 198

　7.2　表单验证 ···································· 201

　　7.2.1　使用"检查表单"行为进行表单验证 ···································· 201

　　7.2.2　使用 Spry 框架进行表单验证 ···································· 202

　7.3　获取 URL 变量 ···································· 207

　　7.3.1　获取 URL 变量 ···································· 207

  7.3.2 URL 变量的编码和解码 ·· 209

 7.4 页面跳转 ·· 210

  7.4.1 使用 header()函数 ·· 210

  7.4.2 使用客户端脚本 ·· 211

  7.4.3 使用 HTML 标记 ·· 212

 7.5 会话管理 ·· 213

  7.5.1 会话变量概述 ·· 213

  7.5.2 创建会话变量 ·· 214

  7.5.3 注销会话变量 ·· 216

 7.6 Cookie 应用 ·· 218

  7.6.1 Cookie 概述 ·· 218

  7.6.2 Cookie 的应用方法 ··· 218

 7.7 本章小结 ·· 221

 实训 7 ··· 221

 习题 7 ··· 224

第 8 章 PHP 文件编程 ·· 226

 8.1 文件操作 ·· 226

  8.1.1 检查文件是否存在 ··· 226

  8.1.2 打开和关闭文件 ·· 227

  8.1.3 读取和写入文件 ·· 229

  8.1.4 文件定位 ·· 235

  8.1.5 文件属性检查 ·· 236

  8.1.6 复制、删除、重命名文件 ······································ 237

 8.2 目录操作 ·· 239

  8.2.1 创建目录 ·· 239

  8.2.2 读取目录 ·· 239

  8.2.3 复制、删除和移动目录 ·· 240

  8.2.4 遍历和检索目录 ·· 242

 8.3 文件上传 ·· 245

  8.3.1 文件上传的原理 ·· 245

  8.3.2 文件上传的实现 ·· 245

 8.4 本章小结 ·· 249

 实训 8 ··· 249

  实训 8-1：文件上传 ··· 249

  实训 8-2：目录操作 ··· 250

  实训 8-3：文件下载 ··· 251

 习题 8 ··· 254

第 9 章　PHP 与 MySQL ··· 255

9.1　MySQL 基本语法 ·· 255

9.1.1　基础概念 ·· 255

9.1.2　数据查询 ·· 256

9.1.3　创建表和表关联 ··· 258

9.2　连接数据库 ··· 259

9.2.1　编程实现 MySQL 数据库连接 ······························ 259

9.2.2　在 Dreamweaver 中创建 MySQL 连接 ······················ 262

9.2.3　数据库连接的应用与管理 ································· 263

9.3　查询记录 ··· 264

9.3.1　通过编程实现查询记录 ··································· 264

9.3.2　在 Dreamweaver 中创建记录集 ···························· 267

9.3.3　分页显示记录集 ··· 270

9.3.4　创建搜索页和结果页 ····································· 275

9.3.5　创建主页和详细页 ······································· 277

9.4　添加记录 ··· 280

9.4.1　通过编程实现添加记录 ··································· 280

9.4.2　快速生成记录添加页 ····································· 281

9.5　更新记录 ··· 285

9.5.1　通过编程实现记录更新 ··································· 285

9.5.2　快速生成记录更新页 ····································· 289

9.6　删除记录 ··· 292

9.6.1　通过编程实现记录删除 ··································· 292

9.6.2　快速生成记录删除页 ····································· 293

9.7　本章小结 ··· 296

实训 9 ·· 296

习题 9 ·· 298

第 10 章　PHP 的模板引擎 Smarty ······································· 299

10.1　什么是模板引擎 ··· 299

10.2　Smarty 模板引擎安装 ·· 300

10.2.1　安装 Smarty ·· 300

10.2.2　初始化 Smarty 类库的默认设置 ·························· 300

10.2.3　第一个 Smarty 的简单示例 ······························ 302

10.2.4　Smarty 在应用程序逻辑层的使用 ························· 303

10.2.5　模板中的注释 ·· 305

10.2.6　模板中的变量声明 ······································ 305

10.2.7　在模板中输出从 PHP 分配的变量 ························· 305

10.2.8　模板变量中的数学运算 ·································· 307

10.2.9　在模板中使用{＄smarty}保留变量 ······················· 308

          10.2.10   变量调节器 ……………………………………………………… 308

          10.2.11   模板的控制结构 …………………………………………… 310

  10.3 本章小结 …………………………………………………………… 312

  实训 10 ……………………………………………………………………… 313

  习题 10 ……………………………………………………………………… 314

第 11 章 新闻管理系统设计 ……………………………………………… 315

  11.1 系统的总体规划 …………………………………………………… 315

        11.1.1 系统功能概述 ……………………………………………… 315

        11.1.2 系统流程分析 ……………………………………………… 316

        11.1.3 系统的文件结构 …………………………………………… 316

  11.2 数据库设计 ………………………………………………………… 317

        11.2.1 数据库需求分析 …………………………………………… 317

        11.2.2 数据库表的结构设计 ……………………………………… 317

  11.3 新闻发布设计 ……………………………………………………… 319

        11.3.1 新闻首页 …………………………………………………… 319

        11.3.2 新闻的详细页面设置 ……………………………………… 325

  11.4 后台新闻管理的设计 ……………………………………………… 328

        11.4.1 登录页面设计 ……………………………………………… 328

        11.4.2 后台管理首页设计 ………………………………………… 331

        11.4.3 后台数据库的写入操作设计 ……………………………… 336

  11.5 本章小结 …………………………………………………………… 357

  实训 11 ……………………………………………………………………… 357

  习题 11 ……………………………………………………………………… 358

第 1 章　LAMP 网站的概述

学习目标：

本章主要从版本发展、行业应用、市场优势和产品特性等方面对 LAMP 平台（Linux、Apache、MySQL 和 PHP 的组合）进行介绍。LAMP 组合是动态网站软件构建的发展趋势，通过本章的学习，可了解 LAMP 平台，并为 PHP 的学习提前做好准备工作。本章学习要求如表 1-1 所示。

表 1-1　本章学习要求

知 识 要 点	能 力 要 求	相 关 知 识
软件体系结构概述	了解 B/S 和 C/S 软件体系结构的特点，主要为 B/S	B/S、C/S
动态网站的开发	掌握动态网站开发所需要的 Web 控件及用途	浏览器、编程语言
LAMP 开发组合概述	了解 LAMP 组合的特性、优势及应用领域	Linux、Apache 等
Web 的工作原理	掌握 Web 的工作原理，以及网站的运行过程	HTTP 等
Web 应用开发平台	了解动态网站的开发平台	.NET、LAMP

随着 Internet 的快速发展，ASP、JSP 和 PHP 等成为了网站开发的主流技术，PHP 语言是最受欢迎的 Web 开发语言之一。在各种 Web 开发技术中，LAMP＋Apache＋MySQL＋PHP 组合以其学习简单、开发快速、性能稳定和跨平台等优势而备受 Web 开发人员的青睐，也被人们称为"黄金组合"。

1.1　网站软件简介

在学习使用 PHP 之前，有必要了解 PHP 及 PHP 的发展历史，通过本节的介绍，会使读者对 PHP 有一个大概的了解，给读者带来学习的兴趣和动力。

1.1.1　Web 应用的优势

网络系统软件开发包括 C/S 与 B/S 两种结构，都可以进行同样的业务处理。

（1）C/S（客户-服务器，client/server）结构。

C/S 之间通过协议进行通信，一般要求有特定的客户端。比如，QQ 就是 C/S 模式，用户桌面上的 QQ 就是腾讯公司的特定的客户端，而服务器就是腾讯的服务器。再比如用户看的网络电视也是如此，如用户的桌面上的 PPlive、Tvcoo 等，这些软件都是 C/S 模式的，服务提供方要求用户有特定的客户端。

（2）B/S（浏览器-服务器，browser/server）结构。

B/S 结构依靠应用层的 HTTP 进行通信（当然也要靠底层的多个协议支持），一般不需要特定的客户端，而是需要有统一规范的客户端，即是用户浏览器，Web 应用程序也是 B/S

结构的系统,也就是说用户说的网站就是 B/S 模式。

B/S 结构的使用越来越多,特别是 AJAX 技术的发展,开发的程序也能在客户端上进行部分处理,从而极大地减轻了服务器的负担;并增加了交互性,能进行局部实时刷新。图 1-1 和图 1-2 为两种结构的客户端登录界面。

图 1-1　C/S 结构的 QQ 客户端登录界面　　　　图 1-2　B/S 结构的 Web 客户端登录界面

Web 应用的部分优势如下。

(1) 基于浏览器,具有统一的平台和 UI 体验。

(2) 无须安装,只要有浏览器,随时随地使用。

(3) 总是使用应用的当前最新版本,无须升级。

(4) 数据存储在云端,基本无须担心丢失。

(5) 新一代的 Web 技术提供了更好的用户体验。

本书的定位就是以开发 B/S 结构的 Web 系统为主,如 CMS、SNS、WebGame、BBS、Wiki、RSS、Blog、电子商务系统等。这些都是 B/S 结构的 Web 软件开发形式,主要是以用户与系统交互为主,注重业务处理建立的工作平台,对程序员的编程逻辑要求,与简单的网页制作相比要高得多。

1.1.2　动态网站介绍

网站的功能性现在已经彻底变革,经历一种巨大的转变,就是网站从"静态内容"的展示转向"动态内容"的传递。所谓"动态"并不是指有几个放在网页上的 GIF 动态图片或 Flash 等,区别动态网站与静态网站最基本的方法,通常是区别是否采用了数据库的开发模式。

动态网站一般以数据库技术为基础,这样可以大大降低网站维护的工作量,其功能可以实现如用户注册、用户登录、在线调查、用户管理、订单管理等;动态网页并不是独立存在于服务器的网页文件,而是浏览器发出请求时才反馈给网页;动态网页中包含有服务器端脚本,所以页面文件名常以.asp、.jsp、.php 等为后缀。但也可以使用 URL 静态化技术,使网页后缀显示为.html。所以不能以页面文件的后缀作为判断网站的动态和静态的唯一标准。

目前比较流行的 Web 技术有 PHP、ASP.NET 与 JavaEE。

1.1.3　认识脚本语言

简单来说,脚本语言就是一种简单的程序,有一些 ASCII 码组成,并可以用文本编辑器直接对其进行开发。一般的编程语言,如 C、C++、Java 等必须经过事先编译,将源代码转化成二进制代码之后才可以执行,而脚本语言(例如 JavaScript、VBScript、Perl 等)则不需要事先编译,只要利用合适的解释器便可以执行代码。

在网站的发展初期,所有的程序都是在服务器端执行,然后将执行结果发送到客户端(浏览器)。随着客户端计算机的功能越来越强大,CPU 速度越来越快,将部分简单的操作交给客户端处理,就可以极大地提高服务器的工作效率,还可以丰富客户端的效果,提高用户体验,这样脚本语言就应运而生。脚本语言可以与 HTML 语言交互使用。

根据脚本语言在 Web 程序中的作用分为服务器脚本语言(SQL、ASP、PHP 和 ADO)和浏览器脚本语言(JavaScript、HTML DOM、DHTML、AJAX 和 E4x 等)。

1.2　动态网站软件开发所需的 Web 构件

动态网站开发不同于其他应用程序开发,它需要多种开发技术结合在一起使用。每种技术的功能各自独立而又要相互配合才能完成一个动态网站的建立,所以读者需要掌握以下 Web 构件,才能满足建设一个完整动态网站的全部要求。

(1) 客户端 Internet Explorer、Firefox、Safari 等多种浏览器。

(2) 扩展超文本标记语言 XHTML。

(3) 层叠样式表 CSS。

(4) 客户端脚本编程语言 JavaScript、VBScript、Applet 等。

(5) Web 服务器 Apache、Nginx、TomCat、IIS 等。

(6) 服务器端编程语言 PHP、JSP、ASP 等。

(7) 数据库管理系统 MySQL、Oracle、SQL Server 等。

1.2.1　客户端浏览器

浏览器(browser),万维网(Web)服务的客户端浏览程序。可向万维网(Web)服务器发送各种请求,并对从服务器发来的超文本信息和各种多媒体数据格式进行解释、显示和播放。

浏览器是指可以显示网页服务器或者文件系统的 HTML 文件内容,并让用户与这些文件交互的一种软件。网页浏览器主要通过 HTTP 与网页服务器交互并获取网页,这些网页由 URL 指定,文件格式通常为 HTML。另外,许多浏览器还支持其他的 URL 类型及其相应的协议,如 FTP、HTTPS(HTTP 的加密版本)。HTTP 内容类型和 URL 协议规范允许网页设计者在网页中嵌入图像、动画、视频、声音、流媒体等。

个人计算机上常见的网页浏览器包括 Internet Explorer、Firefox、Safari、Opera、HotBrowser、Google Chrome、GreenBrowser 浏览器、Avant 浏览器、360 安全浏览器、世界之窗、腾讯 TT、搜狗浏览器、傲游浏览器、Orca 浏览器等。

1.2.2　扩展超文本标记语言 XHTML

可扩展超文本标记语言(extensible hyper text markup language,XHTML)是一种标记语言,表现方式与超文本标记语言(HTML)类似,不过语法上更加严格。从继承关系上讲,

HTML 是一种基于标准通用标记语言(SGML)的应用,是一种非常灵活的标记语言,而 XHTML 则基于可扩展标记语言(XML),XML 是 SGML 的一个子集。XHTML 是一种为适应 XML 而重新改造的 HTML。当 XML 越来越成为一种趋势,就出现了这样一个问题:如果有了 XML,用户是否依然需要 HTML? 为了回答这个问题,1998 年 5 月在美国的旧金山开了两天的工作会议,会议的结论是需要。用户依然需要使用 HTML。因为大多数人已经习惯使用 HTML 来作为他们的设计语言,而且,已经有数以百万计的页面是采用 HTML 编写的。

1.2.3　层叠样式表 CSS

CSS(cascading style sheet,层叠样式表)又称级联样式表,是一组格式设置规则,用于控制 Web 页面的外观。通过使用 CSS 样式设置页面的格式,可将页面的内容与表现形式分离。页面内容存放在 HTML 文档中,而用于定义表现形式的 CSS 规则则存放在另一个文件中或 HTML 文档的某一部分,通常为文件头部分。将内容与表现形式分离,不仅可使维护站点的外观更加容易,而且还可以使 HTML 文档代码更加简练,缩短浏览器的加载时间。

1.2.4　客户端脚本编程语言 JavaScript

JavaScript 就是适应动态网页制作的需要而诞生的一种新的编程语言,如今越来越广泛地使用于 Internet 网页制作上。JavaScript 是由 Netscape 公司开发的一种脚本语言(scripting language),或者称为描述语言。在 HTML 基础上,使用 JavaScript 可以开发交互式 Web 网页。JavaScript 的出现使得网页和用户之间实现了一种实时性的、动态的、交互性的关系,使网页包含更多活跃的元素和更加精彩的内容。运行用 JavaScript 编写的程序需要能支持 JavaScript 语言的浏览器。Netscape 公司 Navigator 3.0 以上版本的浏览器都能支持 JavaScript 程序,微软公司 Internet Explorer 3.0 以上版本的浏览器上支持 JavaScript。微软公司也有自己开发的 JavaScript,称为 JScript。JavaScript 和 JScript 基本上是相同的,只是在一些细节上有区别。JavaScript 短小精悍,又是在客户机上执行的,极大地提高了网页的浏览速度和交互能力。同时它又是专门为制作 Web 网页而量身定做的一种简单的编程语言。

JavaScript 使网页增加互动性。JavaScript 使有规律重复的 HTML 文段简化,减少下载时间。JavaScript 能及时响应用户的操作,对提交表单做即时的检查,无须浪费时间交由 CGI 验证。

1.2.5　Web 服务器

Web 服务器也称为 WWW 服务器(world wide web server),主要功能是提供网上信息浏览服务。WWW 是 Internet 的多媒体信息查询工具,是 Internet 上近年才发展起来的服务,也是发展最快和目前应用最广泛的服务。正是因为有了 WWW 工具,才使得近年来 Internet 迅速发展,且用户数量飞速增长。Web 应用层使用的是 HTTP 协议。

目前可用的 Web 服务器很多,最常用的有 Apache、IIS、Tomcat、IBM WebSphere 与 BEA WebLogic 等。其中 Apache 仍然是世界上用得最多的 Web 服务器,市场占有率达

60%左右。

1.2.6　服务器端的编程语言

服务器端的编程语言是一种用于客户端应用访问服务器的程序，它需要应用服务器进行解析。应用服务器是 Web 服务器的一个功能模块，需要和 Web 服务器安装在同一个系统中，所以服务器端编程的语言是一种用于协助 Web 服务器工作的编程语言，也就是对 Web 服务器端功能的扩展。它外挂在 Web 服务器上，协助服务器端完成服务器端的业务处理。

服务器端脚本编程语言种类也不少，常用的有微软公司的 ASP、Sun 公司的 JSP 和 Zend 的 PHP，本书主要介绍比较流行的 PHP 后台脚本编程语言。

1.2.7　数据库管理系统

如果需要快速、安全地处理数据，必须使用数据库管理系统。现在的动态网站都是基于数据库的编程，任何程序的业务逻辑实质上都是对数据库的处理操作。数据库通过优化的方式，可以很容易地建立、更新和维护数据。数据库管理系统是 Web 开发中比较重要的构件之一，网页上的内容几乎都是来自数据库。数据库管理系统也是一种软件，可以和 Web 服务器安装在同一台计算机上，也可以不在同一台计算机上安装，但都需要通过网络相连接。数据库管理系统负责存储和管理网站所需的内容和数据，例如，文字、图片及声音等数据内容。当用户通过数据库浏览数据时，在服务器端程序中接受用户的请求后，在程序中通过使用通用标准的结构化查询语言（SQL）对数据库进行添加、删除、修改及查询等操作，并将结果整理成 HTML 发回到浏览器上显示。

数据库管理系统有很多种，它们都是使用标准的 SQL 访问和处理数据库中的数据，常用的有 Oracle、MySQL、SQL Server 等。本书主要介绍 MySQL 数据库。

1.2.8　主流的 Web 应用程序平台

动态网站应用程序平台的搭建需要使用 Web 服务器发布网页，而 Web 服务器软件又需要安装在操作系统上。并且动态网站都需要使用脚本语言对服务器端进行编程，所以也要在同一个服务器中为 Web 服务器捆绑安装一个应用程序服务器，用于解析服务器端的脚本程序。

常用开发平台有 ASP.NET、JavaEE 和 LAMP 3 种。

1. ASP.NET

ASP.NET 的前身是 ASP（active server pages，动态服务器页面），是微软公司开发的一种使嵌入网页中的脚本，可由 Internet 服务器执行的服务器端脚本技术，运行于 IIS 之中的程序。

2. JavaEE 开发平台

JavaEE 是 J2EE 的一个新的名称，其中 EE 表示 enterprise edition（企业版），包含 J2SE 中的类，并且还包含用于开发企业级应用的类，例如 EJB、Servlet、JSP、XML、事务控制等。

JavaEE 是开放的基于标准的开发和部署的平台，基于 Web 以服务器端计算为核心模块化的企业应用。由 Sun 公司领导者 JavaEE 规范和标准的制定，但同时很多公司，如 IBM、BEA，也为该标准的制定贡献了很多力量。JavaEE 开发架构是 UNIX＋Tomcat＋ Oracle＋JSP 的组合，是一个非常强大的组合，环境搭建比较复杂，同时价格也不菲。但是 此框架适用于协同编程开发，系统易维护、可复用性较好，特别适用于企业级应用系统开发， 功能强大，但要难学得多，另外开发速度比较慢，成本也较高，不适用于快速开发和成本要求 比较低的中小型应用系统。

3. LAMP 开发平台

LAMP 是基于 Linux、Apache、MySQL 和 PHP 的开放资源网络开发平台，PHP 是一 种在某些时候可以用 Perl 或 Python 代替的编程语言。这个术语源自欧洲，在那里这些程 序常用来作为一种标准开发环境。名字来源于每个程序的第一个字母。每个程序在所有权 里都符合开放源代码标准：Linux 是开放系统；Apache 是最通用的网络服务器；MySQL 是 带有基于网络管理附加工具的关系数据库；PHP 是流行的对象脚本语言，它包含了多数其 他语言的优秀特征来使得它的网络开发更加有效。开发者在 Windows 操作系统下使用这 些 Linux 环境里的工具称为使用 WAMP。

3 种动态网站开发平台技术比较如表 1-2 所示。

表 1-2　3 种动态网站开发平台技术比较

性 能 比 较	LAMP	J2EE	ASP.NET
运行速度	较快	快	快
开发速度	快	慢	快
运行损耗	一般	较小	较大
难易程度	简单	难	简单
运行平台	Linux、UNIX、Windows 等	绝大多数平台均可	Windows 系列
扩展性	好	好	较差
安全性	好	好	较差
应用程度	较广	较广	较广
建设成本	非常低	非常高	高

1.2.9　WWW 的工作原理

WWW(world wide web，万维网)由遍布在互联网中的 Web 服务器和安装了 Web 浏览 器的计算机组成，它是一种基于超文本方式工作的信息系统。作为一个能够处理文字、图 像、声音、视频等多媒体信息的综合系统，它提供了丰富的信息资源，这些信息资源以 Web 页面的形式分别存放在各个 Web 服务器上，用户可以通过浏览器选择并浏览所需的信息。

超文本传送协议(hypertext transfer protocol，HTTP)是互联网上应用最为广泛的一种 网络协议。所有的 Web 文件都必须遵守这个标准。设计 HTTP 最初的目的是提供一种发 布和接收 HTML 页面的方法。

HTTP 是一个客户端和服务器端请求和应答的标准（TCP）。客户端是终端用户，服务器端是网站。通过使用 Web 浏览器、网络爬虫或者其他工具，客户端发起一个到服务器上指定端口（默认为 80 端口）的 HTTP 请求。

（1）Web 服务器。安装了 Web 服务器软件的计算机就是 Web 服务器。Web 服务器软件对外提供 Web 服务，供客户访问浏览，接收客户端请求，然后将特定内容返回客户端。

（2）Web 服务器的工作流程。用户通过 Web 浏览器向 Web 服务器请求一个资源，当 Web 服务器接收这个请求后，就会替用户查找该资源，然后将资源返回给 Web 浏览器。工作流程如图 1-3 所示。

图 1-3　Web 服务器的工作流程图

1.3　LAMP 网站开发组合概述

Linux、Apache、MySQL、Perl、PHP、Python 是一组常用来搭建动态网站或者服务器的开源软件，本身都是各自独立的程序，但是因为常被放在一起使用，拥有了越来越高的兼容度，共同组成了一个强大的 Web 应用程序平台。随着开源潮流的蓬勃发展，开放源代码的 LAMP 已经与 J2EE 和.NET 商业软件形成三足鼎立之势，并且该软件开发的项目在软件方面的投资成本较低，因此受到整个 IT 界的关注。从网站的流量上来说，70% 以上的访问流量是 LAMP 提供的，LAMP 是最强大的网站解决方案。

1.3.1　Linux 操作系统

Linux 是一类 UNIX 计算机操作系统的统称。Linux 操作系统内核的名字也是 Linux。Linux 操作系统也是自由软件和开放源代码发展中最著名的系统软件。Linux 是使用 GNU 工程各种工具和数据库的操作系统。

Linux 操作系统有很多不同的发行版，如 Red Hat Enterprise Linux（RHEL）、SUSE Linux Enterprise、Debian、Ubuntu、CentOS 等，每一个发行版都有自己的特色，比如 RHEL 稳定，Ubuntu 易用，基于稳定性和性能的考虑，操作系统选择 CentOS（community enterprise operating system）是一个理想的方案。

CentOS 是 Linux 发行版之一，是 Red Hat Enterprise Linux 的精简免费版，和 RHEL 为同样的源代码，不过，RHEL 和 SUSE LE 等企业版提供的升级服务均是收费升级，无法免费在线升级，因此要求免费的高度稳定性的服务器可以用 CentOS 替代 Red Hat Enterprise Linux 使用。

简单地说，Linux 是一套免费使用和自由传播的类 UNIX 操作系统。这个系统是由世界各地成千上万的程序员设计和实现的。其目的是建立不受任何商品化软件的版权制约的、全世界都能自由使用的 UNIX 兼容产品。

1.3.2　Web 服务器 Apache

Apache 是目前使用量排名第一的 Web 服务器软件,具有较高的跨平台性能和安全性,是最流行的 Web 服务器端软件之一。Apache 的音译为阿帕奇,是美国西南部印第安人的一个部落。

Apache HTTP Server 简称 Apache,是 Apache 软件基金会的一个开放源码的网页服务器,可以在大多数计算机操作系统中运行,由于其多平台和安全性被广泛使用,是最流行的 Web 服务器端软件之一。它快速、可靠并且可通过简单的 API 扩展,将 Perl 和 Python 等解释器编译到服务器中。

Apache HTTP Server 是世界使用排名第一的 Web 服务器软件。它可以运行在几乎所有计算机平台上。

Apache 源于 NCSAhttpd 服务器,经过多次修改,已成为世界上最流行的 Web 服务器软件之一。Apache 取自 A patchy server 的读音,意思是充满补丁的服务器,因为它是自由软件,所以不断有人来为它开发新的功能、新的特性、修改原来的缺陷。Apache 的特点是简单、速度快、性能稳定,并可作为代理服务器来使用。

本来它只用于小型网络或试验 Internet 网络,后来逐步扩充到各种 UNIX 系统中,尤其对 Linux 的支持相当完美。Apache 有多种产品,可以支持 SSL 技术,支持多个虚拟主机。Apache 是以进程为基础的结构,进程要比线程消耗更多的系统开支,不太适用于多处理器环境,因此在 Apache Web 站点扩容时,通常是增加服务器或扩充群集节点而不是增加处理器。到目前为止,Apache 仍然是世界上用得最多的 Web 服务器,市场占有率约为 60%。世界上很多著名的网站如 Amazon、Yahoo!、W3 Consortium、Financial Times 等都使用 Apache。它的成功之处主要在于它的源代码开放、有一支开放的开发队伍、支持跨平台的应用,可以运行在几乎所有的 UNIX、Windows、Linux 系统平台上,以及它的可移植性等方面。

1.3.3　MySQL 数据库管理系统

MySQL 是一个小型关系型数据库管理系统,开发者为瑞典 MySQLAB 公司。在 2008 年 1 月 16 日被 Sun 公司收购。而 2009 年,Sun 公司又被 Oracle 公司收购。目前 MySQL 被广泛地应用在 Internet 上的中小型网站中。由于其体积小、速度快、总体成本低,尤其是开放源码这一特点,许多中小型网站为了降低网站总体拥有成本而选择了 MySQL 作为网站数据库。

与 Oracle、DB2、SQL Server 等其他的大型数据库管理系统相比,MySQL 自有它的不足之处,如规模小、功能有限(MySQL Cluster 的功能和效率都相对比较差)等,但是这丝毫也没有减少它受欢迎的程度。对于一般的个人使用者和中小型企业来说,MySQL 提供的功能已经绰绰有余,而且由于 MySQL 是开放源码软件,因此可以大大降低总体拥有成本。

1.3.4　PHP 后台脚本编程语言

PHP(page hypertext preprocessor,页面超文本预处理器)是一种通用开源脚本语言。语法具有 C、Java 和 Perl 的特点,学习门槛较低,易于学习,使用广泛,主要适用于 Web 开发领域。PHP 的文件后缀名为.php。

　　PHP 是一个基于服务端创建动态网站的脚本语言,用户可以用 PHP 和 HTML 生成网站主页。当一个访问者打开主页时,服务端便执行 PHP 的命令并将执行结果发送至访问者的浏览器中,这类似于 ASP 和 CouldFusion,然而 PHP 和它们的不同之处在于 PHP 开放源码和跨越平台,PHP 可以运行在 Windows NT 和多种版本的 UNIX 上。它不需要任何预先处理而快速反馈结果,它也不需要 mod_perl 的调整使用户服务器的内存映象减小。PHP 消耗的资源较少,当 PHP 作为 Apache Web 服务器的一部分时,运行代码不需要调用外部二进制程序,服务器不需要承担任何额外的负担。

习题 1

　　1. 动态网站开发需要的 Web 构件有哪些?

　　2. 网络系统软件开发包括哪两种结构?

　　3. 目前比较流行的 Web 开发技术有哪些?

　　4. 常用的 Web 开发平台 ASP.NET、JavaEE 和 LAMP 各有什么优缺点?

　　5. MySQL 的优点是什么?

第 2 章　PHP 开发环境配置

学习目标：

本章介绍 PHP 的发展历史、相关开发组件和 PHP 开发环境配置。通过本章的学习，可对 PHP 包括的定义、历史、优势和应用领域有基本的了解，掌握 Apache、MySQL 和 PHP 的安装和基本配置，重点掌握 Apache 和 PHP 的安装和配置。本章学习要求如表 2-1 所示。

表 2-1　本章学习要求

知 识 要 点	能 力 要 求	相 关 知 识
PHP 概述	理解 PHP 的定义，了解它的特点、发展历史及趋势	Web 服务、GUI
PHP 开发组件介绍	了解 Apache、PHP、MySQL 的特点和作用	Apache、MySQL
PHP 开发环境配置	熟练掌握 Apache、PHP、MySQL 的安装和基本配置	下载、安装、配置

随着 Internet 的快速发展，ASP、JSP 和 PHP 等成为了网站开发的主流，PHP 语言是最受欢迎的 Web 开发语言之一。在各种 Web 开发技术中，Apache、MySQL 和 PHP 的组合的以其学习简单、开发快速、性能稳定和跨平台等优势而备受 Web 开发人员的青睐，被称为"黄金组合"。

2.1　PHP 概述

在学习使用 PHP 之前，有必要了解什么是 PHP 及 PHP 的发展历史。相信通过本节的介绍，会使读者对 PHP 有一个大概的了解，给读者带来学习的兴趣和动力。

2.1.1　PHP 的定义

PHP 是专门设计用来在 Web 服务器上交互生成网页的编程语言。

PHP 拥有开源、跨平台、独立于架构、面向对象、稳健性高、简单易学、性能优越等特点，是 Web 服务器端动态网站开发语言中的佼佼者。PHP 是一种 Web 服务器端的开发语言，与 ASP、JSP 一起几乎涵盖了所有的 Web 服务器端应用开发。此外，Apache＋MySQL＋PHP 的组合是一个完全免费的开发平台，已成为当前网站开发的主要解决方案之一。

2.1.2　PHP 的发展历史及趋势

PHP 是由 Rasmus Lerdorf 于 1994 年创建的，开始只是一个用 Perl 语言编写的简单程序，用来统计自己网站的访问者。后来他又用 C 语言重新进行了编写，可访问数据库。1995 年，Rasmus 发布了 Personal Home Page Tools（PHP Tools）的第一个版本，即 PHP 1.0。在这个早期的版本中，提供了访客留言本、访客计数器等简单的功能。1995 年，发布了 PHP 2.0，定名为 PHP/FI(Form Interpreter)，其中加入了对 MySQL 的支持，从此奠定了 PHP 在动态网页开发上的地位。1998 年 6 月，PHP 3.0 正式发布。2000 年，PHP 4.0 问世。2004 年 7 月 13 日，PHP 5.0 发布。PHP 5.0 的发布是一个具有里程碑意义的版本，使其成为可与微软公司的 ASP、Sun 公司的 JSP 一较高下的 Web 开发工具。

PHP 目前正处于发展的高峰期，吸引着越来越多的 Web 开发人员，全世界有超过 2000 万个网站、几万家公司、几百万程序员在使用 PHP 语言，是当前动态网站开发技术中应用最为广泛的语言之一。可以预言，在不久的将来，PHP 将得到更大的发展。

2.1.3　PHP 的优势

和其他语言相比，PHP 语言的强劲之处在于以下几方面。

1. 开放源代码

PHP 采用的是开源策略。随着 PHP 源代码的完全公布，新的函数库在不断增加，这使得 PHP 具有强大的更新能力，使其在 Windows 和 UNIX 平台上拥有更多的免费的新功能。

2. 面向对象编程

PHP 支持面向对象编程，提供了类和对象，支持构造函数和抽象类等。PHP 5.0 以上版本在面向对象编程方面有了重要变化，主要包括对象克隆、访问修饰符（共有、私有和受保护的）、接口、抽象类和方法，以及扩展重载对象等。

3. 跨平台支持

PHP 脚本可以在 Windows、macOS、UNIX 和 Linux 等操作系统上运行，可以在 Apache、IIS 等主流 Web 服务器上使用。此外，PHP 代码不需要任何修改便能在不同平台的 Web 服务器之间移植，这正是 PHP 能大行其道，备受关注和青睐的重要原因之一。

4. 执行效率高

与其他的解释性语言相比，PHP 消耗的系统资源比较少。当使用 Apache 作为 Web 服务器并将 PHP 作为服务器的一部分时，不需要调用外部二进制程序即可运行 PHP 脚本。Web 服务器在解释和执行 PHP 脚本时不会增加额外的负担。

5. 支持多种数据库访问功能

通过 PHP 可以访问多种数据库格式，包括 MySQL、Oracle、SQL Server、Informix、Sybase 以及通用的 ODBC 等。如果要使用 Dreamweaver 来开发 PHP 动态网站，PHP 语言与 MySQL 数据库更是一对绝佳的搭档。

6. 可伸缩性

网页中的交互作用可以通过 CGI 程序来实现，但 CGI 程序的可伸缩性不理想，因为需要为每一个正在运行的 CGI 程序创建一个独立进程。解决的方法就是将 CGI 语言的解释器编译进 Web 服务器。PHP 也可以通过这种方式来安装，这种内嵌的 PHP 具有更好的可伸缩性。

2.1.4　PHP 的应用领域

PHP 主要应用于以下 3 方面。

1. 服务器端脚本

PHP 设计初衷就是用来开发动态网站的，PHP 程序执行速度快，当前很多流行的大网站都是利用 PHP 技术实现的。PHP 不仅可以生成 HTML 文件,而且还可以生成 XML 文档、图形、PDF 文件和 Flash 动画等。

2. 命令行脚本

PHP 可以和 Perl 一样以命令行方式运行脚本,可以通过命令行脚本执行一些系统管理任务。

3. 客户端 GUI 应用

对于特别精通 PHP 的开发人员,如果希望在客户端应用程序中使用 PHP 的一些高级特性,还可以利用 PHP-GTK 来编写跨平台的应用程序。

2.2 PHP 开发组件介绍

PHP 的开发组件包括 Apache、PHP 和 MySQL,其中 Apache 是 Web 服务器软件,PHP 是服务器端脚本编程语言,MySQL 则是数据库服务器软件。PHP 只有与 Apache 和 MySQL 结合使用,其优势才能最大限度地发挥出来。

2.2.1 Apache 服务器

一直以来,Apache 是部署 PHP 应用最理想的 Web 服务器,它能够对 PHP 提供良好的支持,已经成为 PHP 应用的首选 Web 服务器软件。Apache 是非常优秀、开源的 Web 服务器软件,它的一个很大优势是可以运行在 Windows 操作系统之外的其他操作系统上,可以从其官方网站上免费下载支持各种操作系统的版本。

Apache 2.x 是当前推荐使用的版本,Apache 2 重写了大量源代码,支持多线程,支持功能更强大的模块及 IPv6 支持。

2.2.2 PHP 语言

PHP 作为一种强大的语言,无论是以模块还是 CGI 的方式安装,它的解释器都可以在服务器上访问文件、运行命令以及创建网络连接等。这些功能也许会给服务器添加不安全因素,但是只要正确地安装和配置 PHP,以及编写安全的代码,PHP 会与 Perl 和 C 一样,创建出更安全的 CGI 程序。

PHP 内置的选项可方便用户对其进行配置,众多的选项可以使 PHP 完成很多工作,需要注意的是对这些选项的设定,以及对服务器的配置很可能会产生安全问题。

PHP 的选项与其语法一样,具有很高的灵活性。使用 PHP,可以在只有 Shell 用户权限的环境下创建完善的服务器端程序,也可以在被严格限制环境下,无须承担太大的风险就能完成服务器端包含(server-side includes)。

2.2.3 MySQL 数据库

MySQL 是 MySQL AB 公司开发的数据库管理系统软件,是最流行的开放源码的 SQL 数据库管理系统。其官方网站可以找到 MySQL 的各种最新信息,包括软件下载、许可说明、应用手册、解决方案及成功案例等。目前 MySQL 推荐使用的稳定版本是 5.0,其性能可以和任何一款像 Oracle、Informix、DB2 和 SQL Server 这样的昂贵的数据库相媲美。

MySQL 数据库服务器具有以下主要特点。

（1）高速。高速是 MySQL 的显著特征，在 MySQL 中使用了极快的"B 树"磁盘表（MyISAM）和索引压缩；通过使用优化的"单扫描多连接"，能够实现极快的连接；SQL 函数使用高度优化的类库实现，运行速度快。

（2）支持多平台。MySQL 支持超过 20 种开发平台，包括 Linux、Windows、FreeBSD、IBM AIX、HP-UX、macOS、Solaris、OpenBSD 等。这使得用户可以根据自己的需求选择开发平台，并且在不同平台开发的应用可以很容易实现移植。

（3）支持多种开发语言。MySQL 为很多流行的程序设计语言提供了开发支持，提供了很多 API 函数，例如 C、C++、Java、Perl、PHP 等。

（4）提供多种存储器引擎。MySQL 中提供了多种数据库存储引擎，这些引擎拥有各自的特长，用于适应不同的应用环境，用户可以根据需求选择最合适的存储器引擎，获得最优性能。

（5）支持大型数据库。InnoDB 存储引擎将 InnoDB 表保存在一个表空间内，这个表空间可以由多个文件创建，因此表的大小就能超越单独文件的最大容量。由于表空间包括了原始磁盘分区，从而可以构建高达 64TB 的表。

另外，MySQL 还具有价格低廉（大部分情况下免费）、安全性高、功能强大等优点。

2.3　Windows 下 PHP 开发环境配置

本节介绍 Apache、MySQL 和 PHP 的下载、安装及配置，主要讲述在 Windows 下开发环境的搭建，为了便于初学者理解和掌握，本书将按 Windows 操作系统下的开发环境讲述 PHP 语言及其编程。

2.3.1　安装和测试 Apache

在安装 PHP 和 MySQL 之前要先安装 Apache，否则 PHP 和 MySQL 无法正常工作。下面主要介绍在 Windows 系统中的安装及配置。

1. 下载并安装

关于 Apache 最新版本的信息可以在其官网找到，其中列出了当前发行版本、所有最近的 Alpha 和 Beta 测试版本以及镜像 Web 站点和匿名 FTP 服务器的信息。在该页面下载带有 msi 扩展名的 Apache for Windows 版本，这是一个单一的 Microsoft Installer 文件，下载后直接安装并运行。本节以 Apache 2.x Win32 MSI 版本为例介绍其在 Windows 系统中的安装过程和图示。

（1）双击下载的 apache_2.2.4-win32-x86-no_ssl.msi 文件，启动安装程序，此时将出现安装向导的欢迎界面，如图 2-1 所示。

（2）单击 Next 按钮，安装向导会引导安装。如图 2-2 所示安装界面中，选中 I accept the terms in the license agreement 单选按钮，然后单击 Next 按钮。

（3）在如图 2-3 所示的 Read This First 对话框中提供了一些关于 Apache 服务器的相关资源。

（4）单击 Next 按钮，打开图 2-4 所示的对话框，对服务器的网络信息进行设置。

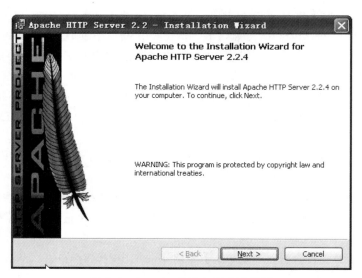

图 2-1　Apache 安装向导欢迎界面

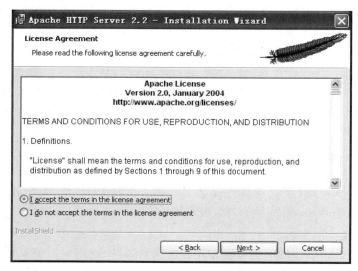

图 2-2　Apache 的许可条款与使用说明

在 Network Domain 文本框中输入域名(如 www.myhome.com),在 Server Name 文本框中输入服务器名称(如 www.myhome.com,也就是主机名加上域名),在 Administrator's Email Address 文本框中输入系统管理员的联系电子邮件地址(如 itsme@163.com)。其中,联系电子邮件地址会在当系统故障时提供给访问者,3 条信息均可任意填写,无效的也行。对话框下面有两个选择,图 2-4 选择的是为系统所有用户安装,使用默认的 80 端口,并作为系统服务自动启动;另外一个选项是仅为当前用户安装,使用 8080 端口,手动启动。选择如图 2-4 所示。

注意: 图 2-4 中圈出的文字内容可以随意填写,但格式要与所给的格式相同。在 Windows 操作系统中,IIS 的默认监听端口是 80,如果选中 for or All Users,on Port 80,as

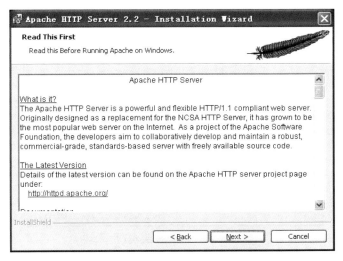

图 2-3　Apache 服务器的信息

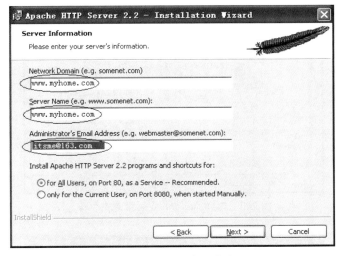

图 2-4　设置服务器信息

a Service-Recommended 单选按钮,并且当前计算机上运行着 IIS 服务器,则必须对 IIS 的默认端口进行修改或停用 IIS 服务,否则将导致 Apache 不能正常工作。

　(5) 单击 Next 按钮,提示选择安装类型,如图 2-5 所示。其中,Typical 为默认安装,Custom 为用户自定义安装,这里选择 Custom,有更多可选项。

　(6) 单击 Next 按钮,选择用于安装 Apache 软件的目录文件夹,如图 2-6 所示。接受默认安装路径或者单击 Change 按钮更改目录,这里更改安装路径为 E:\Apache2.2\。

　(7) 单击 Next 按钮,打开如图 2-7 所示的对话框。确认安装选项无误,如果需要修改可以单击 Back 按钮返回,否则单击 Install 按钮开始按前面设定的选项安装。

　(8) 软件安装过程如图 2-8 所示。

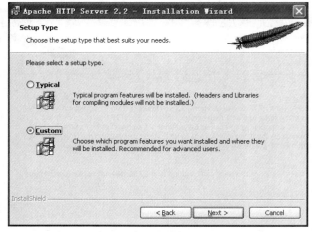

图 2-5　选择安装类型

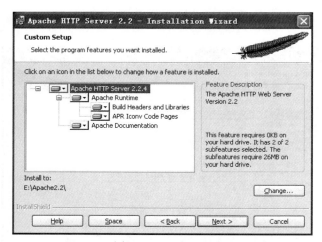

图 2-6　选择 Apache 安装目录文件夹

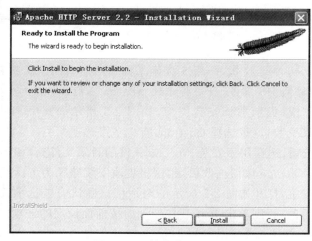

图 2-7　开始安装 Apache

图 2-8　Apache 安装进度

（9）安装完毕后，打开如图 2-9 所示的对话框，表示安装成功。单击 Finish 按钮完成安装。

图 2-9　Apache 安装完成

安装向导成功完成后，在状态栏上会出现 Apache 启动图标 ，表示 Apache 服务器已经开始运行。

2. 测试

在浏览器的地址栏中输入"http：//localhost/"，验证安装是否成功，输入完毕后按 Enter 键，Apache 的默认网页会显示出来。如果打开如图 2-10 所示的界面，则说明安装成功。

2.3.2　配置 Apache 服务器

为了更好地管理文件，可以通过修改 Apache 服务器的配置文件对服务器进行相关的配置，其配置文件名 httpd.conf 在 Apache 的安装目录下的 conf 目录中，对 Apache 服务器

图 2-10　测试 Apache 服务器

的设置就是通过修改 httpd.conf 文件实现的。

　　用记事本打开 httpd.conf，找到 DocumentRoot，如图 2-11 所示，将它指向准备存放网站文件的文件夹即可。E:/Apache/htdocs 就是网站文件的存放目录，修改完毕保存重新启动 Apache 服务器，配置就会生效。

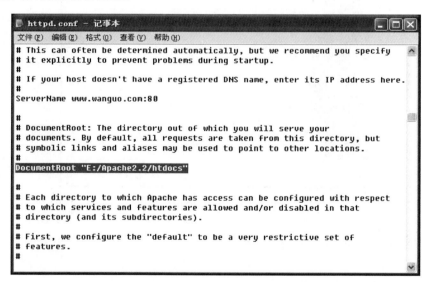

图 2-11　配置 httpd.conf 的内容

　　注意：在 Windows 环境下，目录中使用的是"\"，而在此处的"\"一定要改为"/"，否则出错，这是为了与 Linux 统一。

2.3.3　管理 Apache 服务器

　　最基本的管理 Apache 服务器方式有启动、停止和重启动。

在桌面右下角任务栏的图标上单击,出现如图 2-12 所示界面,有 Start(启动)、Stop
(停止)和 Restart(重启动)3 个选项,可以很方便地对安装的
Apache 服务器进行上述操作。

除了上述方式外,也可以通过"开始"|"程序"|Apache
HTTP Server 2.2.4|Control Apache Server|Monitor Apache
Server 菜单选项管理,如图 2-13 所示。

图 2-12　通过任务栏图标管理

图 2-13　通过菜单管理

2.3.4　安装和配置 PHP

通过 Apache 服务器可以直接响应客户端浏览器对 HTML 网页的请求,然而如果在 HTML
中嵌入 PHP 脚本,就必须安装 PHP 语言引擎,并且使 Apache 支持 PHP 脚本语言编程。

PHP 是免费的,可以在 PHP 的官方网站下载。下载后的 PHP 安装包是一个可执行文
件,文件名类似于 php-5.3.1-Win32-VC9-x86.msi,具体安装过程如下。

(1) 双击下载的 php-5.3.1-Win32-VC9-x86.msi 文件,启动安装向导,如图 2-14 所示。

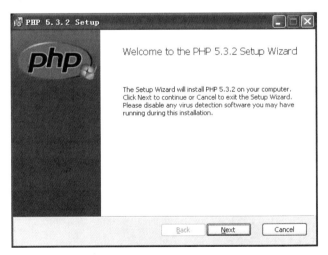

图 2-14　PHP 安装向导欢迎界面

(2) 单击 Next 按钮,打开许可条款对话框,如图 2-15 所示。选中 I accept the terms in
the License Agreement 复选框。

(3) 单击 Next 按钮,打开安装路径对话框,如图 2-16 所示。接受默认安装路径或者通
过单击 Browse 按钮更改路径。

(4) 单击 Next 按钮,打开 Web 服务器设置对话框,如图 2-17 所示。选中 Apache 2.2.x
Module 单选按钮。

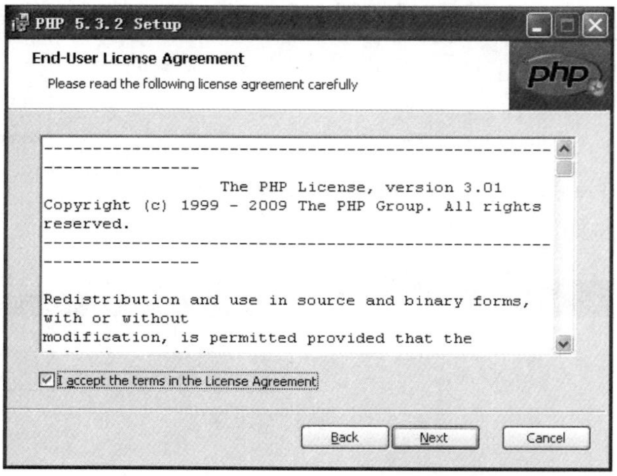

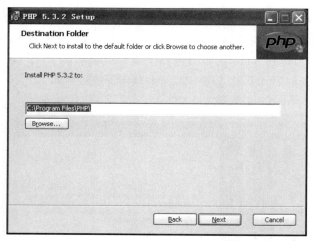

图 2-15　PHP 软件安装使用许可条例

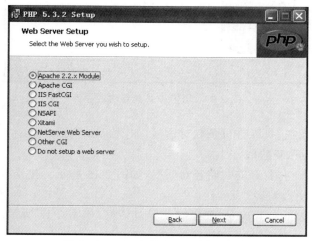

图 2-16　选择 PHP 安装路径

图 2-17　PHP 相关 Web 服务器选择

（5）单击 Next 按钮，打开 Apache 配置对话框，指定 Apache 的安装路径，这样安装程序会自动为用户修改 Apache 的配置文件让其能使用 PHP。如图 2-18 所示，这里指定到 E:\Apache2.2\conf\目录下。

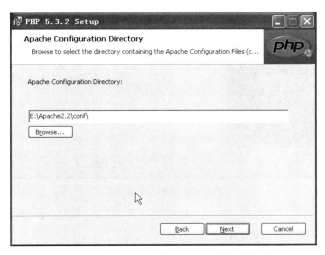

图 2-18　选择 PHP 配置 Apache 服务器的目录

注意：此处填写的目录必须与 Apache 的安装目录相同，否则后面会出错。

（6）单击 Next 按钮，打开如图 2-19 所示的对话框，选择全部安装。连续单击 Next 按钮，最后单击 Install 按钮，开始安装。

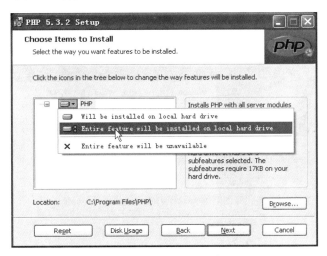

图 2-19　PHP 功能选择

（7）安装完成后会出现如图 2-20 所示的界面，单击 Finish 按钮，结束 PHP 的安装过程。

至此，PHP 的安装完成。并且与 Apache 的结合也全部完成，重启 Apache 服务器，Apache 服务器就支持 PHP。

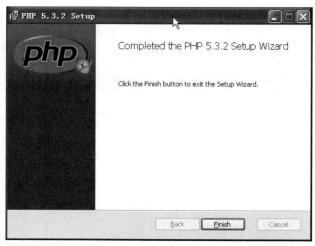

图 2-20　PHP 安装完成

2.3.5　安装和配置 MySQL

完成 Apache 服务器和 PHP 脚本引擎的安装后，即可开始编写和运行 PHP 动态网页，如果构建一个 PHP 动态网站，还必须有后台数据库的支持，PHP 可以连接各种不同格式的数据库，目前以 PHP+MySQL 组合应用最为广泛，下面介绍 MySQL 的下载、安装和配置过程。

MySQL 程序可以在其官方网站下载。这里以 mysql-essential-5.0.69-win32.msi 为例说明其详细的安装过程。

（1）双击下载的 MySQL 安装文件图标，这是一个标准的 Windows Installer 程序包，出现图 2-21 所示的安装向导欢迎界面。

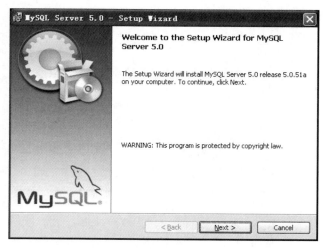

图 2-21　MySQL 安装向导欢迎界面

（2）单击 Next 按钮，打开如图 2-22 所示的安装类型对话框，有 Typical（默认）、Complete（完全）和 Custom（用户自定义）3 个选项，这里选择默认的设置 Typical。

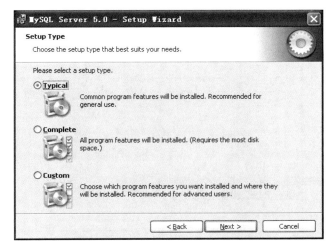

图 2-22　选择安装类型

（3）单击 Next 按钮，打开如图 2-23 所示的对话框。单击 Change 按钮可以重新选择安装目录，如图 2-24 所示。

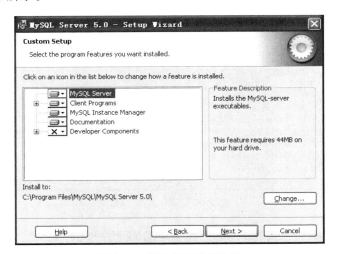

图 2-23　默认类型安装向导

（4）重新设置目录后单击 OK 按钮，返回如图 2-23 所示的对话框，单击 Next 按钮，打开如图 2-25 所示的对话框，单击 Install 按钮开始安装。

（5）接下来进入安装过程，会出现多个对话框，如图 2-26～图 2-28 所示。

（6）安装完成，出现如图 2-29 所示对话框，默认会选中 Configure the MySQL Server now 复选框。如果是新安装 MySQL，或者是从一个系列升级到另一个系列，就选中这个复选框，单击 Finish 按钮继续配置 MySQL；如果只是升级到同一系列的更高版本，就取消选中这个复选框，单击 Finish 按钮就完成了安装，需要手动配置 MySQL。

如果配置向导没有启动，或者需要更新任何设置，可以在任何时候通过执行"开始"|"程序"|MySQL|MySQL Server 5.0|MySQL Server Instance Config Wizard 命令访问配置向导，如图 2-30 所示。

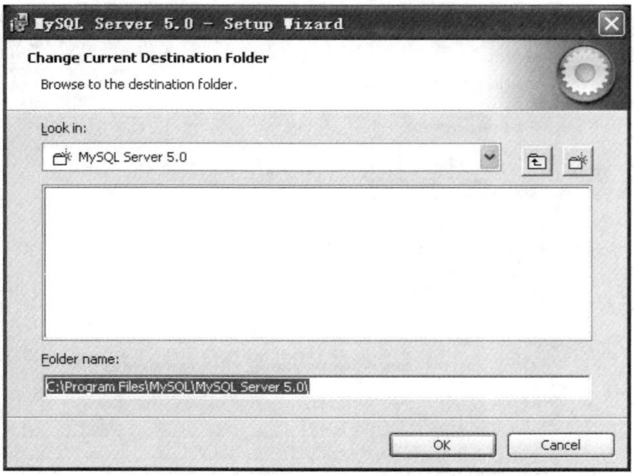

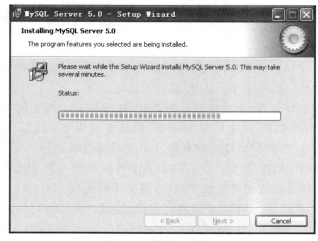

图 2-24 改变 MySQL 的安装目录

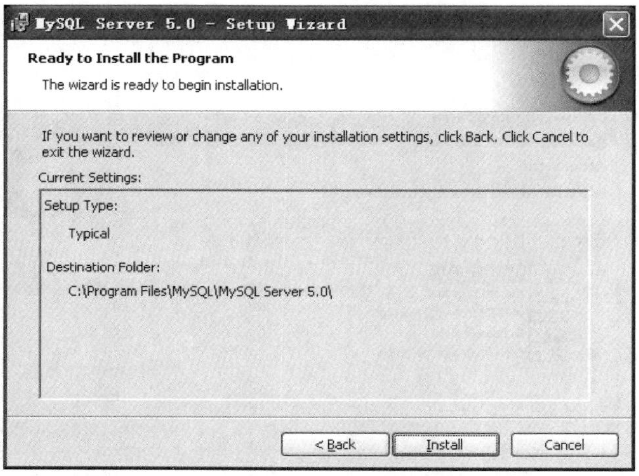

图 2-25 提示当前设置

图 2-26 软件正在安装

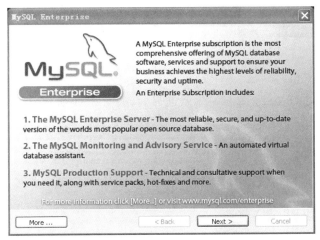

图 2-27　配置 MySQL 企业版本（1）

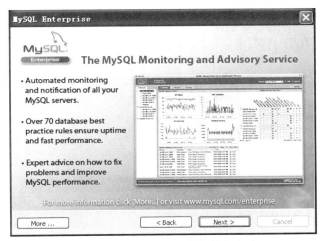

图 2-28　配置 MySQL 企业版本（2）

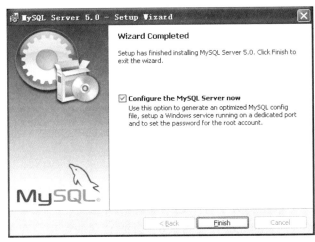

图 2-29　结束安装并启动 MySQL 服务器配置向导

图 2-30　启用 MySQL 服务器配置向导

（7）在配置向导打开后，会显示一个欢迎界面，如图 2-31 所示。

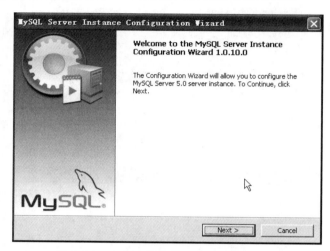

图 2-31　MySQL 服务器配置向导欢迎界面

（8）单击 Next 按钮，打开新的对话框，询问希望进行详细配置还是进行标准配置，选择默认的 Detailed Configuration 选项，如图 2-32 所示。

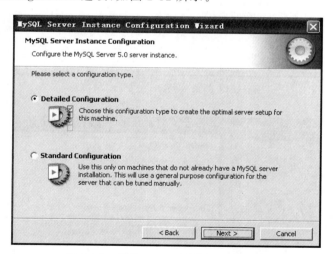

图 2-32　选择 MySQL 服务器配置方式

（9）单击 Next 按钮，打开如图 2-33 所示的对话框。其中的 3 个选项会影响专用于 MySQL 的计算机资源的数量。关于每个选项的说明如下。

① 默认的 Developer Machine（开发测试机）会把 12% 的可用内存分配给 MySQL，这完全足够了。

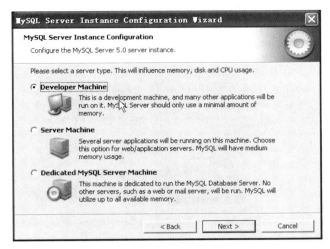

图 2-33　选择 MySQL 服务器实例类型

② Server Machine（服务器）会把 50％的可用内存分配给 MySQL。

③ Dedicated MySQL Server Machine（专门的数据库服务器）会把最多 95％的可用内存分配给 MySQL，因此仅当把计算机用作活动服务器时，才使用它们。

（10）一般选择默认设置，然后单击 Next 按钮。在打开的如图 2-34 所示的对话框中要求从下列 3 类数据库中做出选择。

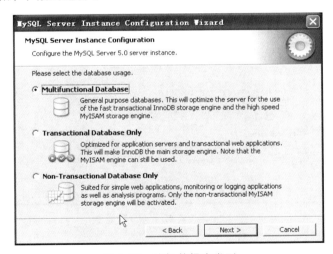

图 2-34　选择数据库类型

① Multifunctional Database（多功能型数据库），允许使用 InnoDB 和 MyISAM 表。

② Transactional Database Only（服务器类型数据库），只允许使用 InnoDB 表，禁用MyISAM 表。

③ Non-Transactional Database Only（非事务处理型），只允许使用 MyISAM 表，禁用InnoDB 表。

（11）选择默认设置，打开新的对话框，对 InnoDB 表空间进行配置，就是为 InnoDB 数据库文件选择一个存储空间,即指定 InnoDB 表空间的位置。这里如图 2-35 所示进行设置。

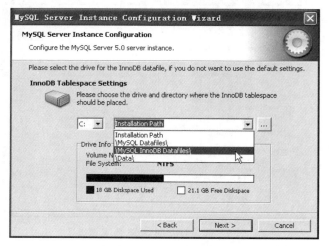

图 2-35　设置 InnoDB 数据文件的存储位置

　　(12) 单击 Next 按钮,打开如图 2-36 所示的对话框,选择网站的 MySQL 访问量,同时可以连接的数目。

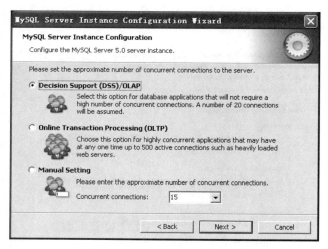

图 2-36　设置最大并发连接数

　　(13) 选择默认设置,单击 Next 按钮,打开如图 2-37 所示的对话框,选择是否启用 TCP/IP 连接并设定端口。默认是选中复选框并设置 Port Number 的值为 3306,接受默认选项。
　　(14) 单击 Next 按钮,打开如图 2-38 所示的对话框,选择默认的字符集。
　　这一步的设置对于支持中文显示比较重要,就是对 MySQL 默认数据库语言编码进行设置,第一个是西文编码,第二个是多字节的通用 utf8 编码,第三个字节为 gbk 选项(也可以用 gb2312,区别就是 gbk 的字库容量大,包括了 gb2312 的所有汉字,并且加上了繁体字和其他字),就可以正常使用汉字(或其他文字)了,可以选择这一项,或 utf8 国籍通用编码。
　　(15) 单击 Next 按钮,打开如图 2-39 所示的对话框,建议将 MySQL 作为 Windows 服

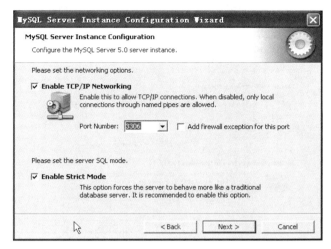

图 2-37　设置 MySQL 服务器的网络选项和运行模式

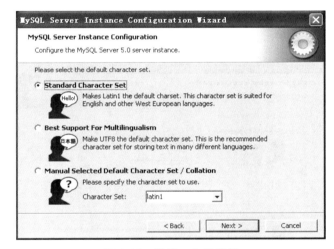

图 2-38　设置 gdk 字符集

务运行。

如果接受默认设置,即选中 Install As Windows Service 复选框,MySQL 将总是在引导计算机时自动启动,并且它会在后台以不被察觉的方式运行;在 Service Name(服务标识名称)下拉列表中,指定服务器的名称;取消 Launch the MySQL Server Automatically 复选框,将使 MySQL 不自动启动;若已经将 MySQL 作为一种 Windows 服务安装,这个区域将会灰色显示。

如果选中 Include Bin Directory in Windows PATH 复选框,将在 Windows PATH 中包含 bin 目录,允许在命令行中直接与 MySQL 及其相关的实用程序交互,而无须每次更改目录。

提示:若已经被安装为一种 Windows 服务,会出现警告消息,单击 Yes 按钮,向导将继续,但在最后会出现故障,必须单击 No 按钮,并从 Service Name 后的下拉列表中选择一个不同的名称。

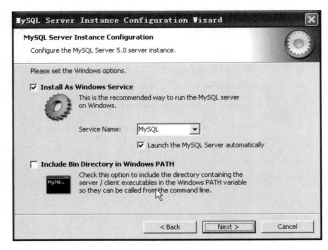

图 2-39　设置 Windows 选项

（16）单击 Next 按钮，打开如图 2-40 所示的对话框，询问是否要修改默认 root 用户（超级管理员）的密码（默认为空）。

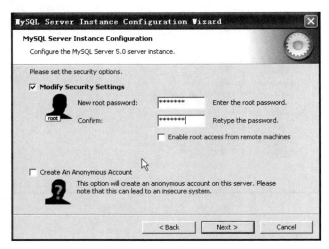

图 2-40　设置安全性选择

此时如果选中 Modify Security Settings 复选框，就是要修改密码，在 New root password 后的文本框中填入新密码，在 Confirm 框内再填一次，防止输错。如果是重装，并且之前已经设置了密码，在这里更改密码可能会出错，留空。为了安全起见，应该取消选中 Enable root access from remote machines（是否允许 root 用户在其他的计算机上登录）复选框。

提示：一般不选中 Create An Anonymous Account（新建一个匿名用户，匿名用户可以连接数据库，不能操作数据，包括查询）复选框。

（17）输入新的密码后单击 Next 按钮，打开如图 2-41 所示的对话框，要求确认设置，如果有误，单击 Back 按钮返回检查，否则单击 Execute 按钮使设置生效。

（18）设置完成后如图 2-42 所示，表示设置成功。单击 Finish 按钮退出向导，完成设置。

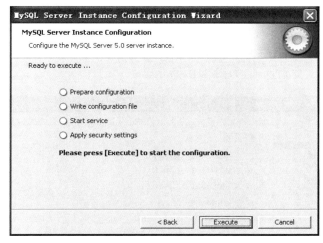

图 2-41　准备就绪

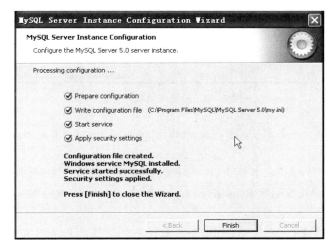

图 2-42　完成 MySQL 服务器配置

提示：如果想在以后某个时间更改配置，可通过执行"开始"|MySQL|MySQL Server 5.0|MySQL Server Instance Config Wizard 命令访问配置向导。

2.3.6　使用 Dreamweaver 创建 PHP 站点

Adobe Dreamweaver CS6 是一款专业的 HTML 编辑器，用于对网站、网页和 Web 应用程序进行设计、编码和开发。利用 Dreamweaver 的可视化编辑功能，不仅可以快速创建网页，而且还可以使用 ASP、JSP 和 PHP 等现行的 Web 开发技术构建动态的、数据库驱动的 Web 网站。下面介绍如何在 Dreamweaver 中创建一个 PHP 站点，包括设置本地文件夹、设置测试服务器文件夹以及创建 PHP 测试页。

1. 使用 Dreamweaver 设置本地站点

本地文件夹是设计时的工作目录。Dreamweaver 将该文件夹作为本地站点，它可以放在本地计算机上，也可以放置在网络服务器上。实际上，只需要建立本地文件夹就可以定义一个 Dreamweaver 站点。设置本地文件夹的步骤如下。

（1）启动 Adobe Dreamweaver CS6，然后选择"站点"|"新建站点"菜单命令。

（2）在站点定义对话框中选择"高级"选项卡，然后在左侧的"分类"列表中选择本地信息，以显示"本地信息"类别选项，如图 2-43 所示。

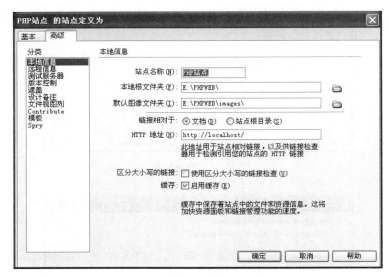

图 2-43　设置本地文件夹图

（3）在"站点名称"文本框中，输入要创建的 Dreamweaver 站点名称，这里设置站点名称为"PHP 站点"。

（4）在"本地根文件夹"文本框中，输入本地磁盘中存储站点文件、模板和库项目的文件夹的名称，或者通过单击文件夹图标定位到该文件夹。在此将站点的本地根文件夹设置为E:\PHPWEB\。

（5）在"默认图像文件"及文本框中，输入此站点的默认图形文件夹的路径，也可以单击文件夹图标浏览到该文件夹。这里设置默认图像文件夹为 E:\PHPWEB\images。

（6）若要更改所创建的到站点其他页面的链接的相对路径，可选择"相对连接于"选项。在默认情况下，Dreamweaver 使用文档相对路径创建链接。根据需要，也可以选择"站点根目录"选项以更改路径设置。

（7）在"HTML 地址"文本框中，输入已完成的 Web 站点将使用 URL。在这里，设置站点的 HTTP 地址为 http://localhost/或者 http://127.0.0.1/。

（8）使站点定义对话框保持打开状态，下面将继续为站点设置测试服务器文件夹。

2. 设置测试服务器

测试服务器文件夹是处理动态网页的文件夹，Dreamweaver 使用此文件夹生成动态内容并在设计时连接到数据库。若要开发基于 PHP 的动态网站，就必须为站点添加测试服务器信息。一般情况下，可以指定 Apache 服务器上 PHP 网站的根目录或某个虚拟目录作为测试服务器的文件夹。设置测试服务器文件夹的操作步骤如下。

（1）在"站点定义"对话框左侧的"分类"列表中选择"测试服务器"，以显示"测试服务器"类别选项，如图 2-44 所示。

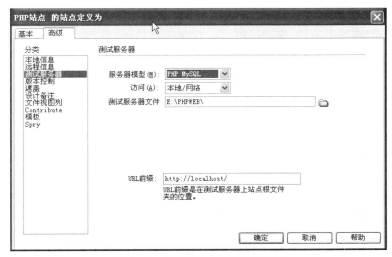

图 2-44 设置站点的测试服务器

（2）从"服务器模型"列表框中选择想要使用的 Web 开发技术，可供选择的有 ASP、JavaScript、ASP VBScript、ASP. NET C♯、ASP. NET VB、ColdFusion、JSP 以及 PHP MySQL。如果要使用 Dreamweaver 开发 PHP 动态网站，则应当从"服务器模型"列表框中选择 PHP MySQL。

（3）从访问列表框中选择一种访问服务器的方式，可以选中 FTP、"本地/网络"或者 WebDAV 选项，这里选中"本地/网络"选项。

图 2-45 出现在"文件"面板
中的 PHP 站点

（4）在"测试服务器文件夹"文本框中，输入用于处理 PHP 动态网页的测试文件夹路径。通常指定 Apache 服务器上 PHP 网站的根目录或某个虚拟目录作为测试服务器的文件夹。这里设置测试服务器文件夹为 E:\PHPWEB\，与本地文件根目录相同。

（5）在"URL 前缀"文本框中，输入用户在其浏览器中用来打开 PHP 网站的 URL，但不包括任何文件名。如果 Dreamweaver 运行在与 Apache 服务器相同的计算机系统上，则可以使用 localhost 表示域名。这里将 URL 前缀设置为 http://localhost，与站点的 HTTP 地址相同。

（6）单击"确定"按钮，关闭"站点定义"对话框。此时，在 Dreamweaver 的右下方会出现刚建立的站点信息，如图 2-45 所示。

2.4 Linux 系统下源代码包安装

在 Linux 平台下安装 PHP 可以使用配置和编译过程，或是使用各种预编译的包。在 Linux 上安装软件，用户最好的选择是下载源代码包，并编译一个适合自己的版本。LAMP

组合中每个成员都是开源的软件,都可以从各自的官方网站上免费下载安装程序的源代码文件,并在自己的系统上编译,编译之前会检查系统的环境,并可以针对目标系统的环境进行优化。所以和自己系统的兼容性是最好的,不仅如此,允许用户根据自己的需求进行定制安装。这是 LAMP 环境最理想的搭建方法,也是最复杂的安装方式。所以要搭建一个最完美的 LAMP 工作环境,多花费一些时间和精力在源代码包的安装上,还是值得的。

2.4.1　安装前准备

本书的源代码包安装方式以 Red Hat Linux 操作系统为主。假设读者在计算机中已经安装好了 Red Hat Linux 系列中的某一版本的操作系统,就可以按下面几种方式做安装前的准备工作了。

1. 获取软件包

安装之前,用户首先需要到相应的网站上下载安装所需要的最新的软件源代码文件。包括最新的 Apache、MySQL、PHP 以及相关库文件的源码包。需要下载的软件和下载的地址如表 2-2 所示。

表 2-2　Linux 下 LAMP 环境安装所需要的源代码包列表及下载地址

软　件　名　称	下　载　地　址
httpd-2.2.9.tar.gz	http://www.apache.org/
mysql-5.0.41.tar.gz	http://dev.mysql.com/downloads/
php-5.2.6.tar.gz	http://www.php.net/downloads.php
phpMyAdmin-3.0.0-rc1-all-languages.tar.gz	http://www.phpmyadmin.com/
libxml2-2.6.30.tar.gz	ftp://ftp.gnome.org/pub/GNOME/sources/libxml2/2.6/libxml2-2.6.30.tar.gz
libmcrypt-2.5.8.tar.gz	http://prdownloads.sourceforge.net/mcrypt/libmcrypt-2.5.8.tar.gz?use_mirror=peterhost
zlib-1.2.3.tar.gz	http://www.zlib.net/zlib-1.2.3.tar.gz
gd-2.0.35.tar.gz	http://www.libgd.org/releases/gd-2.0.35.tar.gz
Autoconf-2.61.tar.gz	ftp://ftp.gnu.org/gnu/autoconf/autoconf-2.61.tar.gz
freetype-2.3.5.tar.gz	http://download.savannah.gnu.org/releases/freetype/freetype-2.3.5.tar.gz
libpng-1.2.31.tar.gz	ftp://ftp.simplesystems.org/pub/libpng/png/src/libpng-1.2.31.tar.gz
jpegsrc.v6b.tar.gz	http://www.ijg.org/files/jpegsrc.v6b.tar.gz
ZendOptimizer330a.tar.gz	http://wt1.mycodes.net/soft/20071108/ZendOptimizer330a.tar.gz

在表 2-2 中一共有 13 个 LAMP 环境安装需要的软件包,可以直接在浏览器的地址栏中输入下载地址进行下载或使用下载软件直接下载。读者也可以下载最新的软件进行更新,并把下载的所有源代码包都放到 Linux 系统下的/usr/local/src/目录中。代码如下:

```
[root@localhost src]#  ls /usr/local/src/    //显示/user/local/src/ 下的文件列表
autoconf-2.61.tar.gz    libxml2-2.6.30.tar.gz
freetype-2.3.5.tar.gz    mysql-5.0.41.tar.gz
```

```
gd-2.0.35.tar.gz           php-5.2.6.tar.gz
httpd-2.2.9.tar.gz         phpMyAdmin-3.0.0-rc1-all-languages.tar.gz
jpegsrc.v6b.tar.gz         ZendOptimizer330a.tar.gz
libmcrypt-2.5.8.tar.gz     zlib-1.2.3.tar.gz
libpng-1.2.31.tar.gz
[root@localhost src]#  ls | wc -l              //查看当前目录下的文件个数
    13                                         //总计 13 个文件
[root@localhost src]#
```

2. 检查安装时使用的编译工具是否存在

用户下载的软件的源代码文件都是使用 C 语言编写的,需要在本机编译后才能安装使用,所以在安装前首先要检查一下系统中编译工具 gcc 是否已经安装,可以在命令行中使用 gcc -v 查看是否安装了 gcc。代码如下:

```
[root@localhost root]#  gcc -v         //查看是否安装过 gcc 编译程序
Reading specs from /usr/lib/gcc-lib/i386-redhat-linux/3.2.2/specs
Configured with: ../configure --prefix=/usr --man dir=/usr/share/man --infodir=
    /usr/share/info - - enable - shared - - enable - threads = posix - - d isable
    -checking --with-system-zlib
    --enable-__cxa_atexit --host=i386-redhat-linux
Thread model: posix
gcc version 3.2.2 20030222 (Red Hat Linux 3.2.2-5)
```

如果系统中已经安装了 gcc 编译工具,则显示上述信息,如果没有安装 gcc 工具,读者需要下载 gcc 工具软件并安装上。

3. 卸载默认的低版本环境

目前发行的 Linux 操作系统版本中,如果选择默认全部安装,就已经安装了 LAMP 环境,但版本相对都比较低。用户可以再安装一个 LAMP 环境和原来的并存,但是这样做没有必要,因为同时能开启一个 LAMP 环境。所以用户要在安装之前,先检查一下系统中是否已经安装了低版本的环境,如果已经安装,停止原来的服务运行,或者把原来的环境卸载掉。代码如下:

```
[root@localhost root]# rpm -qa|grep -i httpd     //查询系统中已安装的 Apache 相关软件包
httpd-manual-2.0.40-21
httpd-2.0.40-21
redhat-config-httpd-1.0.1-18
[root@localhost root]# service httpd stop    //如果 Apache 已开启,停止运行 Apache 服务器
[root@localhost root]# rpm -e httpd-manual-2.0.40-21 --nodeps   //卸载 Apache 服务器
[root@localhost root]# rpm -e httpd-2.0.40-21 -nodeps          //卸载 Apache 服务器
[root@localhost root]# rpm -e redhat-config-httpd-1.0.1-18 --nodeps
                                                       //卸载 Apache 服务器
[root@localhost root]# rpm -qa|grep -i mysql  //查询系统中已安装的 MySQL 相关软件包
mysql-devel-3.23.54a-11
mysql-3.23.54a-11
mysql-server-3.23.54a-11
```

```
[root@localhost root]# service mysqld stop        //如果 MySQL 已开启,停止运行 MySQL 服务器
[root@localhost root]# rpm -e mysql-devel-3.23.54a-11 --nodeps   //卸载 MySQL 服务器
[root@localhost root]# rpm -e mysql-3.23.54a-11 -nodeps          //卸载 MySQL 服务器
[root@localhost root]# rpm -e mysql-server-3.23.54a-11 --nodeps  //卸载 MySQL 服务器
[root@localhost root]# rpm -qa|grep -i php    //查询系统中已安装的 PHP 相关软件包
php-ldap-4.2.2-17
php-imap-4.2.2-17
php-4.2.2-17
[root@localhost root]# rpm -e php-ldap-4.2.2-17 --nodeps         //卸载 PHP 应用服务器
[root@localhost root]# rpm -e php-imap-4.2.2-17 --nodeps         //卸载 PHP 应用服务器
[root@localhost root]# rpm -e php-4.2.2-17 --nodeps             //卸载 PHP 应用服务器
```

2.4.2　编译安装过程介绍

搭建 LAMP 环境时,需要安装的所有软件都要按照一定的顺序安装,用户按照 Apache →MySQL→PHP 的顺序安装。但在安装 PHP 之前,应先安装 PHP 需要的最新版本库文件,如 libxml2、libmcrypt,以及 GD2 等库文件。安装 GD2 库是为了让 PHP 支持 GIF、PNG 和 JPEG 图片格式,所以在安装 GD2 库之前还要先安装最新的 zlib、libpng、freetype 和 jpegsrc 等库文件。而且中间还会穿插安装一些软件。读者可以按照本节提供的顺序安装。

1. 解压 tar.gz 为后缀的压缩软件包

LAMP 环境搭建所需要的每个软件的源代码文件,都是以.tar.gz 或.tgz 提供给用户的打包压缩文件,所以用户必须将其解压再解包。可以通过使用 Linux 操作系统中 SHELL 命令的 tar 文件,再结合 zxvf 4 个选项完成这个工作。使用 tar 的解压缩语法格式如下:

```
[root@localhost root]#  tar zxvf tarfile.tar.gz
```

//对压缩文件 tarfile.tar.gz 解压并打开包

2. Linux 系统中源代码包安装过程

进入解压后的目录,LAMP 环境搭建所需要的软件都是使用 C 语言开发的,所以安装源代码文件最少需要配置、编译和安装 3 个步骤。

(1)配置(configure)。每个软件的源代码目录中都会存在一个名为 configure 的脚本文件,配置和安装过程被 configure 脚本中一系列命令行选项控制。每个软件包的配置方式是不同的,所以可以在其源代码目录中,通过./configure --help 命令了解所有可用的编译选项及简短解释。配置好后,便可以开始编译模块。

(2)编译(make)。软件的配置过程成功完成后,会在当前目录下生成一个 Makefile 文件。可以通过 make 命令按 Makefile 文件的配置进行编译,编译成功后则可执行的二进制文件,便可以开始进行软件安装了。

(3)安装(make install)。根据配置和编译过程,在 Linux 命令行中通过执行 make install 命令,将软件安装到指定的位置。

2.4.3　安装 libxml2 最新库文件

安装步骤如下。

步骤 1,进入下载的软件源码包所在目录/usr/local/src/下,解压软件包 libxml2-2.6.30.tar. 到当前目录 libxml2-2.6.30 下,并进入 libxml2-2.6.30 目录。命令行如下:

```
[root@localhost root]# cd /usr/local/src/           //进入软件源码包所在目录
[root@localhost src]# tar zxvf libxml2-2.6.30.tar.gz   //解包解压到 libxml2-2.6.30 目录
[root@localhost src]# cd libxml2-2.6.30             //进入目录 libxml2-2.6.30 中
```

步骤 2,使用 configure 命令检查并配置安装需要的系统环境,并生成安装配置文件。命令行如下:

```
[root@localhost libxml2-2.6.30]# ./configure --prefix=/usr/local/libxml2
```

步骤 3,使用 make 命令编译源代码文件并生成安装文件。命令行如下:

```
[root@localhost libxml2-2.6.30]# make           //对软件源代码文件进行编译
```

步骤 4,使用 make install 命令安装编译过的文件。命令行如下:

```
[root@localhost libxml2-2.6.30]# make install      //开始安装 libxml2 库文件
```

如果安装成功以后,在/usr/local/libxml2/目录下将生成 bin、include、lib、man 和 share 这 5 个目录。在后面安装 PHP 源代码包的配置时,会通过在 configure 命令的选项中加上--with-libxml-dir=/usr/ local/libxml2 选项,用于指定安装 libxml2 库文件的位置。

2.4.4 安装 libmcrypt 最新库文件

安装步骤如下。

步骤 1,再次进入软件源码包所在目录/usr/local/src/中,解压软件包 libmcrypt-2.5.8. tar.gz 到当前目录 libmcrypt-2.5.8 下,并进入 libmcrypt-2.5.8 目录。命令行如下:

```
[root@localhost root]# cd /usr/local/src/           //进入软件源码包所在目录
[root@localhost src]# tar zxvf libmcrypt-2.5.8.tar.gz //解压到 libmcrypt-2.5.8 目录
[root@localhost src]# cd libmcrypt-2.5.8            //进入目录 libmcrypt-2.5.8 中
```

步骤 2,同样使用 configure 命令检查并配置安装需要的系统环境,并生成安装配置文件,命令行如下:

```
[root@localhost libmcrypt-2.5.8]# ./configure --prefix=/usr/local/libmcrypt
```

选项--prefix=/usr/local/libmcrypt,是在安装时将软件安装到/usr/local/libmcrypt 目录下。

步骤 3,使用 make 命令编译源代码文件并生成安装文件,命令行如下:

```
[root@localhost libmcrypt-2.5.8]# make                 //对软件源代码文件进行编译
```

步骤 4,使用 make install 命令进行安装。命令行如下:

```
[root@localhost libmcrypt-2.5.8]# make install          //开始安装 libmcrypt 库文件
```

如果安装成功就会在/usr/local/libmcrypt/目录下生成 bin、include、lib、man 和 share 这 5 个目录。然后在安装 PHP 源代码包的配置时,就可以通过 configure 命令加上--with-mcrypt-dir＝/usr/local/libmcrypt 选项,指定这个 libmcrypt 库文件的位置。

　　步骤 5,安装完成 libmcrypt 库以后,不同的 Linux 系统版本有可能还要安装以下 libltdl 库。安装方法和前面的步骤相同,可以进入到解压缩的目录/usr/local/src/ libmcrypt-2.5.8 下,找到 libltdl 库源代码文件所在的目录 libltdl,进入这个目录按照下面几个命令配置、编译、安装就可以了。

```
[root@localhost root]# cd /usr/local/src/libm crypt-2.5.8/libltdl
                                                //进入软件源代码目录
[root@localhost libltdl]# ./configure --enable-ltdl-install   //配置 ltdl 库的安装
[root@localhost libltdl]# make                  //编译
[root@localhost libltdl]# make install          //安装
```

2.4.5　安装 zlib 最新库文件

　　安装步骤如下。

　　步骤 1,进入软件源码包所在目录/usr/local/src/中,解压软件包 zlib-1.2.3.tar.gz 到当前目录 zlib-1.2.3 下,并进入 zlib-1.2.3 目录。命令行如下:

```
[root@localhost root]# cd /usr/local/src/        //进入软件源码包所在目录
[root@localhost src]# tar zxvf zlib-1.2.3.tar.gz  //解包解压到 zlib-1.2.3 目录
[root@localhost src]# cd zlib-1.2.3              //进入目录 zlib-1.2.3 中
```

　　步骤 2,同样使用 configure 命令检查并配置安装需要的系统环境,并生成安装配置文件。命令行如下:

```
[root@localhost zlib-1.2.3]# ./configure --prefix=/usr/local/zlib
```

其中,选项--prefix＝/usr/local/zlib,是在安装时将软件安装到/usr/local/zlib 目录下。

　　步骤 3,使用 make 命令编译源代码文件并生成安装文件。命令行如下:

```
[root@localhost zlib-1.2.3]# make               //对软件源代码文件进行编译
```

　　步骤 4,使用 make install 命令进行安装。命令行如下:

```
[root@localhost zlib-1.2.3]# make install        //开始安装 zlib 库文件
```

　　如果安装成功将会在/usr/local/zlib 目录下生成 include、lib 和 share 这 3 个目录。在安装 PHP 配置时,在 configure 命令的选项中加上--with-zlib-dir＝/usr/local/libmcrypt 选项,用于指定 zlib 库文件的位置。

2.4.6　安装 libpng 最新库文件

　　安装步骤如下。

　　步骤 1,进入软件源码包所在目录/usr/local/src/中,解压软件包 libpng-1.2.31.tar.gz 到当前目录 libpng-1.2.31 下,并进入 libpng-1.2.31 目录。命令行如下:

```
[root@localhost root]# cd /usr/local/src/        //进入软件源码包所在目录
[root@localhost src]# tar zxvf libpng-1.2.31.tar.gz //解包解压到 libpng-1.2.31 目录
```

```
[root@localhost src]# cd libpng-1.2.31          //进入目录 libpng-1.2.31 中
```

步骤 2,同样使用 configure 命令检查并配置安装需要的系统环境,并生成安装配置文件。命令行如下:

```
[root@localhost libpng-1.2.31]# ./configure --prefix=/usr/local/libpng
```

选项--prefix=/usr/local/libpng,是在安装时将软件安装到/usr/local/libpng 目录下。

步骤 3,使用 make 命令编译源代码文件并生成安装文件。命令行如下:

```
[root@localhost libpng-1.2.31]# make          //对软件源代码文件进行编译
```

步骤 4,使用 make install 命令进行安装。命令行如下:

```
[root@localhost libpng-1.2.31]# make install     //开始安装 libpng 库文件
```

如果安装成功,将会在/usr/local/libpng 目录下生成 bin、include、lib 和 share 4 个目录。在安装 GD2 库配置时,通过在 configure 命令的选项中加上--with-png=/usr/local/libpng 选项,指定 libpng 库文件的位置。

2.4.7　安装 jpeg6 最新库文件

安装步骤如下。

步骤 1,安装 GD2 库前所需的 jpeg6 库文件,需要自己手动地创建安装需要的目录,它们在安装时不能自动创建。命令行如下:

```
[root@localhost root]# mkdir /usr/local/jpeg6       //建立 jpeg6 软件安装目录
[root@localhost root]# mkdir /usr/local/jpeg6/bin    //建立存放命令的目录
[root@localhost root]# mkdir /usr/local/jpeg6/lib    //创建 jpeg6 库文件所在目录
[root@localhost root]# mkdir /usr/local/jpeg6/include    //建立存放头文件目录
[root@localhost root]# mkdir -p /usr/local/jpeg6/man/man1   //建立存放手册的目录
```

步骤 2,进入软件源码包所在目录/usr/local/src/中,解压软件包 jpegsrc.v6b.tar.gz 到当前目录 jpeg-6b 下,并进入 jpeg-6b 目录。命令行如下:

```
[root@localhost root]# cd /usr/local/src/           //进入软件源码包所在目录
[root@localhost src]# tar zxvf jpegsrc.v6b.tar.gz   //解包解压到 jpeg-6b 目录
[root@localhost src]# cd jpeg-6b                    //进入目录 jpeg-6b 中
```

步骤 3,使用 configure 命令检查并配置安装需要的系统环境,并生成安装配置文件。命令行如下:

```
[root@localhost jpeg-6b]# ./configure \    //使用\将一个命令换成多行
>--prefix=/usr/local/jpeg6/ \              //在安装时将软件安装到/usr/local/jpeg6 目录下
>--enable-shared \                        //建立共享库使用的 GNU 的 libtool
>--enable-static                          //建立静态库使用的 GNU 的 libtool
```

步骤 4,使用 make 命令编译源代码文件并生成安装文件。命令行如下:

```
[root@localhost jpeg-6b]# make             //对软件源代码文件进行编译
```

步骤 5,使用 make install 命令进行安装。命令行如下:

```
[root@localhost jpeg-6b]# make install        //开始安装 jpeg6 库文件
```

在安装 GD2 库配置时,可以在 configure 命令的选项中加上--with-jpeg＝/usr/local/jpeg6/选项,指定 jpeg6 库文件的位置。安装 PHP 时也要指定该库文件的位置。

2.4.8　安装 freetype 最新库文件

安装步骤如下。

步骤 1,进入软件源码包所在目录/usr/local/src/中,解压软件包 freetype-2.3.5.tar.gz 到当前目录 reetype-2.3.5 下,并进入 freetype-2.3.5 目录。命令行如下:

```
[root@localhost root]# cd /usr/local/src/          //进入软件源码包所在目录
[root@localhost src]# tar zxvf freetype-2.3.5.tar.gz //解包解压到 freetype-2.3.5 目录
[root@localhost src]# cd freetype-2.3.5           //进入目录 freetype-2.3.5 中
```

步骤 2,使用 configure 命令检查并配置安装需要的系统环境,并生成安装配置文件。命令行如下:

```
[root@localhost freetype-2.3.5]# ./configure --prefix=/usr/local/freetype
```

其中,选项--prefix＝/usr/local/freetype,是在安装时将软件安装到/usr/local/freetype 目录下。

步骤 3,使用 make 命令编译源代码文件并生成安装文件。命令行如下:

```
[root@localhost freetype-2.3.5]# make              //对软件源代码文件进行编译
```

步骤 4,使用 make install 命令进行安装。命令行如下:

```
[root@localhost freetype-2.3.5]# make install      //开始安装 freetype 库文件
```

如果安装成功将会在/usr/local/freetype 目录下存在 bin、include、lib 和 share 4 个目录。并在安装 GD2 库时,通过 configure 命令的选项中加上--with-freetype＝/u sr/local/freetype/选项,指定 freetype 库文件的位置。

2.4.9　安装 autoconf 最新的库文件

安装步骤如下。

步骤 1,进入软件源码包所在目录/usr/local/src/中,解压软件包 autoconf-2.61.tar.gz 到当前目录 autoconf-2.61 下,并进入 autoconf-2.61 目录。命令行如下:

```
[root@localhost root]# cd /usr/local/src/          //进入软件源码包所在目录
[root@localhost src]# tar zxvf autoconf-2.61.tar.gz //解包解压到 autoconf-2.61 目录
[root@localhost src]# cd autoconf-2.61            //进入目录 autoconf-2.61 中
```

步骤 2,使用 configure 命令检查并配置安装需要的系统环境,并生成安装配置文件。命令行如下:

```
[root@localhost autoconf-2.61]# ./configure        //配置
```

步骤3,使用make命令编译源代码文件并生成安装文件。命令行如下:

```
[root@localhost autoconf-2.61]# make                //对软件源代码文件进行编译
```

步骤4,使用make install命令进行安装。命令行如下:

```
[root@localhost autoconf-2.61]# make install       //开始安装autoconf库文件
```

2.4.10   安装最新的GD库文件

安装步骤如下。

步骤1,进入软件源码包所在目录/usr/local/src/中,解压软件包gd-2.0.35.tar.gz到当前目录gd-2.0.35下,并进入gd-2.0.35目录。命令行如下:

```
[root@localhost root]#  cd /usr/local/src/          //进入软件源码包所在目录
[root@localhost src]#  tar zxvf gd-2.0.35.tar.gz    //解包解压到gd-2.0.35目录
[root@localhost src]#  cd gd-2.0.35                 //进入目录gd-2.0.35中
```

步骤2,使用configure命令检查并配置安装需要的系统环境,并生成安装配置文件。命令行如下(使用\将一个命令换成多行):

```
[root@localhost gd-2.0.35]#  ./configure \          //配置命令
>--prefix=/usr/local/gd2/ \                         //指定软件安装的位置
>--with-zlib=/usr/local/zlib/ \                     //指定到哪去找zlib库文件的位置
>--with-jpeg=/usr/local/jpeg6/ \                    //指定到哪去找jpeg库文件的位置
>--with-png=/usr/local/libpng/ \                    //指定到哪去找png库文件的位置
>--with-freetype=/usr/local/freetype /              //指定到哪去找freetype 2.x字体库的位置
```

步骤3,使用make命令编译源代码文件并生成安装文件。命令行如下:

```
[root@localhost gd-2.0.35]#  make                   //对软件源代码文件进行编译
```

步骤4,使用make install命令进行安装。命令行如下:

```
[root@localhost gd-2.0.35]#  make install           //开始安装GD库文件
```

如果安装成功会在/usr/local/gd2目录下存在bin、include和lib这3个目录。在安装PHP时,通过在configure命令的选项中加上--with-gd=/usr/local/gd2/选项,指定GD库文件的位置。

2.4.11   安装新版本的Apache服务器

安装步骤如下。

步骤1,进入软件源码包所在目录/usr/local/src/中,找到软件包httpd-2.2.9.tar.gz解压到当前目录httpd-2.2.9下,并进入httpd-2.2.9目录。命令行如下:

```
[root@localhost root]#  cd /usr/local/src/          //进入软件源码包所在目录
[root@localhost src]#  tar zxvf httpd-2.2.9.tar.gz  //解包解压到httpd-2.2.9目录
[root@localhost src]#  cd httpd-2.2.9               //进入目录httpd-2.2.9中
```

步骤 2，使用 configure 命令检查并配置安装需要的系统环境，并生成安装配置文件，命令行如下（使用\将一个命令换成多行）：

```
[root@localhost httpd-2.2.9]#  ./configure \        //执行当前目录下软件自带的配置命令
>--prefix=/usr/local/apache2 \                      //指定 Apache 软件安装的位置
>--sysconfdir=/etc/httpd \                          //指定 Apache 服务器的配置文件存放位置
>--with-z=/usr/local/zlib/ \                        //指定 zlib 库文件的位置
>--with-included-apr \                              //使用捆绑 APR/APR-Util 的副本
>--disable-userdir \                                //请求的映像到用户特定目录
>--enable-so \                                      //以动态共享对象(DSO) 编译
>--enable-deflate=shared \                          //缩小传输编码的支持
>--enable-expires=shared \                          //期满头控制
>--enable-rewrite=shared \                          //基于规则的 URL 操控
>--enable-static-support                            //建立一个静态链接版本的支持
```

步骤 3，使用 make 命令编译源代码文件并生成安装文件，命令行如下：

```
[root@localhost httpd-2.2.9]#  make                 //对 Apache 源代码文件进行编译
```

步骤 4，使用 make install 命令进行安装，命令行如下：

```
[root@localhost httpd-2.2.9]#  make install  //开始安装 Apache 服务器软件
```

步骤 5，检查安装的文件，进入到/usr/local/apache2/目录下，确认是否有以下目录。

```
[root@localhost httpd-2.2.9]#  cd /usr/local/apache2/
[root@localhost apache2]# ls
bin  cgi-bin  htdocs  include  logs  manual
build error icons lib    man modules
```

检查配置文件是否指定正确，进入/etc/httpd/目录下，查看配置文件 httpd.conf 和 extra 子目录是否存在。

步骤 6，启动 Apache 服务器，并查看端口是否开启，启动 Apache 服务器的命令行如下：

```
[root@localhost apache2]# / usr/local/apache2/bin/apachectl start      //启动 Apache
```

步骤 7，Apache 服务器启动之后，查看一下 80 端口是否打开，如果看到以下结果表明 Apache 服务器启动成功。命令行如下：

```
[root@localhost apache2]# netstat -tnl|grep 80     //查看 80 端口是否开启
tcp    0   0 0.0.0.0:80          0.0.0.0:*          LISTEN
```

步骤 8，测试安装结果，打开浏览器，在地址栏内输入 URL 为 http://localhost/去访问 Apache 服务器。如出现如图 2-46 所示的内容，表示 Apache 服务器可以使用。

步骤 9，每种服务器软件都有必要制作成开机时自启动，Apache 服务器开机自启动，只要在/etc/rc.d/rc.local 文件中加上 Apache 服务器的启动命令即可。可以直接打开/etc/rc.d/rc.local 文件，在最后一行写入 Apache 启动命令，也可以使用 echo 命令追加进去，命令行如下：

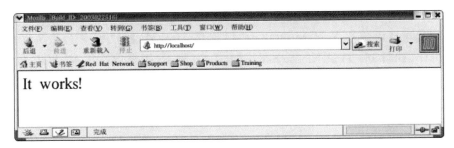

图 2-46 测试 Apache 是否安装并启动成功

```
[root@localhost root]# echo "/usr/local/apache2/bin/apach ectl start" >>/etc/
rc.d/rc.local
```

2.4.12 安装 MySQL 数据库管理系统

安装步骤如下。

步骤 1,首先要为 MySQL 增加一个登录用户和用户组,用户名和组名都为 mysql,如果将这些用户和组命名为 mysql 之外的名称,在下面的步骤中也需要替换为相应的名称。命令行如下:

```
[root@localhost root]# groupadd mysql              //添加一个 mysql 标准组
[root@localhost root]# useradd -g mysql mysql  //添加 mysql 用户并加到 mysql 组中
```

步骤 2,进入软件源码包所在目录/usr/local/src/中,解压软件包 mysql-5.0.41.tar.gz 到当前目录 mysql-5.0.41 下,并进入 mysql-5.0.41 目录。命令行如下:

```
[root@localhost root]# cd /usr/local/src/               //进入软件源码包所在目录
[root@localhost src]# tar zxvf mysql-5.0.41.tar.gz    //解包解压到 mysql-5.0.41 目录
[root@localhost src]# cd mysql-5.0.41                   //进入目录 mysql-5.0.41 中
```

步骤 3,使用 configure 命令检查并配置安装需要的系统环境,并生成安装配置文件,命令行如下:

```
[root@localhost mysql-5.0.41]# ./configure \        //使用\将一个命令换成多行
>--prefix=/usr/local/mysql \        //是在安装时将软件安装到/usr/local/mysql 目录下
>--with-extra-charsets=all        //在安装 mysql 时安装所有字符集
```

步骤 4,使用 make 命令编译源代码文件并生成安装文件,命令行如下:

```
[root@localhost mysql-5.0.41]# make                        //对 MySQL 源代码文件进行编译
```

步骤 5,使用 make install 命令进行安装,命令行如下:

```
[root@localhost mysql-5.0.41]# # make install              //开始安装 MySQL 数据库系统
```

步骤 6,创建 MySQL 数据库服务器的配置文件,可以使用源码包 support-files 目录中的 my-medium.cnf 文件作为模板,将其复制到/etc/目录下,命名为 my.cnf 文件即可。命令行如下:

```
[root@localhost mysql-5.0.41]# cp support-files/my-medium.cnf /etc/my.cnf
```

步骤7,如果还没有安装过 MySQL,必须创建 MySQL 授权表。进入安装目录/usr/
local/mysql 下,执行 bin 目录下的 mysql_install_db 脚本,用来初始化 MySQL 数据库的授
权表,其中存储了服务器访问允许。命令行如下:

```
[root@localhost mysql-5.0.41]# cd /usr/local/mysql          //输入安装目录
[root@localhost mysql]# bin/mysql_install_db --user=mysql  //创建授权表
```

如果使用 root 用户运行上面的命令,应当使用--user 选项,选项的值应与用户在步骤1
中为运行服务器所创建的登录账户(mysql 用户)相同。如果用 mysql 用户登录来运行上面
命令,可以省略--user 选项。用 mysql_install_db 创建 MySQL 授权表后,需要手动重新启
动服务器。

步骤8,将程序二进制的所有权改为 root 用户,数据目录的所有权改为运行 mysqld 程序
序的 mysql 用户。如果现在位于安装目录(/usr/local/mysql)下,命令行如下:

```
[root@localhost mysql]# chown -R root .          //将文件的所有属性改为 root 用户
[root@localhost mysql]# chown -R mysql var       //将数据目录的所有属性改为 mysql 用户
[root@localhost mysql]# chgrp -R mysql           //将组属性改为 mysql 组
[root@localhost mysql]# ls -l                     //长格式显示当前目录下的内容总用量 40
drwxr-xr-x   2 root     mysql      4096   9月   12 00:35 bin
drwxr-xr-x   3 root     mysql      4096   9月   12 00:34 include
drwxr-xr-x   2 root     mysql      4096   9月   12 00:34 info
drwxr-xr-x   3 root     mysql      4096   9月   12 00:34 lib
drwxr-xr-x   2 root     mysql      4096   9月   12 00:35 libexec
drwxr-xr-x   4 root     mysql      4096   9月   12 00:35 man
drwxr-xr-x   8 root     mysql      4096   9月   12 00:35 mysql-test
drwxr-xr-x   3 root     mysql      4096   9月   12 00:34 share
drwxr-xr-x   5 root     mysql      4096   9月   12 00:35 sql-bench
drwx------   4 mysql    mysql      4096   9月   12 01:16 var
```

步骤9,在所需要的东西被安装完成后,应当使用下面的命令启动 MySQL 服务了,命
令行如下:

```
[root@localhost mysql]# /usr/local/mysql/b in/mysqld_safe --user=mysql &
```

步骤10,MySQL 数据库服务启动之后,查看一下它的端口 3306 是否打开,如果看到以
下结果,表明 MySQL 服务启动成功。命令行如下:

```
[root@localhost apache2]# netstat -tnl|grep 3306     //查看 3306 端口是否开启
tcp      0      0 0.0.0.0:3306        0.0.0.0:*         LISTEN
```

步骤11,使用 mysqladmin 验证服务器在运行中。以下命令提供了简单的测试,可检查
服务器是否已经启动并能响应连接。命令行如下:

```
[root@localhost mysql]# bin/mysqladmin version
bin/mysqladmin Ver 8.41 Distrib 5.0.41, for pc-linux-gnu on i686
Copyright (C) 2000-2006 MySQL AB
```

```
This software comes with ABSOLUTELY NO WARRANTY. This is free software,
    and you are welcome to modify and redistribute it under the GPL license

Server version          5.0.41-log
Protocol version        10
Connection              Localhost via UNIX socket
UNIX socket             /tmp/mysql.sock
Uptime:                 15 min 41 sec

Threads: 1 Questions: 25 Slow queries: 0 Opens: 12 Flus h tables: 1 Open tables: 6
    Queries per second avg: 0.027
[root@localhost mysql]#  bin/mysqladmin variables      //查看所有 MySQL 参数
```

步骤 12,设置访问权限,在 MySQL 安装过程中,使用 mysql_install_db 程序安装了 MySQL 数据库授权表,表定义了初始 MySQL 用户账户和访问权限,所有初始账户均没有密码。这些账户为超用户账户,可以执行任何操作。初始 root 账户的密码为空,因此任何人可以用 root 账户不用任何密码来连接 MySQL 服务器,并具有所有权限,这意味着 MySQL 安装未受保护。如果用户想要防止客户端不使用密码用匿名用户来连接,用户应当为匿名账户指定密码或删掉匿名账户,应当 MySQL root 账户指定密码。使用 mysql -u root 启动 MySQL 客户端控制台,连接 MySQL 服务器。命令行如下:

```
[root@localhost mysql]#  bin/mysql -u root          //没有密码可以直接登录本机服务器
Welcome to the MySQL monitor. Commands end with ; or \g.
Your MySQL connection id is 3
Server version: 5.0.41-log Source distribution

Type 'help;' or '\h' for help. Type '\c' to clear the buffer.

mysql>
```

步骤 13,如果有匿名账户存在,它拥有全部的权限,因此删掉它可以提高安全,在 MySQL 客户端执行 SQL 语句如下:

```
mysql>DELETE FROM mysql.user WHER E Host='localhost' AND User='';
Query OK, 1 rows affected (0.08 sec)

mysql>FLUSH PRIVILEGES;
Query OK, 1 rows affected (0.01 sec)
```

步骤 14,可以用几种方法为 root 账户指定密码,用户选用其中一种。在 MySQL 客户端命令行上使用 SET PASSWORD 指定密码,一定要使用 PASSWORD()函数加密密码。例如下面设置 localhost 域的密码为 123456。其他域可以使用同样的语句,使用的 SQL 语句如下:

```
mysql>SET PASSWORD FOR 'root'@'localhost'=PASSWORD('123456');
Query OK, 0 rows affected (0.00 sec)
```

步骤 15，如果想退出 MySQL 客户端，可以在 MySQL 客户端提示符下输入命令 exit 或者 quit，还可以按 Ctrl＋C 键，都可以从 MySQL 客户端中退出。因为已经给 MySQL 服务器的 root 账号设置了密码，所以再次登录 MySQL 客户端就要提供密码才能进入。退出 MySQL 客户端和重新启动 MySQL 客户端的控制台命令如下：

```
mysql>exit                                                    //退出 MySQL 客户端
Bye
[root@localhost mysql]#  bin/mysql -u root -h localhost -p    //回车进入 MySQL 客户端
Enter password:                                               //输入密码 123456
Welcome to the MySQL monitor. Commands end with ; or \g.
Your MySQL connection id is 9
Server version: 5.0.41-log Source distribution

Type 'help;' or '\h' for help. Type '\c' to clear the buffer.

mysql>
```

如果想关闭 MySQL 服务器，在命令行使用 MySQL 服务器的 mysqladmin 命令，通过 -u 参数给出 MySQL 数据库管理员用户名 root 和通过-p 参数给出密码，即可关闭 MySQL 服务器。命令行如下：

```
[root@localhost mysql]#  bin/mysqladmin -u root -p shutdown       //关闭 MySQL 数据库
```

步骤 16，MySQL 服务器和 Apache 服务器一样也有必要设置为开机自动运行，设置方法是进入 mysql 源代码目录/usr/local/src/mysql-5.0.41/中，将子目录 support-files 下的 mysql.server 文件复制到/etc/rc.d/init.d 目录中，并重命名为 mysqld。命令行如下：

```
[root@localhost mysql]#  cd /usr/local/src/mysql-5.0.41
[root@localhost mysql-5.0.41]#  cp support-files/mysql.server /etc/rc.d/init.d
    /mysqld
```

修改文件/etc/rc.d/init.d/mysqld 的权限，命令行如下。

```
[root@localhost mysql-5.0.41]#  chown root.root /etc/rc.d/init.d/mysqld
[root@localhost mysql-5.0.41]#  chmod 755 /etc/rc.d/init.d/mysqld
```

使用 chkconfig 命令设置在不同系统运行级别下的自启动策略，首先使用 chkconfig -- add mysqld 命令增加所指定的 mysqld 服务，让 chkconfig 指令得以管理它，并同时在系统启动的叙述文件内增加相关数据。使用命令如下：

```
[root@localhost mysql-5.0.41]#  chkconfig --add mysqld
```

然后使用 chconfig -level 3 mysqld on 命令和 chconfig -level 5 mysqld on 命令，在第三等级和第五等级中开启 mysqld 服务，即在字符模式和图形模式启动时自动开启 mysqld 服务。命令如下：

```
[root@localhost mysql-5.0.41]#  chkconfig --level 3 mysqld on
[root@localhost mysql-5.0.41]#  chkconfig --level 5 mysqld on
```

再使用 chkconfig--list 命令检查设置。命令行如下：

```
[root@localhost mysql-5.0.41]# chkconfig --list mysqld
mysqld    0：关闭  1：关闭  2：关闭  3：启用  4：关闭  5：启用  6：关闭
```

2.4.13 安装最新版本的 PHP 模块

安装步骤如下。

步骤 1，进入软件源码包所在目录/usr/local/src/中，解压软件包 php-5.2.6.tar.gz 到当前目录 php-5.2.6 下，并进入 php-5.2.6 目录。命令行如下：

```
[root@localhost root]# cd /usr/local/src /          //进入软件源码包所在目录
[root@localhost src]# tar zxvf php-5.2.6.tar.gz      //解包解压到 php-5.2.6 目录
[root@localhost src]# cd php-5.2.6                   //进入目录 php-5.2.6 中
```

步骤 2，使用 configure 命令检查并配置安装需要的系统环境，并生成安装配置文件，命令行如下（使用\将 configure 命令选项换成多行）：

```
[root@localhost php-5.2.6]# ./configure \               //执行当前目录下软件自带的配置命令
>--prefix=/usr/local/php \                              //设置 PHP5 的安装路径
>--with-config-file-path=/usr/local/php/etc \           //指定 PHP5 配置文件存入的路径
>--with-apxs2=/usr/local/apache2/bin/apxs \             //告诉 PHP 查找 Apache 2 的地方
>--with-mysql=/usr/local/mysql/ \                       //指定 MySQL 的安装目录
>--with-libxml-dir=/usr/local/libxml2/ \                //告诉 PHP 放置 libxml2 库的地方
>--with-png-dir=/usr/local/libpng/ \                    //告诉 PHP 放置 libpng 库的地方
>--with-jpeg-dir=/usr/local/jpeg6/ \                    //告诉 PHP 放置 jpeg 库的地方
>--with-freetype-dir=/usr/local/freetype/ \             //告诉 PHP 放置 freetype 库的地方
>--with-gd=/usr/local/gd2/ \                            //告诉 PHP 放置 gd 库的地方
>--with-zlib-dir=/usr/local/zlib/ \                     //告诉 PHP 放置 zlib 库的地方
>--with-mcrypt=/usr/local/libmcrypt/ \                  //告诉 PHP 放置 libmcrypt 库的地方
>--with-mysqli=/usr/local/mysql/bin/mysql_config \      //变量激活新增加的 MySQLi 功能
>--enable-soap \                                        //变量激活 SOAP 和 Web services 支持
>--enable-mbstring=all \                                //使多字节字符串支持
>--enable-sockets                                       //变量激活 socket 通信特性
```

步骤 3，使用 make 命令编译源代码文件并生成安装文件。命令行如下：

```
[root@localhost php-5.2.6]# make                     //对 PHP 源代码文件进行编译
```

步骤 4，使用 make install 命令进行安装。命令行如下：

```
[root@localhost php-5.2.6]# make install            //开始安装 PHP
```

步骤 5，安装完成后，需要建立 PHP 配置文件。在使用 configure 命令安装配置时使用了--with-config-file-path＝/usr/local/php/etc/选项，指定了配置文件的位置。将源码包目录下的 php.ini- dist 文件复制到指定的目录/usr/local/php/etc/中，并改名为 php.ini 即可。命令行如下：

```
[root@localhost php-5.2.6]# cp php.ini-dist /usr/local/php/etc/php.ini     //创建配置文件
```

步骤 6,整合 Apache 与 PHP,上面 PHP 编译之前,用户使用 configure 命令安装配置时,使用了--with-apxs2＝/usr/local/apache2/bin/apxs 选项以使 Apache 2 将 PHP 作为功能模块使用。但用户还需要修改 Apache 配置文件,添加 PHP 的支持,告诉 Apache 将哪些后缀作为 PHP 解析。例如,让 Apache 把.php 或.phtml 后缀的文件解析为 PHP。使用 vi 打开 Apache 的配置文件/etc/httpd/httpd.conf,找到 AddType application/x-gzip .gz .tgz 指令项,并在其下方添加一条指令 Addtype application/x-httpd- php .php .phtml。也可以将任何后缀的文件解析为 PHP,只要在添加的语句中加入并用空格分开,这里以多添加一个.phtml 来示例,如下所示:

```
[root@localhost php-5.2.6]#  vi /etc/httpd/httpd.conf     //使用 vi 编辑 apache 配置文件
    ⋮
#If the AddEncoding directives above are commented-out, then you
#probably should define those extensions to indicate media types:
AddType application/x-compress .Z
AddType application/x-gzip .gz .tgz                    //在这行下面添加

Addtype application/x-httpd-php .php .phtml #添加这一条
#添加这一条是为了将 .phps 作为 PHP 的源文件进行语法高亮显示
Addtype application/x-httpd-php-source .phps
#AddHandler allows you to map certain file extensions to "handlers":
#actions unrelated to filetype. These can be either built into the server
#or added with the Action directive (see below)
    ⋮
```

步骤 7,修改完成以后必须重新启动 Apache 服务器,才能重新加载配置文件使修改生效。命令行如下:

```
[root@localhost php-5.2.6]# / usr/local/apache2/bin/apachectl stop     //停止 Apache 服务
[root@localhost php-5.2.6]# / usr/local/apache2/bin/apachectl start    //开启 Apache 服务
```

步骤 8,测试 PHP 环境是否可以正常运行,在/usr/local/apache2/htdocs 目录下建一个 test.php 或 test.phtml 的文件。内容如下所示:

```
[root@localhost htdocs]#  vi test.php              //编辑 test.php 文件
<?php
    phpinfo();
?>
```

打开浏览器,在地址栏中输入 URL 为 http://localhost/test.php 运行该文件,如果出现如图 2-47 所示的内容表示 LAMP 环境安装成功。

上例中使用了 phpinfo()函数,作用是输出有关 PHP 当前状态的大部分信息内容,这包括关于 PHP 的编译和扩展信息、PHP 版本、服务器信息和环境、PHP 的环境、操作系统信息、路径、主要的和本地配置选项的值、HTTP 头信息和 PHP 的许可等。因为每个系统的安装不同,phpinfo()函数可以用于检查某一特定系统配置设置和可用的预定义变量等。它也是一个宝贵的调试工具,因为它包含所有 EGPCS(Environment、GET、POST、Cookie、

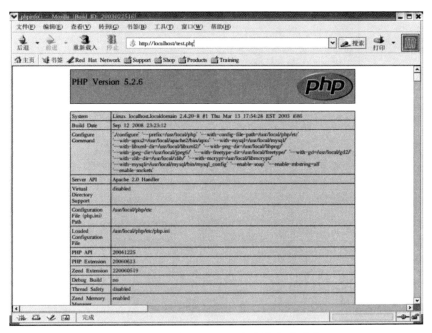

图 2-47　测试 PHP 是否安装并启动成功

Server)数据。

2.4.14　安装 Zend 加速器

通过上面几节的操作已经搭建好 LAMP 环境了,为了提高 PHP 程序的运行速度,最好还是安装一个 Zend 加速器(Zend Optimizer)。Zend Optimizer 用优化代码的方法来提高 PHP 应用程序的执行速度。实现的原理是对那些在被最终执行之前由运行编译器(Run-Time Compiler)产生的代码进行优化。一般情况下,执行使用 Zend Optimizer 的 PHP 程序比不使用的要快 40%~100%。这意味着网站的访问者可以更快地浏览用户的网页,从而完成更多的事务,创造更好的客户满意度。更快的反应同时也意味着可以节省硬件投资,并增强网站所提供的服务。安装的步骤如下。

步骤 1,进入软件源码包所在目录/usr/local/src/中,解压软件包 ZendOptimizer330a.tar.gz 到当前目录 ZendOptimizer-3.3.0a-linux-glibc21-i386 下,并进入该目录。命令行如下:

```
[root@localhost root]# cd /usr/local/src/                    //进入软件源码包所在目录
[root@localhost src]# tar zxvf ZendOptimizer330a.tar.gz      //软件包解压
[root@localhost src]# cd ZendOptimizer-3.3.0a-linux-glibc21-i386   //进入解压目录
```

步骤 2,直接执行目录下的 install.sh 文件安装。命令行如下:

```
[root@localhost ZendOptimizer-3.3.0a-linux-glibc21-i386]# ./install.sh    //执行安装
```

执行上面的操作会出现一个图形安装界面,按提示安装即可,部分安装过程如图 2-48~图 2-51 所示。

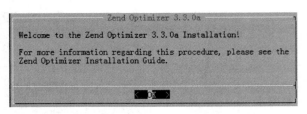

图 2-48　Zend Optimizer 安装的欢迎界面

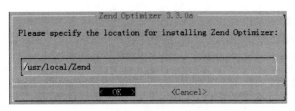

图 2-49　Zend Optimizer 选择软件安装位置

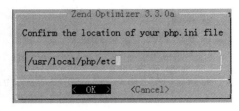

图 2-50　Zend Optimizer 选择 PHP 配置

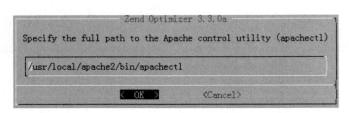

图 2-51　Zend Optimizer 选择 Apache 文件（php.ini）所在位置

步骤 3,安装完成以后同样使用 phpinfo() 函数可以检查安装结果,如果用户能在输出的 Zend 部分找到像下面的输出,即安装成功,如图 2-52 所示。

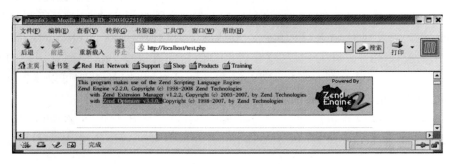

图 2-52　查看 Zend Optimizer 安装结果

2.4.15　phpMyAdmin 的安装

phpMyAdmin 是使用 PHP 脚本编写的一个 MySQL 系统管理软件,是最受欢迎的 MySQL 系统管理工具。安装该工具后,即可以通过 Web 形式直接管理 MySQL 数据,而不需要通过执行系统命令来管理,非常适合对数据库操作命令不熟悉的数据库管理者。它可以用来创建、修改、删除数据库和数据表;可以用来创建、修改、删除数据记录;可以用来导入和导出整个数据库;还可以完成许多其他的 MySQL 系统管理任务。与其他的 PHP 程序一样,是一个 B/S 结构的软件,phpMyAdmin 软件需要在 Web 服务器上运行,因此它可以从互联网的任何地方访问操作。通常搭建的 MySQL 数据库服务器为了数据安全,只允许 Localhost 域才能够操作,不允许远程连接访问,所以管理员在本机安装 phpMyAdmin 软件,就可以使用浏览器在远程登录管理 MySQL 数据库服务器了。安装的步骤如下。

步骤 1,进入软件源码包所在目录/usr/local/src/中,并解压软件包 phpMyAdmin-3.0.0-rc1-all- languages.tar.gz 到当前目录 phpMyAdmin-3.0.0-rc1-all-languages 下。命令行如下:

```
[root@localhost root]# cd /usr/local/src/      //进入软件源码包所在目录
[root@localhost src]# tar zxvf phpMyAdmin-3.0.0-rc1-all-languages.tar.gz
```

步骤 2,把解压的目录 phpMyAdmin-3.0.0-rc1-all-languages 下的文件,全部复制到 Apache 的 DocumentRoot 目录下的某个子目录里。根据用户前面 Apache 的安装配置,复制到目录/usr/local/apache2/htdocs 下,并新建一个名为 phpmyadmin 的目录下面,即安装完成。命令行如下:

```
[root@localhost src]# cp -a phpMyAdmin-3.0.0-rc1-all-languages \
/usr/local/apache2/htdocs/phpmyadmin      //复制目录到指定位置并改名为 phpmyadmin
```

步骤 3,在使用 phpMyAdmin 之前,也需要先配置一下。配置的方法是通过对 phpMyAdmin 顶层目录下的 config.inc.php 文件中的几个选项做一些设置即可。默认不存在 config.inc.php 文件,用户需要手动创建一个,也可以复制 config.sample.inc.php 模板得到最低限度的配置文件。下面的示例是对 config.inc.php 文件配置,只给出了必须要修改的部分,根据实际情况,也许还需要其他一些选项做出修改。创建 config.inc.php 配置文件命令行如下:

```
[root@localhost src]# cd /usr/local/apache2/htdocs/phpmyadmin/
[root@localhost phpmyadmin]# cp config.sample.inc.php config.inc.php
```

2.4.16　phpMyAdmin 的配置

用户通过身份验证模式的要求,可以有两种配置方案,一种是 HTTP 和 Cookie 身份验证模式。在这两种模式下,用户必须先在一个登录窗口里输入 MySQL 数据库的有效用户名和密码,才能使用 phpMyAdmin 程序。这种做法有两个明显的好处:首先,因为 MySQL 数据库的密码没有出现在 config.inc.php 文件里,所以身份验证过程更加安全;其次,允许以不同的用户身份登录对自己的数据库进行管理。这两种身份验证模式尤其适合数据库中多个用户账号的情况。第二种方案是,Config 身份验证模式。这种模式下,密码以明文形式保存在 config.inc.php 文件里。只需要把 MySQL 用户名和密码直接写入 config.inc.php 文件即可。这样,在登录 phpMyAdmin 时就不会提示输入用户名和密码了,而只直接用 config.inc.php 文件里写入的用户登录。如果只是在一个本地测试系统上使用 phpMyAdmin,可以使用这种模式。

1. HTTP 身份验证模式

如果想让 phpMyAdmin 使用 HTTP 身份验证模式,首先需要在 config.inc.php 文件里黑体部分做出如下所示的修改。具体内容如下：

```
[root@localhost phpmyadmin]# vi config.inc.php
    ⋮
$cfg['blowfish_secret']='';
$i=0;
$i++;
$cfg['Servers'][$i]['auth_type']='http';    //只将这一行修改成 HTTP 身份验证模式即可
$cfg['Servers'][$i]['host']='localhost';
$cfg['Servers'][$i]['connect_type']='tcp';
$cfg['Servers'][$i]['compress']=false;
$cfg['Servers'][$i]['extension']='mysql';
    ⋮
```

当完成设置之后，用户启动 phpMyAdmin 时，屏幕上将弹出一个 Web 浏览器对话框，需要在这个对话框里输入 MySQL 用户名和密码，才能进入 phpMyAdmin 操作界面。如图 2-53 所示，在 Windows 客户端使用 IE 浏览器，访问 Web 服务器的 phpMyAdmin 目录下的 index.php 文件，即启动了 phpMyAdmin。

图 2-53　以 HTTP 身份验证模式登录 phpMyAdmin

2. Cookie 身份验证模式

Cookie 身份验证模式是 HTTP 身份验证模式的补充，不能使用 HTTP 身份验证模式的场合都可以使用它。Cookie 身份验证模式要求用户必须允许来自 phpMyAdmin 的 Cookie 进入自己的计算机，即用户需要在浏览器中开启客户端的 Cookie 功能。

如果想让 phpMyAdmin 使用 Cookie 身份验证模式，除了必须修改 config.inc.php 文件里的 auth_type 语句外，还必须向 blowfish_secret 参数提供一个字符串。这个字符串可以是任意的，目的是在把登录时使用的用户和密码存储在客户端计算机上的 Cookie 之前，系统将会使用这个字符串对它们进行加密。在 config.inc.php 中修改的内容如下：

```
[root@localhost phpmyadmin]# vi config.inc.php
    ⋮
$cfg['blowfish_secret']=''xxxxxxx'';                    //这里需要一个任意的字符串
$i=0;
$i++;
$cfg['Servers'][$i]['auth_type']='cookie';             //这条修改成 Cookie 身份验证模式
$cfg['Servers'][$i]['host']='localhost';
$cfg['Servers'][$i]['connect_type']='tcp';
$cfg['Servers'][$i]['compress']=false;
$cfg['Servers'][$i]['extension']='mysql';
    ⋮
```

和上面启动 phpMyAdmin 的方式一样,用户在 Windows 客户端使用 IE 浏览器,访问 Web 服务器上的 phpMyAdmin 目录下的 index.php 文件,需要提供 MySQL 的用户名和密码才能登录,如图 2-54 所示。

图 2-54　以 Cookie 身份验证模式登录 phpMyAdmin

3. Config 身份验证模式

如果想让 phpMyAdmin 使用 Config 身份验证模式,首先需要在 config.inc.php 文件里做出如下所示的修改。把 MySQL 数据库的用户名和密码以明文的方式写入,具体修改内容如下:

```
[root@localhost phpmyadmin]# vi config.inc.php
    ⋮
$i=0;
$i++;
```

```
$cfg['Servers'][$i]['auth_type']='config';        //这条修改成 Config 身份验证模式
$cfg['Servers'][$i]['host']='localhost';
//添加以下两个选项
$cfg['Servers'][$i]['user']='root';               //使用用户 MySQL 数据库的用户名
$cfg['Servers'][$i]['password']='123456';         //使用用户 MySQL 数据库的密码
    ⋮
```

和上面启动 phpMyAdmin 的方式一样,用户在 Windows 客户端使用 Internet Explorer 浏览器,访问 Web 服务器上的 phpMyAdmin 目录下的 index.php 文件。但不用提供 MySQL 的用户名和密码就以可登录,它是使用 config.inc.php 中以明文方式写入的用户名和密码登录的,如图 2-55 所示。

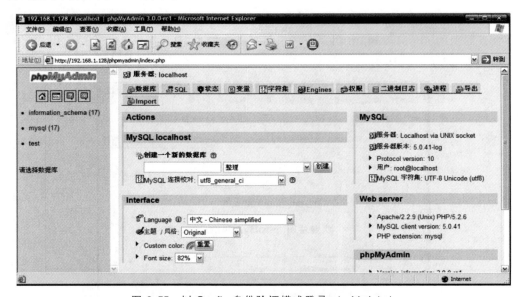

图 2-55　以 Config 身份验证模式登录 phpMyAdmin

如图 2-55 所示,直接就可以登录 phpMyAdmin 操作 MySQL 数据库里的数据,这种模式不够安全,所以只适合在一个本地测试系统上使用。

2.5　本章小结

本章详细介绍了 PHP 发展的历史和开发环境的配置以及如何在 Dreamweaver 建立基于 PHP+MySQL 技术的动态站点。首先从 PHP 的发展说起,介绍了 PHP 及其发展历史及趋势、PHP 的优势和 PHP 的应用领域;讲述了 Apache、MySQL 和 PHP 的安装及基本配置,其中重点阐述了安装 Apache、PHP 的重要步骤和图示及其之间的相互关系。

配置 PHP 开发环境对初学者来说比较麻烦,但只有迈出了学习 PHP 的第一步,才能正式踏上 PHP 动态网站开发之旅。

实训 2

实训 2-1：Apache 的安装与使用

【实训目的】

通过对 Apache Web 服务器系统的安装与配置实验，加深对 HTTP 协议、PHP 语言的理解，掌握 Apache 服务器的安装与配置方法，为将来从事网络工程建设打下基础。

【实训环境】

（1）硬件：普通计算机。

（2）软件：Windows 7 系统平台，本实验采用的是 Apache 2.x Win32 MSI。

【实训内容】

1. 下载并安装 Apache

（1）系统配置。建议 CPU 为奔腾 4 以上，内存 1GB 以上，磁盘可用空间 1GB 以上，具有 $10Mb \cdot s^{-1}/100Mb \cdot s^{-1}$ 网卡，操作系统采用 Window 7 版本或更高版本。

（2）下载源代码。Apache 最新版本的源代码可以从 Apache Software Foundation 网站或其镜像站点下载。

（3）安装。按照本章列出的步骤进行安装。

2. 测试 Apache

在浏览器的地址栏中输入 http://localhost/（输入 127.0.0.1 或本机所设的 IP 地址），输入完毕后按 Enter 键，这时会显示出 Apache 的默认网页。

3. 配置 Apache

（1）在 Apache 的安装目录下的 conf 目录中，找到 httpd.conf（Apache 服务器配置文件）。

（2）用记事本打开 httpf.conf，找到 DocumentRoot，配置网站文件的存放目录，例如 DocumentRoot "E:/Apache2.2/htdocs"。

注意：为了和 Linux 统一，要将 Windows 下的目录\改为/。

（3）修改服务器名称，指定 HTTP 服务器的域名和服务端口：

ServerName www.wanguo.com:80

www.wangguo.com 为用户为服务器注册的域名，也可以通过用户的 IP 地址或 127.0.0.1 来访问用户的 HTTP 服务器，HTTP 服务的 Socket 服务端口为 80。

4. 管理 Apache 服务器

在桌面右下角任务栏的图标 ▶ 上单击，有 Start（启动）、Stop（停止）、Restart（重启动）3 个选项，可以很方便地对安装的 Apache 服务器进行上述操作。或通过执行"开始"|"程序" |Apache HTTP Server 2.2.4|Control Apache Server|Monitor Apache Server 命令管理。

实训 2-2：PHP 开发环境配置

【实训目的】

熟练掌握 PHP 开发环境，掌握 PHP 的常用配置，通过实验理解 Web 程序的执行流程以及 Web 浏览器、Web 服务器、PHP 模块、MySQL 数据库服务器之间的关系。

【实训环境】

（1）硬件：普通微型计算机。

（2）软件：Windows 7 系统平台，本实验采用的是 php-5.3.1-Win32-VC9-x86.msi，mysql-essential-5.0.69-win32.msi。

【实训内容】

1. 下载并安装 PHP

从 PHP 官网下载 php-5.3.1-Win32-VC9-x86.msi，按照本章所示步骤进行安装。

2. 安装并配置 MySQL

（1）从 MySQL 官网下载 mysql-essential-5.0.69-win32.msi，按照安装提示进行安装。

（2）安装完后，选中 Configure the MySQL Server now 复选框，自动进行 MySQL 配置，如果没有自动配置 MySQL，可以执行"开始"|"程序"|MySQL|MySQL Server 5.0|MySQL Server Instance Config Wizard 命令访问配置向导。

3. 创建一个 PHP 站点

（1）使用 Adobe Dreamweaver CS6 进行 PHP 站点开发，首先使用 Dreamweaver 设置一个本地站点。

（2）指定 Apache 服务器上的 PHP 网站根目录作为测试服务器的文件夹。

注意：网站开发过程中，因为编码不一致很容易导致中文乱码问题，为了解决这个问题，建议如下：

（1）将 MySQL 的编码设置为 utf8。

（2）在 PHP 文件中，在 head 标签里加入代码：

```
<meta http-equiv="Content-Type" content="text/html; charset=UTF-8">
```

（3）在 PHP 代码中执行数据库操作之前，加入语句 mysql_query('set names utf8')。

习题 2

一、填空题

1. PHP（page hypertext preprocessor，_____）是一种被广泛应用的开放源代码的多用途_____语言。

2. PHP 的应用范围有_____、_____和_____。

3. C、Java 等属于编译型语言，而 PHP 和 JavaScript 均为解析型语言。那么 PHP 和 JavaScript 的区别又在于，PHP 是在_____端运行的，而 JavaScript 是在_____端运行的。这样，用户就会知道 JavaScript 是怎么运行的，可以通过浏览器查看 JavaScript 的源代码，而用户却是不会知道 PHP 怎么运行的，也看不到 PHP 的源代码。

4. PHP 开发的 3 个步骤：第 1 步是_____，第 2 步是将文件上传到 Web 服务器中去，第 3 步是_____。

二、简答题

1. 在 Apache 服务器上,如何设置网站的根目录?

2. 在 Apache 服务器上,如何在网站中创建虚拟目录?

3. 在安装和配置 PHP 过程中,如何以 Apache 模块方式运行 PHP?

4. 在安装和配置 PHP 过程中,如何以 Apache CGI 方式运行 PHP?

5. 如何停止 Apache 服务器?

6. 如何在 Adobe Dreamweaver CS6 站点中新建一个 PHP MySQL 站点?

第3章 PHP 语言基础

学习目标：

本章介绍 PHP 语言的基础知识，包括基本语法、数据类型、常量与变量、运算与表达式，通过大量实例帮助学生学习并理解。通过本章的学习，应可对 PHP 语言有较为系统的了解，掌握 PHP 的语言基础，并能运用本章的知识进行简单的编程。本章学习要求如表 3-1 所示。

表 3-1　本章学习要求

知 识 要 点	能 力 要 求	相 关 知 识
PHP 入门	掌握 PHP 的标记风格、程序注释、在 HTML 中嵌入 PHP	XML、ASP、Script
数据类型	掌握 PHP 基本数据类型及数据类型转换，并能简单应用	强类型语言
常量与变量	掌握常量和变量的定义、应用范围及命名规则	转义字符
运算符与表达式	熟练使用 PHP 的运算符与表达式	优先级

在第 1 章中，读者对 PHP 已经有一定了解，但是编写 PHP 程序需要对它的语法有一定的了解。每一种语言都有它的语法特点，PHP 主要的语法特点是，所有 PHP 程序代码都是被放置在页面文件中的，一般 PHP 程序被放置在以"php"结尾的页面文件中。当然，也可以通过修改 PHP 的配置文件来更改页面的后缀名称。其次，PHP 程序代码必须放置在"＜?php"标记与"?＞"标记中间。还有在 PHP 语言中，"；"用来分隔单条 PHP 语句，这与 Java 语言及 C 语言中的用法是一致的。在实际开发过程中，每一条 PHP 语句都必须以分号结束，否则会出现错误。

3.1　PHP 入门

在介绍 PHP 的基本语法前，首先介绍 PHP 独特的标记风格、程序注释及如何在 HTNL 中嵌入 PHP。

3.1.1　PHP 标记风格

用户已经知道，要想让 Web 服务器能够区分 PHP 代码与普通 HTML 代码，就要将 PHP 代码放在特殊的标记内，PHP 共提供了以下 4 种不同的标记风格。

1. 短标记风格

使用短标记风格的 PHP 代码如下：

```
<?
    echo "Hello,everybody!";
?>
```

这种标记风格最简单，如果想使用短标记风格开发 PHP 程序，则必须将 PHP 配置文件 php.ini 中的 short_open_tag 选项值设置为 on。不过在一般情况下用户不建议使用这种标记风格。

2. XML 标记风格

使用 XML 标记风格的 PHP 代码如下：

```
<?php
    echo "Hello,everybody! ";
?>
```

这种标记风格可以应用于不同的服务器环境。

3. ASP 标记风格

使用 ASP 标记风格的 PHP 代码如下：

```
<%
    echo "Hello,students!";
%>
```

这种标记风格与 ASP 或 ASP.NET 中的标记风格相同。如果习惯于 ASP 风格,则可以使用这种标记方式;如果想使用 ASP 标记风格开发 PHP 程序,则必须保证服务器配置文件 php.ini 中的 asp_tags 设置为 on。

4. Script 标记风格

使用 Script 标记风格的 PHP 代码如下：

```
<SCRIPT LANGUAGE='php'>
    echo " Hello,students!";
</SCRIPT>
```

这种标记风格与 JavaScript、VBScript 的标记风格相同。如果使用的 HTML 编译器不支持其他风格的标记,则可以选择使用这种标记风格。

在实际开发过程中,用户更推荐使用 XML 标记风格,因为使用该风格的 PHP 程序具有更好的可移植性,程序可以在各种服务器环境中正常运行。

3.1.2　PHP 程序的注释

注释是程序不可或缺的重要元素。通过注释不仅能够提高程序的可读性,还有利于开发人员之间的沟通及后期的维护。PHP 程序的注释非常灵活,可以采用 C、C++ 的注释方式,也可以使用 UNIX 系统中 Shell 的注释方式。这些不同的注释方式可以同时出现在一个文件中,被注释的内容都不会被编译器编译。

1. C++ 语言风格和 Shell 脚本风格的单行注释

C++ 和 Shell 脚本这两种注释风格的共同点都是单行注释,区别是 C++ 语言风格的注释方式使用"//"实现,而 Shell 脚本风格的注释方式使用"#"实现。下面看一下使用这两种注释风格的例子。

【例 3-1】　单行注释示例。

```
<html>
```

```
<head>
    <title>单行注释</title>
</head>
<body>
    <?php
        echo "Hello!<br>";              #在页面中输出"Hello!"
        echo "Hello,everyone!";         //在页面中输出"Hello,everyone!"
    ?>
    <?php                               //这是单行注释吗?>这不是单行注释,是网页内容
</body>
</html>
```

上面程序执行后的输出结果如图 3-1 所示。

图 3-1　单行注释

从页面执行结果可以看出,注释标记与注释内容必须放在 PHP 开始标志(例如"＜?php")及结束标志(例如"?＞")之间,否则注释功能将不起作用,注释内容会作为网页内容在网页中显示出来。

2. C 语言风格的多行注释

当要添加的注释内容非常多时,为了便于阅读,用户通常会将注释内容分成多行。有时候在调试程序时,也需要将一大段程序代码作为注释内容屏蔽掉。虽然使用"//"或者"♯"都能实现注释功能,但是用户需要在每行的开头都加入注释标记,就会很麻烦。这时候就需要用到多行注释,PHP 采用的是 C 语言的多行注释风格,注释内容以"/ ＊"开始,以"＊/"结束。下面来看使用这种注释风格的例子。

【例 3-2】 多行注释示例。

```
<html>
    <head>
        <title>多行注释</title>
    </head>
    <body>
        <?php
```

```
          echo "Hello!";
          /*第一行注释
            第二行注释
          */
      ?>
    </body>
</html>
```

上面程序的输出结果如图 3-2 所示。

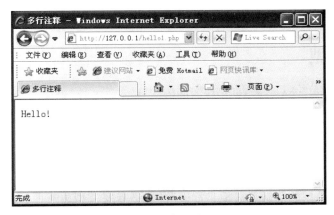

图 3-2　多行注释

当使用这种注释风格时,应该注意不要使注释嵌套出现,否则容易出现问题。

3.1.3　在 HTML 中嵌入 PHP

从上面的例子可以看出,在多数情况下,PHP 代码都是与 HTML 代码混杂在一起的。当包含了 PHP 程序的页面被请求时,Web 服务器会自动编译并处理页面中"<?php"与"?>"之间的代码,将处理结果以 HTML 的形式传送到页面,并在页面中显示处理结果。

可以通过下面的例子来了解上述处理结果。

【例 3-3】　在 HTML 中嵌入 PHP 代码及编译后生成的 HTML。

```
<html>
    <head>
        <title>在 HTML 中嵌入 PHP</title>
    </head>
    <body>
        <?php
            echo "Hello! let's begin!";
        ?>
    </body>
</html>
```

上面例子程序经编译后的源代码如下:

```
<html>
    <head>
```

```
    <title>
        在 HTML 中嵌入 PHP
    </title>
</head>
<body>
    Hello! Let's begin!
</body>
</html>
```

在上面这段代码中,看到的全部都是普通的 HTML 代码,这说明 PHP 代码已经被 Web 服务器编译处理了。

3.2 数据类型

因为 PHP 是作为一种基于 Web 页面的嵌入式脚本语言,它的应用环境决定了数据类型不会很丰富,而且 PHP 不是强类型的语言,这一点也决定了它对程序中的数据类型的控制不会很严格。

3.2.1 PHP 支持的常见数据类型

PHP 对于数据类型的控制其实是非常松散的,不需要类型的声明,不同类型的数据也可以进行运算,它们之间的转化甚至不需要说明。PHP 所支持的主要的数据类型如表 3-2 所示。

表 3-2   PHP 支持的主要数据类型

数 据 类 型	描 述	数 据 类 型	描 述
integer	整数	array	数组
float	浮点型数	class	类
string	字符串		

变量和常量是 PHP 所要处理的基本的数据对象。常量的值和含义在程序运行中都是不会改变的,而变量是为了在程序运行过程中存储临时信息,或者用于保存中间结果而引用的,一旦程序运行结束,其在内存中所占用的临时空间就要被收回,它自然也就没有了。

3.2.2 数据类型转换

绝大多数编程语言(如 C 语言和 Java 语言)在声明变量的时候,必须明确指定变量的数据类型,并且一旦指定了某一变量的数据类型,该变量就只能存储这一种类型的数据。PHP 语言在数据类型的定义方面与其他编程语言有所区别。下面用户通过两个例子来比较一下 PHP 语言与其他语言在定义数据类型时的不同之处。

例如,在 Java 语言中,定义两个变量,如下面的代码所示:

```
String a="hello";          //定义一个 String 类型的变量 a
int b=1;                    //定义一个 int 类型的变量 b
```

而在 PHP 语言中,这两个变量定义的格式如下面的代码所示:

```
$a="ok";                        //定义一个变量 a
$b=2;                           //定义一个变量 b
```

通过比较上面两段代码不难发现,同样是定义两个变量,在 PHP 语言中用户并没有为变量指定任何数据类型。这在很多语言中是不允许的,但是在 PHP 语言中则不会出现任何问题。

例如,在 PHP 中还可以这样使用变量,如下面的代码所示:

```
$a="test";                      //定义一个变量 a,并将字符串"test"赋给 a
$a=3;                           //将数字 3 赋给 a
```

在上面的代码中,当字符串"test"赋值给变量 a 的时候,变量 a 成为一个字符串型的变量;而当数字 3 赋值给变量 a 时,变量 a 成为一个整型的变量。

用户能够像上面两个例子中那样定义和使用变量,主要由 PHP 语言类型转换的特殊性决定。PHP 中的类型转换包括两种方式,即自动类型转换和强制类型转换。下面分别介绍这两种类型转换的实现方式及应用过程。

1. 自动类型转换

自动类型转换是指,在定义变量时不需要指定变量的数据类型,PHP 会根据引用变量的具体应用环境将变量转换为合适的数据类型。在对变量进行赋值操作的时候,经常会用到自动类型转换,主要包括如下两种方式。

（1）直接对变量进行赋值操作。直接对变量进行赋值操作是自动类型转换最简单的应用,变量的数据类型由赋予的值决定。也就是说,当把一个字符串类型的数据赋给变量时,该变量就是一个字符串类型的变量;当把一个整型数据赋给变量时,该变量就是一个整型的变量。

（2）运用运算式结果对变量进行赋值操作。自动类型转换的第 2 种应用方式就是将一个运算式的结果赋值给一个变量。这种自动类型转换方式又可分为以下两种情况。

① 运算数为同一数据类型。这种情况处理起来比较简单,由于参与运算的所有运算数都是同一类型,所以被赋值的变量也属于这种类型。例如下面给出的代码:

```
$a=1.223;
$b=3.1415;
$c=$a+$b;
```

变量 a 与变量 b 都是浮点型变量,这两个变量进行相加运算并将运算结果赋值给变量 c,此时,变量 c 就成为了一个浮点型变量。

② 运算数为不同数据类型。如果所有运算数都是数字,则将选取占用字节最长的一种运算数的数据类型作为基准数据类型;如果运算数为字符串,则将该字符串转型为数字然后再进行求值运算。字符串转换为数字的规定为如果字符串以数字开头,则只取数字部分而去除数字后面部分,根据数字部分构成决定转型为整型数据还是浮点型数据;如果字符串以字母开头,则直接将字符串转换为 0。

例如下面给出的代码:

```
$a=1+1.223;
$b=2+"3.141miao";
```

```
$c=3+"world";
```

在第 1 个赋值运算式中,运算数包含了整型数字"1"和浮点型数字"1.223",根据规定取浮点型数据类型作为基准数据类型。赋值后变量 a 的数据类型为浮点型。

在第 2 个赋值运算式中,运算数包含了整型数字 2 和字符串型数据"3.141miao",首先将字符串转换为浮点型数据 3.141,然后进行加法运算。赋值后变量 b 的数据类型为浮点型。

在第 3 个赋值运算式中,运算数包含了整型数字 3 和字符串型数据"world",首先将字符串转换为整型数字 0,然后进行加法运算。赋值后变量 c 的数据类型为整型。

2. 强制类型转换

强制类型转换允许用户手动将变量的数据类型转换成为指定的数据类型。PHP 强制类型转换与 C 语言中的类型转换相似,都是通过在变量前面加上一个"( )",并把目标数据类型填写在"( )"中实现的。

在 PHP 中强制类型转换的具体实现方式如表 3-3 所示。

表 3-3　强制类型转换的实现方式

转 换 格 式	转 换 结 果	实 现 方 式
(int),(integer)	将其他数据类型强制转换为整型	$ a="3"; $ b=(int) $ a; 或 $ b=(integer) $ a;
(bool),(boolean)	将其他数据类型强制转换为布尔型	$ a="3"; $ b=(bool) $ a; 或 $ b=(boolean) $ a;
(float),(double),(real)	将其他数据类型强制转换为浮点型	$ a="3"; $ b=(float) $ a; $ c=(double) $ a; $ d=(real) $ a;
(string)	将其他数据类型强制转换为字符串	$ a=3; $ b=(string) $ a;
(array)	将其他数据类型强制转换为数组	$ a="3"; $ b=(array) $ a;
(object)	将其他数据类型强制转换为对象	$ a="3"; $ b=(object) $ a;

虽然 PHP 提供了比较宽泛的类型转换机制,为开发者提供了很大便利,但同时也存在着一些问题——比如将字符串型数据转换为整型数据该如何转换、将整型数据转换为布尔型数据该如何转换等。如果没有对上述类似的情形做出明确规定,则在处理类型转换问题时就会出现一些问题。幸运的是,PHP 提供了相关的转换规定。

(1) 其他数据类型转换为整型。其他数据类型转换为整型的规则如表 3-4 所示。

表 3-4　其他数据类型转换为整型

原类型	目标类型	转 换 规 则
浮点型	整型	向下取整,即不会四舍五入而是直接去掉浮点型数据小数点后边的部分,只保留整数部分

原类型	目标类型	转 换 规 则
布尔型	整型	true 转换成整型数字 1,false 转换成整型数字 0
字符串	整型	(1) 字符串为纯整型数字,转换成相应的整型数字 (2) 字符串为带小数点的数字,转换时去除小数点后面的部分,保留整数部分 (3) 字符串以整型数字开头,转换时去除整型数字后面的部分,然后按照规则(1)进行处理 (4) 字符串以带小数点的数字开头,转换时去除小数点后面的部分,然后按规则(2)进行处理 (5) 字符串内容以非数字开头,直接转换为 0

【例 3-4】 其他数据类型转换为整型。

```php
<?php
    $a="12";                //定义一个内容为纯数字的字符串型变量 a
    $b="12sunyang";         //定义一个数字开头的字符串型变量 b
    $c="3.141";             //定义一个内容为小数的字符串型变量 c
    $d="3.141a";            //定义一个以小数开头的字符串型变量 d
    $e="jack23";            //定义一个非数字开头的字符串型变量 e
    $f=TRUE;                //定义一个值为 true 的布尔型变量 f
    $g=FALSE;               //定义一个值为 false 的布尔型变量 g
    $h=3.1415;              //定义一个浮点型变量 h
    echo (int)$a."<br>";
    echo (int)$b."<br>";
    echo (int)$c."<br>";
    echo (int)$d."<br>";
    echo (int)$e."<br>";
    echo (int)$f."<br>";
    echo (int)$g."<br>";
    echo (int)$h."<br>";
?>
```

上面的程序执行后的结果如下:

```
12
12
3
3
0
1
0
3
```

浮点型数据向整型数据转换的时候,可能会出现一些不可预料的结果。如下面两行代码:

```
echo (int)0.1*0.7*100;
echo (int)1/3;
```

按照转换规则,得到的结果应该为 7 和 0,但实际运行以后得到的结果却是 6 和 0.33333333333。之所以得到这样的结果,是由于将浮点型数据向整型数据进行转换的时候出现了精度损失。如果需要高精度的运算结果,就不能采取这种强制类型转换的方式。

(2)其他数据类型转换为浮点型。其他数据类型转换为浮点型的规则如表 3-5 所示。

表 3-5　其他数据类型转换为浮点型

原类型	目标类型	转 换 规 则
整型	浮点型	将整型数据直接转换为浮点型,数值保持不变
布尔型	浮点型	true 转换成浮点型数字 1,false 转换成浮点型数字 0
字符串	浮点型	(1) 字符串为整型数字,直接转换成相应的浮点型数字 (2) 字符串以数字开头,转换时去除数字后面的部分,然后按照规则(1)进行处理 (3) 字符串以带小数点的数字开头,转换时直接去除数字后面的部分,只保留数字部分 (4) 字符串以非数字内容开头,直接转换为 0

【例 3-5】　其他数据类型转换为浮点型。

```php
<?php
    $a="34";                    //定义一个内容为纯数字的字符串型变量 a
    $b="45miao";                //定义一个以数字开头的字符串型变量 b
    $c="2.75abc";               //定义一个以小数开头的字符串型变量 c
    $d="ok2.76";                //定义一个非数字开头的字符串型变量 d
    $e=123;                     //定义一个整型变量 e
    $f=FALSE;                   //定义一个值为 FALSE 的布尔型变量 f
    $g=TRUE;                    //定义一个值为 TRUE 的布尔型变量 g
    echo (float)$a."<br>";
    echo (float)$b."<br>";
    echo (float)$c."<br>";
    echo (float)$d."<br>";
    echo (float)$e."<br>";
    echo (float)$f."<br>";
    echo (float)$g."<br>";
?>
```

上面的程序的执行结果如下:

```
34
45
2.75
0
```

```
123
0
1
```

（3）其他数据类型转换为布尔型。其他数据类型转换为布尔型的规则如表 3-6 所示。

表 3-6 其他数据类型转换为布尔型

原 类 型	目标类型	转 换 规 则
整型	布尔型	0 转换为 false，非零的其他整型数字转换为 true
浮点型	布尔型	0.0 转换为 false，非零的其他浮点型数字转换为 true
字符串	布尔型	空字符串或字符串内容为零转换为 false，其他字符串转换为 true
NULL	布尔型	直接转换为 false
数组	布尔型	空数组转换为 false，非空数组转换为 true

【例 3-6】 其他数据类型转换为布尔型。

```php
<?php
    $a=0;                       //定义一个值为零的整型变量 a
    $b=45;                      //定义一个非零整型变量 b
    $c=0.0;                     //定义一个值为零的浮点型变量 c
    $d=3.14;                    //定义一个非零浮点型变量 d
    $e="";                      //定义一个空字符串型变量 e
    $f="0";                     //定义一个内容为零的字符串型变量 f
    $g="ok";                    //定义一个非空字符串型变量 g
    $h=NULL;                    //定义一个 NULL 型的变量 h
    $i=array("a","b","c");      //定义一个非空数组 i
    $j=array();                 //定义空数组 j
    echo ((boolean)$a)."<br>";
    echo ((boolean)$b)."<br>";
    echo ((boolean)$c)."<br>";
    echo ((boolean)$d)."<br>";
    echo ((boolean)$e)."<br>";
    echo ((boolean)$f)."<br>";
    echo ((boolean)$g)."<br>";
    echo ((boolean)$h)."<br>";
    echo ((boolean)$i)."<br>";
    echo ((boolean)$j)."<br>";
?>
```

上面的程序的执行结果如下：

```
false
true
false
true
```

```
false
false
true
false
true
false
```

（4）其他数据类型转换为字符串。其他数据类型转换为字符串的规则如表 3-7 所示。

表 3-7　其他数据类型转换为字符串

原 类 型	目 标 类 型	转 换 规 则
整型	字符串	转换时直接在整型数据两边加上""""作为转换后的结果
浮点型	字符串	转换时直接在浮点型数据两边加上""""作为转换后的结果
布尔型	字符串	true 转换为字符串"1"，false 转换为字符串"0"
数组	字符串	直接转换为字符串"Array"
对象	字符串	直接转换为字符串"Object"
NULL	字符串	直接转换为空字符串

【例 3-7】　其他数据类型转换为字符串。

```php
<?php
    $a=314;                              //定义一个整型变量 a
    $b=3.14;                             //定义一个浮点型变量 b
    $c=TRUE;                             //定义一个值为 true 的布尔型变量 c
    $d=FALSE;                            //定义一个值为 false 的布尔型变量 d
    $e=array("good","luck","hello");     //定义一个数组 e
    $f=NULL;                             //定义一个 NULL 型变量 f
    echo (string)$a."<br>";
    echo (string)$b."<br>";
    echo (string)$c."<br>";
    echo (string)$d."这里显示为空字符串<br>";
    echo (string)$e."<br>";
    echo (string)$f."这里显示为空字符串<br>";
?>
```

上面的程序执行后的结果如下：

```
314
3.14
1
这里显示为空字符串
Array
这里显示为空字符串
```

（5）其他数据类型转换为数组。其他数据类型转换为数组的规则如表 3-8 所示。

表 3-8　其他数据类型转换为数组

原类型	目标类型	转 换 规 则
整型 浮点型 布尔型 字符串	数组	将这几个数据类型强制转换为数组时,得到的数组只包含一个数据元素,该数据就是未转换前的数据,并且该数据的数据类型也与未转换前相同
对象	数组	转换时将对象的成员变量的名称作为各数组元素的 key,而转换后数组每个 key 的 value 都为空 （1）如果成员变量为私有的（private）,则转换后 key 的名称为"类名＋成员变量名" （2）如果成员变量为公有的（public）,则转换后 key 的名称为"成员变量名" （3）如果成员变量为受保护的（protected）,则转换后 key 的名称为"＊＋成员变量名"
NULL	数组	直接转换为一个空数组

【例 3-8】　其他数据类型转换为数组。

```php
<?php
    $a=34;                                    //定义一个整型变量 a
    $b=2.718;                                 //定义一个浮点型变量 b
    $c=FALSE;                                 //定义一个布尔型变量 c
    $d="good";                                //定义一个字符串型变量 d
    //定义一个类 A,包含 3 个不同属性的成员变量
    class A
    {
        private $pri;
        protected $pro;
        public $pub;
    }
    $e=new A();                               //实例化一个 A 的对象 e
    $f=NULL;                                  //定义一个 NULL 类型的变量 f
    echo var_dump((array)$a)."<br>";
    echo var_dump((array)$b)."<br>";
    echo var_dump((array)$c)."<br>";
    echo var_dump((array)$d)."<br>";
    echo var_dump((array)$e)."<br>";
    echo var_dump((array)$f);
?>
```

上面的程序执行后的结果如下：

```
array(1) { [0]=>int(34) }
array(1) { [0]=>float(2.718) }
array(1) { [0]=>bool(FALSE) }
array(1) { [0]=>string(4) "good" }
array(1) { [Apri]=>NULL [Apro]=>NULL [Apub]=>NULL }
array(0) { }
```

（6）其他数据类型转换为对象。其他数据类型转换为对象的规则如表 3-9 所示。

表 3-9　其他数据类型转换为对象

原类型	目标类型	转 换 规 则
整型 浮点型 布尔型 字符串	对象	将其他类型变量转换为对象时,将会新建一个名为 scalar 的属性,并将原变量的值存储在这个属性中
数组	对象	将数组转换为对象时,数组的 key 作为对象成员变量的名称,对应各个 key 的 value 作为对象成员变量保存的值
NULL	对象	直接转换为一个空对象

【例 3-9】　其他数据类型转换为对象。

```php
<?php
    $a=(object)10;                          //将整型数据转型为对象并赋给变量 a
    $b=(object)3.141;                       //将浮点型数据转型为对象并赋给变量 b
    $c=(object)TRUE;                        //将布尔型数据转型为对象并赋给变量 c
    $d=(object)NULL;                        //将 NULL 转型为对象并赋给变量 d
    $e=(object)array("a"=>13,"b"=>14,"c"=>15);
    $f=(object)"test";                      //将字符串转型为对象并赋给变量 f
    echo $a->scalar."<br>";
    echo $b->scalar."<br>";
    echo $c->scalar."<br>";
    echo $d->scalar."<br>";
    echo $e->c."<br>";
    echo $f->scalar."<br>";
?>
```

上面代码运行的结果如下：

```
10
3.141
true

15
test
```

3.3　常量与变量

常量和变量是 PHP 要处理的基本的数据对象。常量中最典型的一个例子就是圆周率,常量的值在程序运行前后是不会改变的。而变量是为了在程序运行过程中暂时保存一些中间结果的,它的值在程序运行期间是可以改变的。

3.3.1 常量

本节将要介绍 PHP 语言中的一个重要的概念——常量。常量就是从程序开始运行到结束都不变的量。在 PHP 中,常量是一种词法符号,用来表示固定的数值或字符,一旦定义初值,数值就不能再改变。在传统的程序中,常量是不经过任何说明就可以使用的,但是在脚本语言中,常量就有了一些变化。在 PHP 中主要有两种常量:普通常量和定义常量。

1. 普通常量

普通常量就是那些在程序中不变的值,它们不是符号,而是实在的数值或字符,如字符串"china"。普通常量可根据它们的值的类型的不同分成以下几类:数值常量、字符常量、字符串常量。

(1)数值常量。数值常量主要分两种:整型和实型的常量。

整型的常数可以是十进制的、八进制的、十六进制的。十进制的常量就是由 0~9 这 10 个数码组成的整数,除了 0 以外,这个数的第一个数码不能是 0。八进制的常量就是由 0~7 这 8 个数码组成的整数,不能有超过这个范围以外的数码。八进制的数是以 0 开头的。十六进制的常量是由 0~9 这 10 个数码加上 A~F 这 6 个字母组成的,它的开头必须是 0x。整型常量的前面可以加负号或者正号来表示它们的值的正负,和用户通常书写的习惯一样,正号一般都省略。下面是一些数值常量的例子:

```
12345   0123   3456   0x678   0x981EA   0xedac
```

实型常量只能用十进制表示,它有两种表示形式,一种是普通的小数点形式,另一种是指数形式。例如,$1.23E-7$ 就是一个标准的指数形式,其中的 1.23 是尾数,-7 为指数。

PHP 处理实型常量的方法很奇特,尤其是在数值计算当中的默认的类型转换当中,这在以后会详细地说明。下面是一些实型常量的例子,有普通的小数形式,也有指数形式:

```
1234.456   389.245   156.379e15   1.234e-10
```

(2)字符常量。PHP 中的字符常量和 C 语言中的字符常量完全相同,是一个用""括起来的字符。如'a'、'b'、'c'、'd'、'D'、'?' 等都是字符常量。注意,'d'和'D'是不同的字符常量。其中"'"的作用就是告诉解释器,"' '"之间的是一个字符常量。它本身并不是这个字符常量的内容。

另外,PHP 也支持 C 语言中的转义序列。所谓的转义序列,就是用转义字符"\"后面跟一个字符或者是整型常量来表示一个单一的字符。若转义字符后面是一个整型常量,则这个常量必须是一个八进制或者十六进制的整数,例如'\0x123'、'\0176'等。但是这些数字的值不能大于 256。

在实际应用当中,转义字符常用来表示那些不能从键盘上输入或者是在屏幕上显示的字符。为了便于记忆,用户将 PHP 中常用的转义字符序列写成一张表,如表 3-10 所示。

注意:把"'"和"""作为转义字符时,因为它们在 PHP 中有特殊的含义,例如"'"表示字符常量,"""表示字符串常量。不过"'"也可以表示字符串常量。这将在字符串常量中介绍。

(3)字符串常量。字符串常量就是由"" ""括起来的字符序列。它也是最常用的常量类型。它主要分为两种:单引号字符串和双引号字符串。

表 3-10　PHP 常用转义字符

表　　示	功　　能	表　　示	功　　能
\'	单引号	\\	反斜杠
\"	双引号	\r	回车
\t	制表符	\012	任意一个八进制数
\n	换行符	\0x34	任意一个十六进制数
\ $	美元符号		

单引号字符串就是用单引号括起来的一串字符。例如：

```
'I am a beautiful girl.'
'I want to drink tea.'
```

在单引号字符串中，只能对"'"和"\"进行转义，而其他的转义字符都会被原样输出，也就是说，单引号字符串中可以出现除了"'"和"\"之外的所有其他字符。例如，字符串

```
'"world\t\n\r\023\0x78\\\'a\''
```

的输出是

```
"world\t\n\r\023\0x78\'a'
```

其中，只有"\\"和"\'"被转义输出。单引号字符串有一个重要的特点是如果需要在字符串中换行，不需要用转义字符，只需简单地在源码中键入换行符即可。

【例 3-10】　测试换行符。

```
<HTML>
    <HEAD>
        <TITLE>测试换行符</TITLE>
    </HEAD>
    <BODY>
        <?php
        echo "<pre>first step:
        open the door of the fridge.
        second step:
        put the elephant into the fridge.
        last stap:
        close the door of the fridge. ";
        ?>
    </BODY>
</HTML>
```

浏览器的显示结果如图 3-3 所示。

双引号字符串跟单引号字符串类似，不过它是用""　""括起来的一串字符。例如：

```
"I am a beautiful girl. "
```

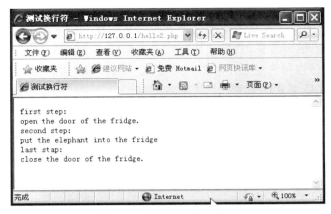

图 3-3　演示换行符的输出

"It is a sunny day today. "

双引号字符串的特点就是可以在字符串中加入转义字符序列和进行变量替换,需要注意的是"''"不必经过转义就可以直接输出。

2. 定义常量

定义常量是指那些用函数定义的常量。这种常量通常都是某些字符串或者是表达式的值的别名。也就是说,是为了方便才定义它们的。定义常量分为两种:内部常量和自定义常量。

(1)内部常量。PHP 内部定义了很多常量,它们都是有特殊含义的。以下一些常量便是在 PHP 中定义的内部常量。

① PHP_VERSION。这个内部常量是 PHP 程序的版本,如 4.0.1-dev。

② PHP_OS。这个内部常量指的是执行 PHP 解释器的操作系统的名称,如 Windows。

③ _FILE_。这个内部常量是 PHP 程序文件名。若包含文件(include 或 require),则在包含文件内的该常量为包含文件名,而不是包含它的文件名。

④ _LINE_。这个内部常量是 PHP 程序的行数。若包含文件(includes 或 require),则在包含文件内的该常量为包含文件的行,而不是包含它的文件行。

⑤ E_ERROR。这个常量指最近的出错的地方。

⑥ E_NOTICE。这个常量指发生不寻常但又不一定是错误的地方。例如存取一个不存在的变量。

⑦ E_PARSE。这个常量是解释语法有潜在问题处。

⑧ E_WARNING。这个常量指上一个警告处。

⑨ TRUE。这个常量就是逻辑真值 true。

⑩ FALSE。这个常量就是指逻辑假值 false。

在上面这些内部常量中,以 E_开头的形式的常量可以参考 error_reporting()函数,有更多的相关说明。

(2)自定义常量。由于 PHP 语言和所有其他脚本语言一样,所有的变量不经过说明就可以赋值,赋值时赋给变量的值就是一个传统意义上的常量。PHP 中对常量有专门的定义和使用的方法,此时 PHP 定义的常量与 C 语言中使用命令♯define 定义的常量是完全类似的。也就是说,PHP 中的常量特指使用这种方式定义的具有特定含义的符号。

PHP 内部定义了很多常量,它们都是有特殊含义的,上面已经介绍了。当然,编写程序时,仅仅使用上面那些内部常量是不够的。对于这一点,PHP 提供了 define()的功能,它使程序员可以自己定义所需要的常量。

【例 3-11】 自己定义常量。

```php
<?php
    define("theme","our life is so beautiful.");
    echo theme;
?>
```

从上面的例子可以看出,上面的代码是给一个字符串"our life is so beautiful"起了一个名字,称为 theme,它可以像变量一样使用。这可以防止用户一遍又一遍地写一个很长的字符串,只需用一个符号代替即可,既简便又防止了写长字符串出错。实际上,这完全与 C 语言中的♯define 的功能一样。

3.3.2　变量

变量用于存储值,例如数字、文本字符串或数组。一旦设置了某个变量,用户就可以在脚本中重复地使用它。命名一个变量的标识符号就是该变量的变量名。所谓的变量的声明,是指程序通知解释程序为这个变量预留一定的存储单元。由于 PHP 是脚本语言,所以它和其他脚本语言一样,都可以直接使用变量,而不用声明变量。也就是说,当需要的时候,PHP 解释器可以动态地为变量分配内存。

1. 变量类型

PHP 的变量类型常用的有 5 种:string、integer、double、array、object。

(1) string 即为字符串变量,无论是单一字符还是数千字的字符串,都是使用这个变量类型。值得注意的是,要指定字符串给字符串变量,就要在字符串的头尾加上""""(例如:"这是字串")。在欲让字串换行时,可使用溢出字元,也就是"\"加上指定的符号,若是"\x"加上两位数字,如"\xFE"即表示十六进位字符,如表 3-11 所示。

表 3-11　溢出字元表示法

符　　号	意　　义	符　　号	意　　义
\\	反斜线	\n	换行
\"	双引号	\t	跳位 TAB
\r	送出 CR		

初始化字符串变量,用户只要简单的给它赋值即可。例如:

$mystring="我的字符串";
$name="me";

(2) integer 为整数变量。在 32 位的操作系统中,它的有效范围是 -2147483648~

2147483647。要使用十六进制整数,可以在前面加 0x。

初始化整型变量的示例如下:

```
$grade=90;
$age=21;
$hexint=0x24;
```

(3) double 为浮点数变量。在 32 位的操作系统中,有效范围是 $1.7 \times 10^{-308} \sim$ 1.7×10^{308}。

初始化浮点数变量的示例如下:

```
$float1=2.712;
$float2=3.14E+2;
```

(4) array 为数组变量,可以是二维、三维或者多维数组,其中的元素也很自由,可以是 string、integer 或者 double,甚至是 array。

数组变量可以使用这两种方法来赋值:使用一系列连续数值,或使用 array()函数构造(见 Array functions 部分)。要将连续的数值加进数组,只需将要赋的值赋给不带下标的数组变量。该值会作为数组的最后元素加进数组中。例如:

```
$names[]="zhang";                    //$names[0]="wang"
$names[]="li";                       //$names[1]="zhao"
```

与 C、Perl 相似,PHP 数组的下标也是从 0 开始的。

数组的使用示例如下:

```
$array1=array("子", "丑", "寅", "卯");
$array2=array(
"天干"=>array("甲","乙","丙","丁"),
"地支"=>array("子", "丑", "寅", "卯"),
"数字"=>array(1, 2, 3, 4));
```

(5) object 为对象变量,目前在 PHP 中的对象不多,若论及对象,虽然微软公司的 ASP 对象仍然比 PHP 的内部对象多,但是,Web CGI 程序要求的是效率,以完全类导向的方式,恐怕使用者在浏览时也会因为程式执行速度过慢而很不耐烦。

要初始化一个对象,就需要用 new 语句建立该类型的变量。

```
class foo
{
    function do_foo()
    {
        echo "Doing foo.";
    }
}
$bar=new foo;
$bar->do_foo();
```

还有布尔值(boolean),通常 1 即为 true,0 为 false。

PHP 程序可以在变量之间自由地转换形态,不必经过特殊的转换,但是在浮点数转成整数时就有点牵强了,不过可以先将浮点数转成字串,然后再处理。

2. 变量的命名规则

变量的命名规则如下。

(1) 变量名必须以字母或者"_"开头。

(2) 变量名只能包含字母、数字字符以及"_"。

(3) 变量名不能包含空格。如果变量名由多个单词组成,那么应该使用"_"进行分隔(如 $my_string),或者以大写字母开头(如 $myString)。

要使用变量,只要在英文字串前面加"$"即可,目前变量名称仍不能使用中文。至于变量的大小写是不一样的,而且在设置变量名的时候一定要含义明确,而不要用那些含义不明的变量名,例如 $a、$b、$c 等。在开发 PHP 程序时,最好使用一定的变量名风格(指变量名中的单词的拼写、大小写、间隔等所使用的统一的规范),以免因为变量大小写的问题,花许多无谓的时间去找寻问题点,这样会很麻烦。

下面介绍两种变量名风格。

(1) UNIX 的变量名风格。间隔使用"-",变量名一律小写,单词用全名或者是公认的简写法,例如:

```
$studentname="xiaoming";
$code=3;
```

(2) Windows 变量名风格。变量名中的每个单词首字母大写,其余全部小写;单词用全名或者是公认的简写法,例如:

```
$StudentName="zhangsan";
$Code=153;
```

以下是一些不好的变量名风格:

```
$int1=20;
$string1="beautiful";
$float1=3.14;
```

在这些例子中,除了程序的编写者,其他人很难知道 $int1 代表什么,但是如果要问 $studentname 是什么意思,可以很容易看出来,它代表的意思是学生姓名。这就是使用有意义的变量名的好处。

对于变量,还有两个比较重要的特性,变量的作用域和变量的生命周期,这需要涉及函数,放到后面讲完函数后再讲。

3. 变量的声明和初始化

PHP 中可以直接使用变量,而不用提前声明一个变量及其类型。PHP 中的所有变量都以"$"开始。

在 PHP 中设置变量的正确方法如下:

```
$varname=value;
```

PHP 是一门松散类型的计算机语言。在 PHP 中,不需要在设置变量之前声明该变量,也不需要提前定义其类型。它们的类型只能在初始化的时候由系统自动确定,当初始化的值为整型时,其类型即为整型;当初始化值为字符串时,即为 string 类型。例如:

```
$name;
$class;
$code;
```

这些均是 PHP 中的变量的形式,但是它们的类型都不能确定。当赋值后类型即确定了。例如:

```
$name="yuanyuan";
$class="yiban";
$code=153;
```

以上的变量 name 和 class 即为 string 型,code 即为 int 型。

需要注意的是,声明的变量和初始化时(即赋值)的类型应该一致,如果不一致,编译时也不会出错。因为在 PHP 中不进行类型检查,而是直接对变量做强制的类型转换,得出的结果可能和预期的结果有很大的不同。所有,用户一定要记住这一点。

PHP 的入门者往往会忘记在变量的前面的" $ "。如果那样做,变量将是无效的。

下面试着创建一个存有字符串的变量和一个存有数值的变量,如例 3-12 所示。

【例 3-12】 创建字符串变量及数值变量。

```
<?php
    $txt="good morning!";
    $number=10;
?>
```

在上面的例子可以看到,不必向 PHP 声明该变量的数据类型。根据变量被设置的方式,PHP 会自动地把变量转换为正确的数据类型。而在强类型的编程语言中,必须在使用前声明变量的类型和名称。

在 PHP 中,变量会在使用时被自动声明。

3.4 运算符与表达式

运算符指对操作数所进行的运算。操作数可以是前面所讲的常量或变量或下面将要讲到的表达式。与 C 语言一样,PHP 中的运算符也可以分为单目运算符、双目运算符和三目运算符。这里的"目"指的就是操作数。几目就是指该运算符可以对几个操作数同时进行操作。按运算符的功能分,基本的运算符类型可以分为算术运算符、赋值运算符、关系运算符、逻辑运算符、位运算符、字符串运算符以及其他运算符。

PHP 中的表达式是通过递归的方式定义的,定义如下。

(1) 一个操作数就是一个表达式。

(2) 由运算符连接在一起的两个操作数构成一个表达式。

(3) 由运算符连接在一起的两个表达式构成一个表达式。

（4）有限次运用上面 3 个规则得到的仍然是表达式。

由上面的表达式的定义可以发现，表达式可以简单到只有一个操作数，也可以复杂到表达式中嵌套表达式，而两个嵌套表达式又可以包含多种运算，完成非常复杂的运算。下面是几个表达式的例子：

```
1
$a=3
($a+$b)+($a/($b+$c))
```

下面具体介绍每种运算符以及相应的表达式。

3.4.1 算术运算符及算术表达式

算术运算符是二目运算符，如表 3-12 所示。

表 3-12 算术运算符

运 算 符	说 明	例 子	运 算 符	说 明	例 子
＋	加法运算符	$x+$y	％	取模运算符	$x％$y
－	减法运算符	$x－$y	++	自加运算符	$x++
*	乘法运算符	$x*$y	——	自减运算符	$x——
/	除法运算符	$x/$y			

【例 3-13】 利用算术运算符构成算术表达式。

```php
<?php
    $x=2;
    $y=3;
    echo "x=".$x."\ty="."$y"."<br>";
    echo "x+y=".($x+$y)."<br>";
    echo "x-y=".($x-$y)."<br>";
    echo "x*y=".$x*$y."<br>";
    echo "x/y=".$x/$y."<br>";
    echo "x%y=".$x%$y."<br>";
    echo "x--=".$x--."\ty++=".$y++."<br>";
    echo "++x=".++$x."\t--y=".--$y;
?>
```

上面代码的输出结果如下：

```
x=2  y=3
x+y=5
x-y=-1
x*y=6
x/y=0.6666667
```

```
x%y=2
x--=2 y++=3
++x=2 --y=3
```

3.4.2   赋值运算符及赋值表达式

赋值运算符为二目运算符,如表 3-13 所示。

表 3-13   赋值运算符

运算符	说　　明	例　　子	运算符	说　　明	例　　子
＝	$x＝$y	$x＝$y	/＝	$x/＝$y	$x＝$x/$y
＋＝	$x＋＝$y	$x＝$x＋$y	.＝	$x.＝$y	$x＝$x.$y
－＝	$x－＝$y	$x＝$x－$y	%＝	$x%＝$y	$x＝$x%$y
＊＝	$x＊＝$y	$x＝$x＊$y			

【例 3-14】   利用赋值运算符构造赋值表达式。

```php
<?php
    $x=3;
    echo "x =".$x."<br>";
    echo "x+=2 =".($x+=2)."<br>";
    echo "x-=3 =".($x-=3)."<br>";
    echo "x * 4 =".($x * =4)."<br>";
    echo "x/=2 =".($x/=2)."<br>";
    echo "x% =3 =".($x% =3)."<br>";
    echo "x.=ab =".$a.=ab;
?>
```

上面例子的输出结果如下:

```
x=3
x+=2=5
x-=3=2
x * =4=8
x/=2=4
x%=3=1
x.=ab=ab
```

3.4.3   关系运算符及关系表达式

关系运算符为二目运算符,如表 3-14 所示。

表 3-14　关系运算符

运算符	说　明	例　子	运算符	说　明	例　子
==	等于	5==8 returns false	<	小于	5<8 returns true
!=	不等于	5!=8 returns true	>=	大于或等于	5>=8 returns false
>	大于	5>8 returns false	<=	小于或等于	5<=8 returns true

【例 3-15】　关系表达式。

```php
<?php
    $x=2;
    $y=3;
    echo var_dump($x==$y)."<br>";
    echo var_dump($x!=$y)."<br>";
    echo var_dump($x<$y)."<br>";
    echo var_dump($x>$y)."<br>";
    echo var_dump($x<=$y)."<br>";
    echo var_dump($x>=$y);
?>
```

上面代码的输出结果如下：

```
bool(false)
bool(true)
bool(true)
bool(false)
bool(true)
bool(false)
```

通过上面的结果可以看出，关系表达式的结果只有两种：逻辑真（true）和逻辑假（false）。

3.4.4　逻辑运算符及逻辑表达式

逻辑运算符是二目运算符，如表 3-15 所示。

表 3-15　逻辑运算符

逻辑运算符	用　　法	运　算　结　果
and 或 &&	$x and $y 或 $x&&$y	只有当 $x 和 $y 全为 true 的时候，结果才为 true，其他情况，结果全部为 false
or 或 ‖	$x or $y 或 $x‖$y	只有当 $x 和 $y 全为 false 的时候，结果才为 false，其他情况，结果全部为 true
xor	$x xor $y	$x 和 $y 全为 true 或者全为 false 的时候，结果为 false，若 $x 和 $y 的值不同时，结果为 true
!	!$x	如果变量 x 为 TRUE 则返回 false，如果变量 x 为 FALSE 则返回 true

【例 3-16】 利用逻辑运算符构造的逻辑表达式。

```php
<?php
    $x=true;
    $y=false;
    echo var_dump($x&&$y)."<br>";
    echo var_dump($x||$y)."<br>";
    echo var_dump($x xor $y)."<br>";
    echo var_dump(!$x);
?>
```

上面代码运行后的输出结果如下：

```
bool(false)
bool(true)
bool(true)
bool(fasle)
```

通过上面的例子可以发现，逻辑表达式的结果和关系表达式的结果一样，也只能有两种，即逻辑真（true）或者逻辑假（false）。

3.4.5　字符串运算符及字符串表达式

PHP 中只有一个字符串运算符，即字符串连接运算符"."，就这一个字符串连接运算符却实现了 PHP 中强大的字符串处理功能。它是一个双目运算符，可以将两个或多个字符串连接起来成为一个字符串，既可以连接字符串常量，也可以连接字符串变量，它等同于 Java 中的字符串的"＋"运算。

【例 3-17】 字符串连接。

```php
<?php
    $str="We"."have"."40"."apples.";
    echo $str;
?>
```

上面这段代码的输出结果如下：

```
We have 40 apples.
```

下面再看一个字符串连接的例子。

【例 3-18】 字符串变量连接。

```php
<?php
    $str1="We";
    $str2="have";
    $str3="many";
    $str4="apples.";
    $str=$str1." ".$str2." ".$str3." ".$str4."<br>";
    echo $str;
?>
```

上面代码运行后的结果如下：

```
We have many apples.
```

3.4.6　其他运算符及表达式

除了上面介绍过的运算符外，还有一些运算符难以归类，但是这些运算符也都是很重要的，如表 3-16 所示。

表 3-16　其他运算符

运　算　符	描　　述	运　算　符	描　　述
@	加在函数前面，表不显示错误消息	->	用于访问对象的方法或属性
&	加在变量前，用于提取变量指针	=>	用于给数组的元素赋值

"&"的含义是对一个变量的地址的引用，相当于 C 语言中的指针。它只能用于函数的引用传值，在所有其他的地方使用都会被认为是非法的。

"=>"用于给数组的元素赋值，在前面讲数组的时候已经见过，下面用一个例子来说明它的用法。

```
$group=array(
    "one"=>array(
        "name"=>"Lucy",
        "age"=>19,
        "class"=>"yiban"
    ),
    "two"=>array(
        "name"=>"Lily",
        "age"=>20,
        "class"=>"yiban"
    ),
    "three"=>array(
        "name"=>"Jack",
        "age"=>21,
        "class" =>"erban"
    )
);
```

除了表 3-15 所列的运算符外，还有一个运算符——条件运算符"?:"。条件运算符是一个三目运算符，它的一般形式如下：

expression? sentence1:sentence2。

其中，expression 为逻辑值，如果其值为 true，则执行 sentence1，如果其值为 false，则执行 sentence2，而且两个可能要执行的语句应返回相同类型或者是可以转化成相同类型的值。

例如：

(3>5)?"a 大于 b.":"a 小于 b."

的输出结果如下：

a 小于 b.

通过上面的例子可以看到，其实条件运算符实现的就是 if…else 语句的功能，上面的语句与下面的例子的功能是一样的。

```
if(3>5)
    echo "a 大于 b. ";
else
    echo "a 小于 b";
```

if…else 语句会在后面详细介绍，这里不再赘述。

3.4.7 运算符优先级

一个复杂的表达式往往包含了多种运算符，各个运算符优先级的不同决定了其被执行的顺序也不一样。高优先级的运算符所在的子表达式会先被执行，而低优先级的运算符所在的子表达式会后被执行。PHP 中各运算符的优先级由高到低的顺序如表 3-17 所示。

表 3-17　运算符优先级

运　算　符	优　先　级
( )	
!、~、++、--	
*、/、%	
+、-、.	
<<、>>	
<、<=、>、>=	
==、!=、===、!==	
&	从上到下，优先级递减
^、|	
&&、||	
?:	
=、+=、-=、*=、/=、%=、.=	
and、xor、or	

如果用户在编写程序的过程中需要使用复杂的表达式运算，则可以通过添加"（）"来限制各子表达式运算的优先级。

3.5　本章小结

本章主要对 PHP 中的一些基本的语法、数据类型、常量与变量、数据类型转换以及运算符和表达式进行了详细介绍,举了许多例子以帮助读者理解它们的含义及用法。读者学习本章之后可对 PHP 有一个较细致的了解,会发现 PHP 是一门比较简单易学的语言,有很多的语法特点与 C、Perl 等计算机语言比较类似。

实训 3

【实训目的】

(1) 掌握 PHP 语言的数据类型、数据类型之间的转换,常量与变量的特点与定义。

(2) 学会使用 PHP 的多种运算符和表达式,了解不同类型运算符之间的优先级与结合性,掌握不同类型数据间的运算。

【实训环境】

(1) 硬件:普通微型计算机。

(2) 软件:Windows XP 系统平台,PHP 开发环境。

【实训内容】

1. 输入并运行以下程序

```
<html>
    <head>
        <title>First program</title>
    </head>
    <body>
        <? php
            echo "Hello, world";
        ?>
    </body>
</html>
```

把它存档成 helloworld.php,在浏览器中观察结果。

2. 注释

使用本章介绍的 3 种注释方式对上面的程序进行注释:

```
//C++语法的注解
# UNIX Shell 语法注解
/ *
    多行注释
 * /
```

3. 输入下列程序并输出运行结果

```
<?php
```

```php
    $a=8;
    $b=2;
    $c=3;
    echo $a+$b."<br>";
    echo $a-$b."<br>";
    echo $a * $b."<br>";
    echo $a/$b."<br>";
    echo $a% $c."<br>";
    $a++;
    echo $a."<br>";
    $c--;
    echo $c;
?>
```

将上面程序的＄a＋＋、＄c—变成＋＋＄a、－－＄c,并观察其结果。

4. 输入下列程序并观察结果

```php
<?php
    $a=5;
    $a+=2;                          //即 $a=$a +2;
    echo $a."<br>";
    $b="娃";
    $b.="哈";                       //$b="娃哈";
    $b.="哈";                       //$b="娃哈哈";
    echo "$b<br>";
?>
```

5. 用 PHP 描述下列表达式

(1) a＋b＋c/d＋a；

(2) a＞b＋c＜＝d；

(3) a＞j＆＆b＜j；

(4) b＋＝a＋＋c

假设 a＝12.3,b＝6,c＝"3",j＝4,观察上面表达式的结果。

6. 静态变量的理解

```php
<?PHP
function Test() {
    static $count=0;
    $count++;
    echo $count;
    if ($count <10) {
        Test();
    }
    $count--;
}
?>
```

静态变量与递归函数的例子：把它存档，在浏览器中观察结果。

7. 类型运算符

输入程序并观察结果。

注：PHP 有一个类型运算符：instanceof。instanceof 用来测定一个给的对象是否来自指定的对象类。

```php
<?php
    class A { }
    class B { }
        $thing=new A;
        if ($thing instanceof A) {
            echo 'A';
        }
        if ($thing instanceof B) {
            echo 'B';
        }
?>
```

8. 运算符优先级

```php
<?php
    $a=3 * 3 % 5;
    $a=true ? 0 : true ? 1 : 2;
    $a=1;
    $b=2;
    $a=$b += 3;
    $a=1;
    echo ++$a + $a++;
?>
```

输入程序并观察结果。

9. 引用赋值

```php
<?php
    $a=3;
    $b=&$a;

    print "$a\n";
    print "$b\n";
    $a=4;
    print "$a\n";
    print "$b\n";
?>
```

10. 数组运算符

注：运算符把右边的数组元素附加到左边的数组后面，两个数组中都有的键名，则只用

左边数组中的,右边的被忽略。

```php
<?php
    $a=array("a" =>"apple", "b" =>"banana");
    $b=array("a" =>"pear", "b" =>"strawberry", "c" =>"cherry");
    $c=$a +$b;
    echo "Union of \$a and \$b: \n";
    var_dump($c);
    $c=$b +$a;
    echo "Union of \$b and \$a: \n";
    var_dump($c);
?>
```

习题 3

一、填空题

1. PHP 中可以使用 4 种不同的开始和结束标志,其中_____和_____总是可以使用的,而"＜％ ％＞"和"＜? ?＞"是需要在 php.ini 配置文件中开启支持的。

2. "＜％ ％＞"这种 ASP 风格需要在 php.ini 中启用_____选项就可以使用了,"＜? ?＞"这种简短的标签风格需要在 php.ini 中打开_____指令才可以使用,或者在编译时加入"enable-short-tags"才可以使用。

3. PHP 语句分为_____和_____两种,其中_____不能用";"作为结束。

4. PHP 注释包括 3 种:第一种是多行注释,另外两种是单行注释,分别是_____和_____。

5. 空白符包括了_____、Tab 制表符、_____以及回车符。

6. PHP 变量是用于_____的容器,也是在程序运行中随时可以_____的量,是数据的临时存放场所。

7. 语句"＄a＝2;echo "j\ ＄akjsd\\ndjd\rjjdh\";"的输出结果是_____。

8. 特殊的 null 类型表示_____。null 既不表示空格,又不表示 0,也不是空字符串,它表示一个变量的值为空。那么判断一个函数是否为 null,可以用函数_____。

9. PHP 数据类型转换的两种方法分别是_____和_____。

10. 根据操作数的个数,运算符可以分为 3 种,分别是一元运算符、_____及_____。

11. 在语句"＄a＝4＞5?5:4;"中,＄a 的值是_____。

12. 按照运算符的不同功能来分,可以分为_____、_____赋值预算符、比较运算符、位运算符、逻辑运算符,以及其他运算符。

13. 在算术运算符中,_____和_____的除数不能为 0。

14. ＄a＝10;＄b＝＄a++ ＋ ++＄a;＄c＝10;＄d＝++＄c;那么＄a、＄b、＄c、＄d 的值分别为_____、_____、_____、_____。

二、简答题

1. PHP 语言中有哪几种标记风格？

2. PHP 主要支持哪几种数据类型？

3. PHP 中的数据类型转换主要有哪几种？

4. 在 PHP 中如何将两个字符串连接起来？

5. 举几个算术表达式和逻辑表达式的例子。

6. 判断一下算术运算符、逻辑运算符、关系运算符和赋值运算符的优先级。

第 4 章　结构化程序设计

学习目标：

本章主要介绍结构化程序设计的相关知识，重点讲述顺序结构、选择结构和循环结构，以及它们在程序设计中的运用。通过对本章的学习，可对结构化程序设计有更深入的了解，实现对 3 种结构灵活运用。本章学习要求如表 4-1 所示。

表 4-1　本章学习要求

知 识 要 点	能 力 要 求	相 关 知 识
结构化程序设计	对要解决的问题进行细化，分而治之，逐一解决	模块化设计，结构化编码
顺序结构	能够运用顺序结构解决实际问题	
选择结构	掌握选择结构的语法规则，会灵活运用	条件控制的几种情形
循环结构	熟练掌握几种循环结构的语法规则，会灵活运用	while、do⋯while、for 和 foreach

结构化程序设计强调程序设计风格和程序结构的规范化，提倡程序清晰且易理解。一般可以采取以下几个方法实现结构化程序，例如自顶向下、逐步细化，模块化设计，结构化编码。在程序设计中程序员经常采用模块设计的方法，尤其当程序比较复杂时，这就更有必要了。模块化设计的思想实际上是一种"分而治之"的思想，它把一个较大的任务分解为若干子任务，每一个子任务就相对简单并易于处理。

大多数复杂的程序设计都离不开流程控制语句，这些语句决定了程序的走向。在 PHP 动态程序开发中一共包含了 3 种控制结构：顺序结构、选择结构和循环结构。

4.1　顺序结构

顺序结构的程序执行顺序是从上到下，一步步依次顺序执行。就像完成一件任务，按照顺序从第一步开始，一直到最后一步结束。顺序结构的流程图如图 4-1 所示。

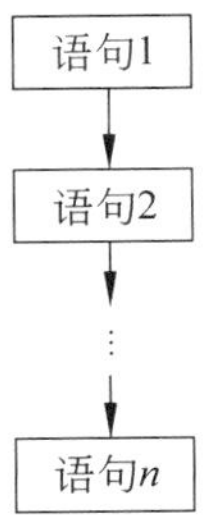

【例 4-1】 利用顺序结构语言实现输入内容的顺序输出。

```php
<?php
    $name="miao";
    $code="001";
    $phone="13022333654";
    $class="one";
    echo "name: ".$name."<br>";
    echo "code: ".$code."<br>";
    echo "phone: ".$phone."<br>";
```

图 4-1　顺序结构流程图

```
    echo "class: ".$class."<br>";
?>
```

上面的程序就是从第一句开始顺序往下执行,直到最后一句结束。

其运行结果如下:

```
name: miao
code: 001
phone: 13022333654
class: one
```

4.2 选择结构

当编写代码时,通常需要为不同的判断选择不同的执行动作,这时就需要用选择结构(如图 4-2 所示)来实现这个功能。选择结构可以用条件控制语句来实现,其主要功能就是根据一个表达式的值来判断执行哪一段语句。条件控制语句主要有两种:if 语句和 switch 语句。

4.2.1 if 语句

if 语句用来判定所给定的条件是否满足对应情况的要求,并根据判定结果(真或假)来决定执行何种操作。if 语句有 3 种形式,分别是 if 语句、elseif 语句、if…else 语句。

1. if 语句

if 语句是在条件成立时执行指定的程序代码,条件不成立时不执行任何语句。其流程图如图 4-3 所示。

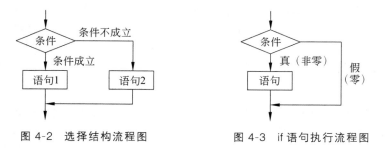

图 4-2　选择结构流程图　　　　图 4-3　if 语句执行流程图

if 语句格式如下:

```
if(condition)
{
    statement;
    ...
}
```

【例 4-2】　如果当前日期为周六,则分行输出" Hello!"" Wish you have a nice weekend!""See you on Monday!"。

程序代码如下：

```php
<?php
    $d=date("D");
    if ($d=="Sat")
    {
        echo "Hello!<br>";
        echo "Wish you have a nice weekend!<br>";
        echo "See you on Monday!";
    }
?>
```

若当前日期为周六，上面例子的运行结果如下：

```
Hello!
Wish you have a nice weekend!
See you on Monday!
```

而在星期六之外的其他时间运行上面的示例程序时，没有任何输出结果。

2. elseif 语句

if 语句与 if…else 配合使用，在若干条件之一成立时执行一个代码块。其执行过程如图 4-4 所示。

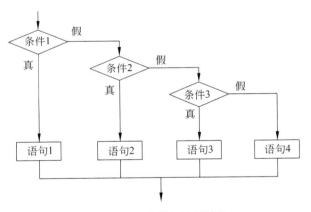

图 4-4　elseif 语句执行过程

该语句格式如下：

```php
if(condition1)
{
    statement1;
    …
}
elseif(condition2)
{
    statement2;
    …
```

```
    }
    else
    {
        statement3;
        ...
    }
```

【例 4-3】　如果当前日期为星期六,则输出 "Have a nice weekend!",如果是星期天,则输出 "Have a nice Sunday!",否则输出 "Have a nice day!"。

程序代码如下:

```
<?php
    $d=date("D");
    if ($d=="Sat")
        echo "Have a nice weekend!";
    elseif ($d=="Sun")
        echo "Have a nice Sunday!";
    else
        echo "Have a nice day!";
?>
```

若当前日期为星期六,上面例子的运行结果如下:

Have a nice weekend!

若当前日期是星期日,上面例子的运行结果如下:

Have a nice Sunday!

在既不是星期六也不是星期日的其他时间,上面例子运行输出结果如下:

Have a nice day!

3. if…else 语句

如果程序员希望在某个条件成立时执行一些代码,在条件不成立时执行另一些代码,则可以使用 if…else 语句。

该语句的格式如下:

```
if (condition)
{
    statement1;
    ...
}
else
{
    statement2;
    ...
}
```

【例 4-4】　如果当前日期为星期六,输出"Wish you have a nice weekend!",否则输出 "Wish you have a nice day!"。

程序代码如下:

```php
<?php
    $d=date("D");
    if ($d=="Sat")
        echo "Wish you have a nice weekend!";
    else
        echo "Wish you have a nice day!";
?>
```

若当前日期是星期六,上面例子的运行结果如下:

Wish you have a nice weekend!

在其他时间,上面例子的运行结果如下:

Wish you have a nice day!

如果需要在条件成立或不成立时执行多行代码,应该把这些代码行包括在"{}"中。

【例 4-5】　在条件成立或不成立时执行多行代码。

```php
<?php
    $d=date("D");
    if ($d=="Sat")
    {
        echo "Wish you have a nice weekend!<br>";
        echo "See you on Monday! ";
    }
    else
    {
        echo "Wish you have a nice day!<br>";
        echo "See you tomorrow!";
    }
?>
```

若当前日期是星期六,上面例子的运行结果如下:

Wish you have a nice weekend!
See you on Monday!

在其他时间,上面例子的运行结果如下:

Wish you have a nice day!
See you tomorrow!

除了使用"{}"外,PHP 还提供了另外一种方法来执行多行语句,这就是在 if 语句中建立语句组。使用方法是在 if 表达式后加":",后面跟一个或多个语句,最后以 endif 结束。

【例 4-6】　在 PHP 中通过 if 语句建立语句组的例子。

```
<?
    $d=date("D");
    if ($d=="Sat"):
        echo "Wish you have a nice weekend!";
        echo "See you on Monday!";
    else:
        echo "Wish you have a nice day!";
        echo "See you tomorrow!";
    endif;
?>
```

本例运行结果与例 4-5 的运行结果相同。

综上所述,可以得出以下结论。

(1) 3 种形式的 if 语句中,if 后面都必须有表达式,并且一般为逻辑表达式或者关系表达式。例如:

```
if ($d=="Sat") echo "Wish you have a nice weekend!";
```

在执行 if 语句时,首先为表达式求解,若表达式的值为非 0,按"真"处理,执行指定的语句;若表达式的值为 0,按"假"处理,执行指定的语句。如上面的 if 语句,若当前时间为星期六时执行结果输出:

```
Wish you have a nice weekend!
```

因为表达式的值为真,此时执行指定的语句。若是在其他时间执行,则不会输出任何结果,因为此时表达式的值为假,就不执行指定语句。

表达式的类型不限于是逻辑或关系表达式,例如有一个 if 语句:

```
if(2) echo "every thing is ok!";
```

该语句的运行结果如下:

```
every thing is ok!
```

因为表达式的值为 2,按"真"处理。由此可见,表达式的类型可以是任意的数值类型(包括整型、浮点型)。

(2) 在第二、第三种形式的 if 语句中,在每个 else 前面都有一个";",整个语句结束处也有一个";"。这是由于";"是 PHP 语句中不可或缺的部分,是 if 语句中的内嵌语句所要求的。

(3) else 语句本身不能作为语句单独使用,它必须是 if 语句的一部分,与 if 配对使用。

4.2.2 switch 语句

当可选的分支非常多时,单独使用 if 语句,可能会用到很多个 if…elseif…else 语句,代码书写起来嵌套的层次会很多,程序变得很复杂,可读性差,这时候使用 switch 语句实现,可以避免冗长的 if…elseif…else 代码块。

switch 语句的格式如下:

```
switch (expression)
{
    case value1:
        code to be executed if expression =value1;
        break;
    case value2:
        code to be executed if expression =value2;
        break;
    default:
        code to be executed
        if expression is different
        from both value1 and value2;
}
```

switch 语句的执行过程如下。

（1）对 switch 中的表达式（通常是变量）进行一次计算。

（2）把所得表达式的值与结构中 case 的各个值进行比较。

（3）如果匹配，则执行与其匹配的 case 值相关联的代码。

（4）代码执行后，通过 break 语句阻止继续执行下一个 case 分句，程序到此结束。

（5）如果没有与任何一个 case 值匹配，则执行 default 语句。

例如，要求按照工资水平等级输出月收入，可以用下面的 switch 语句实现：

```
switch(grade)
{
    case 'A':
        echo "8000~10000";
    case 'B':
        echo "6000~7999";
    case 'C':
        echo "4000~5999";
    case 'D':
        echo "2000~3999";
    default:
        echo "2000 以下";
}
```

注意：在使用 switch 语句时，每一个 case 语句的常量表达式的值必须互不相同，否则就会出现互相矛盾的现象（对表达式的同一个值，有两种或多种执行方案）。而且 case 语句和 default 语句的出现次序并不影响执行结果。例如，可以先出现 case 'C':…再出现 case 'A':…，最终结果都是一样的。

上面的例子里并没有 break 语句，所以执行完一个 case 后面的语句后，流程控制转移到下一个 case 继续执行。case value 只起语句标号作用，并不在该处进行条件判断。在执行 switch 语句时，根据 switch 后面表达式的值找到匹配的入口标号，就从此标号开始执行下去，不再进行判断。

所以上面的例子中,若 grade 等于'B',将连续输出如下的结果:

6000~7999
4000~5999
2000~3999
2000 以下

为了杜绝这种现象,程序设计时应该在执行一个 case 分支后将流程跳出 switch 结构,这时可以添加一个 break 语句来实现流程的跳出。

上面的例子可以进行如下改写:

```
switch(grade)
{
    case 'A':
        echo "8000~10000";
        break;
    case 'B':
        echo "6000~7999";
        break;
    case 'C':
        echo "4000~5999";
        break;
    case 'D':
        echo "2000~3999";
        break;
    default:
        echo "2000 以下";
}
```

最后一个分支可以不加 break 语句。本例经过修改过的 switch 结构才可以输出正确的结果。例如,如果 grade 的值为'B',则只输出

6000~7999

case 语句后面虽然包含了一个以上执行语句,但不必像 if 语句那样用"{}"括起来组成程序段,case 语句后代码会自动依次执行下去,直到遇到 break 语句为止,当然加上"{}"也是可以的。

【例 4-7】 switch 结构示例。

```
<?php
    $a=3;
    switch($a)
    {
    case 1:
        echo "Number 1";
        break;
    case 2:
```

```
        echo "Number 2";
        break;
    case 3:
        echo "Number 3";
        break;
    default:
        echo "No number between 1 and 3";
    }
?>
```

上面例子的运行输出结果如下：

```
Number 3
```

【例 4-8】 将人们的生活水平分为"超高等""高等""中等""低等""超低等"5 个等级，其中"超高等"指月消费在 10000 元及以上，"高等"指月消费 6000～9999 元，"中等"指月消费 4000～5999 元，"低等"指月消费 2000～3999 元，"超低等"指月消费 2000 元以下。要求根据月消费输出生活水平等级。

程序代码如下：

```
<?php
    $a=(int)$payment/1000;
    switch ($a)
    {
        case 0:
        case 1:
            echo "超低等";
            break;
        case 2:
        case 3:
            echo "低等";
            break;
        case 4:
        case 5:
            echo "中等";
            break;
        case 6:
        case 7:
        case 8:
        case 9:
            echo "高等";
            break;
        default:
            echo "超高等";
    }
?>
```

当一家人的月消费为 4300 时,输出结果如下:

中等

4.3 循环结构

在编写程序时,有时需要让一段代码块重复运行多次,这时候可以使用循环语句来完成这样的功能,循环语句就是根据程序需要,重复执行一段程序直到指定条件表达式的值为 true 或 false 为止,循环结构的流程图如图 4-5 所示。

在 PHP 中,可以使用下列 4 种循环语句。

(1) while:只要指定条件成立,则循环执行代码块。

(2) do…while:首先执行一次代码块,然后在指定条件成立时重复这个循环。

(3) for:循环执行代码块指定的次数。

(4) foreach:根据数组中每个元素来循环执行代码块。

4.3.1 while 语句

只要指定的条件成立,while 语句将重复执行代码块,while 语句的语法格式如下:

```
while (condition)
    code to be executed;
```

当条件成立时,会执行 while 语句中的内嵌语句,其流程图如图 4-6 所示。特点是先判断表达式,后执行语句。

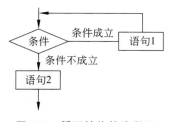

图 4-5　循环结构的流程图

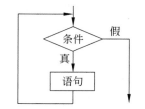

图 4-6　while 循环语句流程图

while 语句示例如下。

【例 4-9】　只要变量 i 小于或等于 6,代码就会一直循环执行下去。每循环一次,变量 i 递增加 1。

```php
<?php
    $i=1;
    while($i<=6)
    {
        echo "The number is " . $i . "<br>";
        $i++;
    }
```

```
?>
```

代码的输出结果如下：

```
The number is 1
The number is 2
The number is 3
The number is 4
The number is 5
The number is 6
```

最后，当变量 i 的值为 7 时，不满足循环的条件，跳出循环。

注意：循环体如果包括一条以上的语句，应该用"{}"括起来，以复合语句形式出现。如果不加"{}"，则 while 语句的范围只到 while 后面第一个";"处。另外，在循环体中应该有使循环趋向于结束的语句，否则会陷入死循环。例如例 4-9 中，若没有 $i++，则循环永不结束。

4.3.2   do…while 语句

do…while 语句首先执行一次代码，然后对条件表达式进行判断，只要条件成立，就会重复进行循环。

语法格式如下：

```
do
{
    code to be executed;
}
while (condition);
```

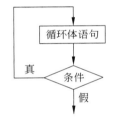

图 4-7   do…while 语句流程图

其流程图如图 4-7 所示。

do…while 语句示例如下。

【例 4-10】   先对 i 值进行一次累加，然后，只要 i 小于或等于 6 的条件成立，就会继续累加下去。

```
<?php
    $i=1;
    do
    {
        echo "The number is " . $i . "<br>";
        $i++;
    }
    while ($i<=6);
?>
```

代码的输出结果如下：

```
The number is 1
The number is 2
```

```
The number is 3
The number is 4
The number is 5
The number is 6
```

当条件表达式条件相同时,while 与 do…while 的结果是一样的。但若初始条件就不满足,则这两种循环的结果不同。

【例 4-11】 初始条件不满足时的 while 循环示例。

```php
<?php
    $i=1;
    while($i>=6)
    {
        echo "The number is " . $i . "<br>";
        $i--;
    }
?>
```

【例 4-12】 初始条件不满足时的 do…while 循环示例。

```php
<?php
    $i=1;
    do
    {
        echo "The number is " . $i . "<br>";
        $i--;
    }
    while ($i>=6);
?>
```

上面的两个例子中,例 4-11 的输出结果为空白。例 4-12 的结果为 The number is 1。

通过这两个例子可以看出,当初始条件不满足时,while 语句中的循环部分一次也不执行,而 do…while 可以执行一次,这是两者之间的区别。

4.3.3 for 语句

如果事先已经确定了代码块的重复执行次数,或者虽然循环次数不确定,但是确定了循环结束条件,则可以使用 for 循环语句。在各种循环结构中,for 语句是 PHP 中所提供的功能更强、使用更广泛的一种循环语句。

for 语句的一般格式如下:

```
for (表达式 1; 表达式 2; 表达式 3)
{
    执行代码;
}
```

for 语句有 3 个参数,第一个参数初始化变量,第二个参数保存循环条件,一般是一个逻辑表达式。第 3 个参数表示循环增量。而循环条件必须计算为 true 或者 false。

for 语句的执行过程如下。

（1）先求解表达式 1。

（2）求解表达式 2，若其值为真（或非 0），则执行 for 语句中指定的内嵌语句，然后执行下面第 3 步。若为假（或 0），则结束循环，转到第（5）步。

（3）求解表达式 3。

（4）转到上面第（2）步继续执行。

（5）循环结束，执行 for 语句下面的一个语句。

for 语句的执行过程如图 4-8 所示。

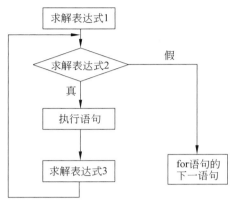

图 4-8　for 语句的执行过程

【例 4-13】　将"Hello World!"重复显示 6 次。

程序代码如下：

```php
<?php
    for($i=1; $i<=6; $i++)
    {
        echo "Hello World!<br>";
    }
?>
```

上面代码的输出结果如下：

```
Hello World!
Hello World!
Hello World!
Hello World!
Hello World!
Hello World!
```

当上面的例子循环结束时，变量 i 的值为 7，而此时循环控制语句（$i<=6$）的值为假，由于循环已结束，因此文本"Hello World!"只显示了 6 次。

应当注意的是，for 循环实现判断循环控制语句，当条件满足时才执行循环结构。因此，for 语句可能还没有执行到循环体内的语句，循环就已经结束了。

【例 4-14】　for 语句循环示例。

```php
<?php
    for($i=1; $i<1; $i++)
    {
        echo "Hello World!<br>";
    }
?>
```

由于循环初始条件已经等于 1，因此循环直接退出，程序的执行结果是什么也不输出。

在 for 语句的一般格式中，表达式 1 可以是设置循环变量初值的赋值表达式，也可以是与循环变量无关的其他表达式。例如：

```
for($sum=0;$i<=50;$i++)
    $sum=$sum+$i;
```

而表达式 1 和表达式 3 可以是一个简单的表达式,也可以包含一个以上的简单表达式,但是每个简单表达式中间必须用“,”间隔。例如:

```
for($sum=0,&i=10;$i<=50;&i++)
    $sum=$sum+$i;
```

或

```
for($i=1,$j=1;$i+$j<=100;$i++,$j++)
    $m=$i+$j;
```

这两个例子中的表达式 1 和表达式 3 都包含两个简单表达式,它们之间用“,”隔开,也可以算是 C 语言中的逗号表达式,在逗号表达式内是按自左至右的顺序求解每个简单表达式的。

for 循环也可以嵌套,嵌套的层数不受限制,但是为了程序的运行效率考虑,最好不要嵌套太多。

【例 4-15】 请分别输出 1!～5!。

程序代码如下:

```
<?php
    for($i=1; $i<=5; $i++)
    {
        $v=1;
        for($j=$i;$j>=1;$j--)
            $v=$v * $j;
        echo &i."的阶乘为".$v."<br>";
    }
?>
```

代码的输出结果如下:

```
1 的阶乘为 1
2 的阶乘为 2
3 的阶乘为 6
4 的阶乘为 24
5 的阶乘为 120
```

注意:在使用 for 循环时,必须小心选择循环控制条件和循环增量,杜绝产生死循环的情况,否则循环语句将一直执行,从而使得 PHP 解释器失去响应,服务器将一直为这个脚本服务,无法响应别的请求,严重时需要重启服务器。

4.3.4 foreach 语句

foreach 循环语句用于循环遍历数组。每进行一次循环,当前数组元素的值就会被赋值给 value 变量(数组指针会逐一增加地移动),以此类推。

语法格式如下：

```
foreach (array as value)
{
    code to be executed;
}
```

【例 4-16】 循环输出给定数组的值。

```php
<?php
    $arr=array("one", "two", "three");
    foreach ($arr as $value)
    {
        echo "Value: " . $value . "<br >";
    }
?>
```

代码的输出结果如下：

```
Value: one
Value: two
Value: three
```

在 4.2 节中已经介绍过用 break 语句可以使流程跳出 switch 结构,继续执行 switch 语句后面的语句。实际上 break 语句还可以用来从循环体内跳出循环体,即提前结束循环,接着执行循环体后面的语句。

在使用循环语句时,可以使用 break 语句使程序跳出当前循环体,也可以使用 continue 语句结束本次循环,跳到循环的开始继续进行下一轮循环。

以下两个循环结构可以区分 break 与 continue 语句的不同用法。

循环结构中的 break 语句：

```
while(表达式 1)
{
    …
    if(表达式 2) break;
    …
}
```

break 循环结构的流程图如图 4-9 所示。

循环结构中的 continue 语句：

```
while(表达式 1)
{
    …
    if(表达式 2) continue;
    …
}
```

continue 循环结构的流程图如图 4-10 所示。

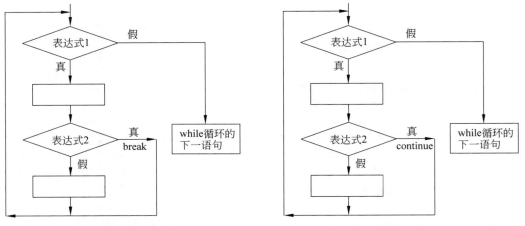

图 4-9　循环结构中的 break 语句　　　　　图 4-10　循环结构中的 continue 语句

下面用两个实例介绍这两种语句的具体用法。

【例 4-17】　顺序输出大于或等于 1 且小于或等于 10 的所有自然数，直到遇到 4 的倍数为止，不包括 4 的倍数。

程序代码如下：

```php
<?php
    for($i=1;$i<=10;$i++)
    {
        if($i% 4==0) break;
        echo $i."<br>";
    }
?>
```

运行结果如下：

```
1
2
3
```

上面例子在运行时，当 $i==4$ 时，$i\%4==0$，满足条件，执行 break 语句，跳出循环，输出结束。所以输出结果只到 3。

注意：break 语句不能用于循环语句和 switch 语句之外的任何其他语句中。

【例 4-18】　do…while 的应用。

程序代码如下：

```php
<?php
    $i=0;
    while($i<3) {
        $i++;
        print $i;
```

```
        echo ".欢迎您的第$i 次到来!<br>\n";
    }
    echo "<br>";

    $i=1;
    do {
        print $i++;
        echo ".欢迎再次光临!<br>\n";
    } while ($i<=3)
?>
```

运行结果如下:

1. 欢迎您的 第 1 次到来!
2. 欢迎您的 第 2 次到来!
3. 欢迎您的 第 3 次到来!
1. 欢迎再次光临!
2. 欢迎再次光临!
3. 欢迎再次光临!

4.4 本章小结

本章主要对 PHP 中结构化程序设计中的顺序结构、选择结构、循环结构做了详细的介绍,并且举了许多例子以帮助读者理解它们的含义及具体用法。

在学习本章之后,会对 PHP 有一个更细致的了解,在脑海中形成一些清晰的概念,因此可以尝试编写一些稍复杂的 PHP 程序。

实训 4

【实训目的】

熟练掌握结构化程序中顺序结构、选择结构、循环结构的应用。

【实训环境】

(1) 硬件:普通计算机。

(2) 软件:Windows 系统平台、PHP 5.2.13、Apache 2.2.4。

【实训内容】

1. for 循环的应用

按顺序输出大于或等于 1 且小于或等于 10 的所有自然数,但是 4 的倍数除外。

(1) 问题分析:用循环结构实现 1~10 的输出,用选择结构排除 4 的倍数。

(2) 打开记事本,编写程序。

```
<?php
    for($i=1;$i<=10;$i++)
```

```
        {
            if($i% 4==0) continue;
            echo $i."<br>";
        }
    ?>
```

（3）程序说明：在程序运行中，当 $i==4$ 时，满足条件，执行 continue 语句，跳出当前这一轮循环，所以不会输出 4，继续执行下一轮循环，直到又遇到 $i==8$，又执行 continue 语句，所以也不会输出 8。

（4）将文件另存为 shunxu.php，在浏览器中输入 http://127.0.0.1/shunxu.php，执行程序，输出结果。

2. while 循环的应用

按要求输出程序结果。

（1）求输出结果。

（2）打开记事本，编写程序：

```
$i=0
while($i++){
    switch($i){
        case 5;
        echo "quit at 5";
        break 2;
        case 10;
        echo "quit at 10";
        break 2;
        default;
        break;
    }
}
echo "$i=".$i;
```

（3）程序说明：a++ 和 ++a 的区别：a++ 是先赋值再进行 ++ 运算，而 ++a 是先进行 ++ 运算，再赋值。例如：

```
a=1;b=a++;
```

的结果如下：

```
b=1;a=2
```

而

```
a=1;b=++a;
```

的结果如下：

```
b=2;a=2
```

while（$i++）为先赋值，$i 还是 0，也就是 while(0)，不执行循环，但赋完值后，$i+1

变成 1,所以输出 1＝1。

3. foreach 循环的应用

(1) 按要求分类输出结果：

```
array1={A,B,C,D};
array2={A1,A2,C1,C2,C5,D3}
```

理想状态是想要让它能这样分类：

```
A: A1,A2;
B;
C: C1,C2,C5;
D: D3
```

(2) 打开记事本,编写程序：

```php
<?php
    $array1=array('A','B','C','D');
    $array2=array('A1','A2','C1','C2','C5','D3');
    foreach($array1 as $arr1){
        echo $arr1.":";
        $arr2_len=count($array2)-1;
        foreach($array2 as $k =>$arr2){
            if(strpos($arr2,$arr1)!==false){
                echo $arr2.",";
            }else{
                if($k==$arr2_len){
                    echo '<br/>';
                }
            }
        }
    }
?>
```

4. do…while 循环的应用

按要求求和。

(1) 在 PHP 中用 do…while 求 1～100 的奇数和。

(2) 打开记事本,编写程序：

```php
<?php
    $i=1;
    $sum=0;
    do{
        $sum+=$i;
        $i+=2;
    }while($i<100);
        echo $sum;
?>
```

习题 4

1. 有 3 个整数 a、b、c,输出其中最大的数。

2. 给出百分制成绩,要求输出成绩的等级。规则:90 分以上为 A,80～89 分为 B,70～79 分为 C,60～69 分为 D,60 分以下为 E。

3. 输出 100 以内的所有质数。

4. 一个数如果恰好等于它的因子之和,这个数就称为"完数"。例如,6 的因子为 1、2、3,而 6=1+2+3,因此 6 是"完数"。编程序找出 500 以内的所有完数,并输出其因子。

5. 求 1!+2!+3!+…+10!。

6. 猴子第 1 天摘下若干桃子,当即吃了一半,还不过瘾,又多吃了一个。第 2 天又将剩下的桃子吃掉一半,又多吃了一个。以后每天都吃了前一天吃剩的一半多一个。到第 10 天时,桃子只剩下一个了。试编程求出第 1 天摘了多少个桃子。

第 5 章　函数、数组与字符串操作

学习目标:

本章将介绍 PHP 语言中函数、数组和字符串的相关知识,包括其概念和语法规则。通过本章的学习可掌握函数及数组的语法规则和字符串的相关操作,在编写程序时能够熟练运用函数解决实际问题。本章学习要求如表 5-1 所示。

表 5-1　本章学习要求

知 识 要 点	能 力 要 求	相 关 知 识
函数	理解函数的概念,掌握函数的语法规则	关键字、实参、形参、调用
数组	理解数组的概念,掌握数组的语法规则	一维数组、二维数组
字符串	掌握字符串的相关操作,了解正则表达式	

PHP 是一个热门的脚本语言,是从 Perl 和 C 语言发展而来的,与 Perl 和 C 语言有很多相似之处,用 PHP 语言可进行关于函数、数组与字符串的定义和相关操作,其基本内容可以包括函数的基本知识、一维数组、多维数组、数组排序、基本的字符串函数和正则表达式等。

5.1　函数

函数就是一段能够完成指定任务的已命名的 PHP 代码,这段代码可以有很少几个语句,也可以有几百行语句,可以遵照给它的一组值和参数来完成指定的任务,并且可能返回一个函数值。使用函数能够节省程序的编译时间,无论调用函数多少次,只需要页面进行一次编译,则可提高程序执行效率。使用函数的好处在于能够分离相关 PHP 代码,按照功能的不同设置不同的程序模块,欲实现某个功能时,只需要调用相应的函数,则可实现代码的重用,提高程序的可读性和可维护性。

利用函数进行模块化程序设计时,首先需要了解一些基本知识,包括函数的一般形式、参数和返回值,函数的调用方式和变量的作用域以及生命周期等。

5.1.1　函数的一般形式

PHP 中的函数包括内置函数和自定义函数两种类型。内置函数是 PHP 中已经定义的完成特定功能的函数,不需要对函数体进行修改就可以直接调用。自定义函数是程序设计者为了实现特殊的目的而编写的代码段,在 PHP 中自定义函数要用到关键字 function,这表示使用者要进行自定义函数的编写。

PHP 中的函数和其他高级语言一样,包括有返回值和无返回值两种类型。函数的命名规则与 C 语言相似,只能由字母、数字和下画线构成,且不能以数字开头,函数名称不区分大小写。

要定义一个函数，可以使用下面的语法结构：

```
function function_name($arg1,$arg2,…)
{
    statement list              //执行的操作
    ⋮
    return $result;             //函数的返回值，也可以没有
}
```

其中，function 是关键字，代表要定义一个自定义函数；function_name 是自定义函数的名称；arg1、arg2 是函数的参数（即传递变量）；statement list 是函数体，完成指定的任务，函数体除了包含 PHP 代码外，还可以包括 HTML 代码；return 语句后面紧跟着函数的返回值，当函数在执行期间遇到 return 语句时，将跳出函数体返回到调用语句，并将变量 result 的值作为函数值返回，一个函数体内可以包含多个 return 语句。

【例 5-1】 定义一个函数，实现两个字符串的连接。

```
<?php
    function strcat($str1,$str2)
    {
        $str3=$str1.$str2;
        echo str3."<p>\n";
    }
?>
```

这个函数的输出结果是 str1 和 str2 两个字符串连接的结果。

在自定义函数时，函数的参数既可以在函数调用时进行赋值，也可以预先赋值，在函数定义的时候将初始值赋给参数。

【例 5-2】 定义一个函数，实现 3 个字符串连接。

```
<?php
    function strcat($str1,$str2,$str3="it's very good")
    {
        $str4=$str1.$str2.$str3;
        echo str4."<p>\n";
    }
?>
```

这个函数的特点在于当函数定义时，参数列中使用了预先赋值的参数。

定义过一个函数后，可以在程序的任何地方对函数进行调用，完成特定的功能。在自定义函数时，一个非常好的习惯是根据函数要完成的功能来给函数命名，良好的命名习惯不仅能增加程序的可读性，还有利于程序的调试和排错。

5.1.2　函数参数与返回值

1. 函数的参数

在函数定义的语法格式中，函数名后"（）"中的变量就是函数的参数（即传递变量）。参

数可以有,也可以没有;可以是一个,也可以是多个。通过参数可以将信息传递到函数体中,参数可以是变量,也可以是常量,当一个函数包括多个参数时,各个参数中间用“,”进行分隔。

函数参数的传递有两种方式:按值(value)传递和按引用(reference)传递。

(1) 按值传递参数。PHP 中大多数情况下是按值传递参数,传递的是变量值,而不是变量在内存中的实际地址。在调用函数时,传递给函数的参数只是变量的一份副本,在函数体内对这份副本的任何操作都不会影响到原来变量的值。函数利用传递过来的值进行计算,再将结果返回,函数外的变量在内存中的地址不变,其变量值也不变。

【例 5-3】 一个函数参数按值传递的简单例子。

```php
<?php
    function square ($r)
    {
        $r=$r * $r;
    }
    $a=2;
    square($a);
    echo $a;
?>
```

在这个例子中,使用按值传递的方式给 square() 函数传递了变量 a 的值作为参数进行计算,函数的输出结果为 2。由于传值只是在函数体内改变参数的复制值,并不会改变原变量的值,所以最后输出变量 a 的值仍为 2 而不是 4。

(2) 按引用传递参数。程序设计中,有时希望函数能够对参数传递过来的变量值进行改动,并且这些改动能够在函数之外体现出来,这时就需要按引用方式来传递参数,这种方式可以对变量作直接的修改。

按引用传递参数时,参数必须是一个变量,并且要在参数列表中的变量名前加“&”表明该变量将按引用传递。按引用传递参数时,传递的是变量在内存中的地址,函数利用这个地址访问其所指的值,并改变这个值,从而使得变量的值发生改变。

【例 5-4】 按引用传递参数的例子。

```php
<?php
    function square(&$r)
    {
        $r=$r+$r;
    }
    $a=2;
    square($a);
    echo $a;
?>
```

本例采用的是按引用传递参数,将 $a 的地址所指向的值 2 传递出去,并且这个值发生了变化,$a 也相应发生变化,$a 所处的内存地址所指向的值已经发生了变化,最后的输出结果是 4,变量 a 的最终值也是 4。

按引用传递参数与按值传递参数一样,在调用参数时没有什么区别,都是在函数体内直接使用。

(3)默认参数值。自定义函数时,还可以给函数的参数赋一个初始值作为默认参数值,在调用函数时,即使没有给函数传递参数,函数也能够按照默认参数值来执行。

要指定一个默认参数,可以在函数声明时赋予该参数一个初始值,并且这个初始值只能是一个常量。

【例 5-5】 默认参数值举例。

```php
<?php
    function stringcon($str1,$str2,$str3="beautiful.")
    {
        echo $str1.$str2.$str3."<br>";
    }
    stringcon("life ","is ");
    echo "<BR>";
    stringcon("life ","is ","very beautiful!");
?>
```

在这个例子中,首先定义了一个字符串连接函数,它一共有 3 个参数,其中前两个是普通参数,第三个参数具有默认参数值。函数的功能是将参数传递过来的字符串连起来,并在屏幕上显示出来。程序对定义的函数按照传值方式进行了两次调用,第一次调用时,给函数传递了两个参数值,第三个参数使用默认值;第二次调用时,给函数传递了 3 个参数值,所以函数直接将传递过来的 3 个字符串连接起来,输出结果。输出结果如下:

```
life is beautiful.
life is very beatiful!
```

使用默认参数还需要注意的默认参数的书写位置,有默认值的函数参数必须放在没有默认值的参数后面,即默认参数必须应放在参数列表的最后,否则 PHP 在执行函数时会出现无法预料的结果。

【例 5-6】 默认参数的书写位置不同造成程序执行结果与预期不符。

```php
<?php
    function stringcon($str2=" can succeed!",$str1)
    {
        echo $str1.$str2."<br>";
    }
    stringcon("Everybody ");

?>
```

这个例子的输出结果是"Everybody",并不是预期的"everybody can succeed!"。为了能够达到程序预期的执行效果,需要对自定义函数的参数位置进行调换,将默认参数放到参数表的最后。

【例 5-7】 将默认参数放到参数表最后。

```php
<?php
    function stringcon($str1,$str2=" can succeed!")
    {
        echo $str1.$str2."<br>";
    }
    stringcon("Everybody ");

?>
```

经过修改后本例的输出结果是"Everybody can succeed!",达到了程序的预期执行效果。

一个自定义函数中可以有任意数目的带有默认参数值的参数,但这些参数必须列在所有没有默认值的参数后面。

2. 函数返回值

在程序设计中,当一个函数被调用后,有时需要其返回一个或多个结果,这就是函数的返回值。在 PHP 中,可以使用关键字 return 来获得函数的返回值,且函数的返回值可以是任何类型的数值,包括数组和对象。

当需要函数返回单个结果时,可以直接使用 return 语句来实现。而当需要函数返回多个结果时,可以通过数组或者广义表等来实现。

【例 5-8】 一个函数返回单个值。

```php
<?php
    function multiply($one,$two,$three)
    {
        $product=$one * $two * $three;
        return $product;
    }
    $pro=multiply(2,3,4);
    echo $pro;
?>
```

这个例子实现的功能是将 3 个数相乘并返回一个相乘的结果,最后的输出结果是 24。

【例 5-9】 一个函数的返回多个值。

```php
<?php
    function addition($one,$two,$three)
    {
        $sum=$one+ $two+ $three;
        return array($one,$two,$three,$sum);
    }
    list($fac1,$fac2,$fac3,$sum)=addition(4,5,6);
?>
```

这个例子实现了一个函数返回多个值的功能,这个函数实现 3 个数相加的功能,共返回了 4 个值,包括传递过来的 3 个参数和最终计算结果。

5.1.3 函数调用

函数调用分为 3 种形式：一般调用、嵌套调用和递归调用。

1. 一般调用

函数的一般调用就是普通的函数调用，即直接用函数名称来调用函数，这也是函数调用最常用的方式。其调用形式如下：

```
$some_value =function_name([parameter,…]);
```

其中，some_value 是函数的返回值；function_name 是函数的名称；parameter 是函数的参数，可以省略，也可以是多个。

如果调用的是不带参数的函数，则 parameter 可以省略，但"（）"不能省略。如果实参列表包含多个参数，则各参数之间用"，"分隔。实参与形参的个数应该相等（默认参数可以省略），且实参与形参的顺序必须对应。

【例 5-10】 比较两个数大小。

```
<?php
    function Max($x,$y)
    {
        if(x>y)
            return x;
        else
            return y;
    }
    echo max(10,3);
?>
```

本例为函数的一般调用，通过使用 max(10,3)的形式来调用自定义 max()函数，最终的输出结果为"10"。

2. 嵌套调用

函数的嵌套调用是指在一个自定义函数中调用其他自定义函数，其调用的语法格式与普通调用语法格式相同。

【例 5-11】 函数的嵌套调用。

```
<?php
    function B ($b)
    {
        $b=$b * $b;
        echo $b."<br>";
    }
    function A ($a)
    {
        $c=$a+$a;
        B($a);
        echo $c."<br>";
```

```
    }
    A(4);
?>
```

本例在定义函数 A()时对函数 B()进行调用,属于一个典型的函数嵌套调用。程序的执行过程如下。

(1) 执行程序 A 的前半部分"＄c＝8"。

(2) 调用程序 B。

(3) 执行程序 B:"＄b＝16"并且输出 ＄b 的值。

(4) 返回到程序 A,继续执行程序 A 的后半部分:输出 ＄c 的值,直到结束。

本例的运行结果是通过屏幕显示 16 和 8。

3. 递归调用

函数的递归调用是指在一个函数内部直接或间接地调用函数本身,其调用的语法格式与普通调用语法格式相同。需要注意的是,递归调用函数内部要有终止条件,否则会无限调用下去。

递归调用的特点是,将大而复杂的问题分解成与原问题相同但规模较小的问题,通过解决这些小规模问题,从而最终解决大而复杂的问题。

【例 5-12】 求一个数的阶乘。

问题分析:要想求出 n 的阶乘,首先需要求出 $n-1$ 的阶乘,即 $n!=n\times(n-1)!$,重复这个求解过程,直到 $n=1$ 为止。要解决这个问题就需要通过函数的递归调用来实现。

```php
<?php
    function mul($a)
    {
        $result;
        if ($a<0)
            echo "can't calculate"."<br>";
        else
            if ($a==0||$a==1)
                $result=1;
            else
                $result=mul($a-1) * $a;        //此处进行函数的递归调用
        return ($result);
    }
    $c=mul(5);                                  //输出 5 的阶乘
    echo $c;
?>
```

在这个例子中,定义函数 mul()时,在函数体内对其自身进行了调用,属于一个典型的函数嵌套调用。程序的运行结果为 120。

汉诺塔问题是一个古典的数学问题,也是一个用递归方法求解的典型例子。

【例 5-13】 汉诺塔问题。从前,一个寺院有 3 根柱子(1 号为原始柱,2 号为交换柱,3 号位目标柱),1 号柱上小下大地放着 64 个金盘(依次由小到大),有一队和尚想将这 64 个金盘从 1 号柱移到 3 号柱上。规则是一次只允许移动一个,且在移动过程中,在 3 根柱子上都始终保持大盘在下,小盘在上。在移动过程中可以利用 2 号柱。全部移动完需要多长时间。要求编程序输出移动步骤。

程序代码如下:

```php
<?php
    function move($d,$e)
    {
        global $step;
        $step=$step+1;
        echo $step.":";
        echo $d."->".$e."<br>";
    }
    function hanoi($n,$a,$b,$c)
        {
            if ($n==1)
            {
                move($a,$c);
            }
            else
            {
                hanoi($n-1,$a,$c,$b);
                move($a,$c);
                hanoi($n-1,$b,$a,$c);
            }
        }
    $num=4;
    $step=0;
    hanoi($num,"one","two","three");
?>
```

在本程序的代码中,函数 hanoi($n,$a,$b,$c)表示将 $n 个盘子从 $a 借助 $b 移到 $c 的过程。函数调用 move($d,$e)表示将一个盘子从 $d 移到 $e 的过程。$d 和 $e 都表示 one、two、three 3 根柱子中的一根,根据每次情况不同取值,最终完成求解任务。

5.1.4　变量的作用范围和生命周期

变量的作用范围和生命周期是变量的两个很重要的性质,决定了程序的哪些部分可以访问变量,以及变量的生存时间。

1. 变量的作用范围

变量的作用范围,即通常所说的变量作用域,指的是变量在哪些范围内能被使用,在哪些范围内不能被使用。在使用 PHP 语言进行程序开发时,可以在任何位置声明变量,但是变量声明位置及声明方式的不同决定了变量作用域的不同。

在 PHP 中,按照变量作用域的不同可以将变量分为局部变量和全局变量两种。

(1) 局部变量。同其他程序语言类似,PHP 中的局部变量是声明在某一个函数体内的变量,该变量的作用范围仅限于其所在的函数体的内部,函数外的代码不能访问这个变量。如果在该函数体的外部引用这个变量,PHP 将会认为程序引用的是另外一个同名变量。

【例 5-14】 局部变量应用举例。

```php
<?php
    function local()
    {
        $a="inside var.";          //在函数内部声明一个变量 a 并赋值
        echo "函数内部变量 a 的值为".$a."<br>";
    }
    local();
    $a="outside var.";             //在函数外部再次声明变量 a 并赋另一个值
    echo "函数外部变量 a 的值为".$a;
?>
```

本例中,由于两个变量 a 声明的位置不同,所以为两个不同的变量。其执行后的输出结果如下:

函数内部变量 a 的值为 inside var.
函数外部变量 a 的值为 outside var.

(2) 全局变量。在函数以外声明的变量为全局变量,它的作用范围最广泛,可以在程序的任何地方被访问。但是在默认情况下,不能在一个函数体内访问全局变量,要想在函数中访问一个全局变量,需要在函数中使用关键字 global(不区分大小写,也可以是 GLOBAL)。

通过使用全局变量,在程序设计时能够实现在函数内部引用函数外部的变量,或者在函数外部引用函数内部的变量。

【例 5-15】 全局变量应用举例。

```php
<?php
    function local()
    {
        $a="inside var.";
        echo "在 local 函数内部获得变量 a 的值为".$a."<br>";
        global $b;                 //将变量 b 声明为全局变量
        $b="global var.";          //在 local 函数内部对变量 b 进行赋值
    }
    local();
    echo "在 local 函数外部获得变量 b 的值为".$b;
?>
```

运行结果如下:

在 local 函数内部获得变量 a 的值为 inside var.
在 local 函数外部获得变量 b 的值为 global var.

将一个变量声明为全局变量,还有另外一种方法,就是利用＄GLOBALS[]数组,此处不再详述。

注意:通过使用全局变量,虽然能够更加方便地操作变量,但是有时变量作用域的扩大会给程序开发带来麻烦,可能会引发一些预料不到的问题。所以应该谨慎使用全局变量。

2. 变量的生命周期

变量的生命周期指的是变量能够被使用的一个时间段,在这个时间段内变量是有效的,一旦超出这个时间段,变量就会失效,不能再访问到该变量的值。

PHP 对变量的生命周期有如下规定。

(1) 局部变量的生命周期为其所在函数被调用的整个过程。当局部变量所在的函数结束时,局部变量的生命周期也随之结束。

(2) 全局变量的生命周期为其所在的 PHP 脚本文件被调用的整个过程。当全局变量所在的脚本文件结束调用时,全局变量的生命周期结束。

程序设计中,有时希望一个变量的值能在其生命周期之外被调用,这时就需要将变量声明为静态变量,将一个变量声明为静态变量的方法是在变量前面加关键字 static。

【例 5-16】 静态变量举例。

```php
<?php
    function stavar()
    {
        static $a=0;            //定义一个静态变量 a 并赋初始值为 0
        echo $a."<br>";         //输出变量 a 的值
        $a=$a+2;                //将变量 a 的值加 2 再次赋给变量 a
    }
    stavar();                   //调用函数 stavar()
    stavar();
    echo $a;                    //变量 a 是局部变量,不能在函数外使用,故不会输出任何值
?>
```

运行结果如下:

```
0
2
```

本例中每次调用函数 stavar()时,变量 a 的值都会增加 2。也就是说,每次调用函数结束以后,变量 a 都仍然存在,再次调用函数 stavar()时,变量 a 将会使用上一次调用该函数结束时得到的值。

从上面的例子也可以看出,虽然静态局部变量在函数调用结束后仍然存在,但是其他函数是不能引用它的。静态局部变量的作用范围与局部变量相同,但是生命周期与全局变量相同。

静态变量具有以下特点。

(1) 只有函数首次被调用时,才会给函数体内静态变量赋初始值。再次调用该函数时,静态变量保存的是上次调用这个函数后得到的值。

(2) 在为静态变量赋初值时,不可以将一个表达式赋给该静态变量。

5.2　数组

在 PHP 中,数组是一种重要的数据类型。一个变量只能存放一个数据,而数组可以存放多个数据,这些数据可以是标量数据、数组、对象、资源以及 PHP 中支持的其他语法结构(如引用)等。

数组中的每一个数据为一个元素,元素包括索引和值两部分,索引只能由数字或字符串组成。如果索引使用整型数字的表达方式,则类似于 C 语言中数组下标的概念,元素的值可以是多种数据类型。

5.2.1　一维数组

在 PHP 中,一维数组又称为简单数组,分为索引数组和关联数组两种类型。

1. 索引数组

索引数组存储的每个元素都带有一个数字 ID 键,且 ID 键是整数,以 0 开始,ID 键可以自动分配,也可以手动分配。

创建索引数组的方法有两种:一是使用函数 array()来创建索引数组,二是通过设置每一个数组元素的值来创建索引数组。

【例 5-17】　利用函数来创建数组,自动分配 ID 键。

```
$names=array("Peter","Quagmire","Joe");
```

【例 5-18】　通过设置每一个数组元素的值来创建数组,手动分配 ID 键。

```
$names[0]="Peter";
$names[1]="Quagmire";
$names[2]="Joe";
```

2. 关联数组

与其他语言相比,PHP 中的数组具有更大的灵活性。在其他语言的数组定义中,数组元素必须具有相同的数据类型,数组下标只能用整数型数值;而在 PHP 中,数组元素可以用任意数值类型,数组名可以使用数字、字母和"_"(但是数字不能作为数组变量名的第一个字符),其下标可以是一个整数,也可以是一个字符串。这就是 PHP 中独特的关联数组。

关联数组以字符串作为它的 ID,每个 ID 键都关联一个具体值。关联数组的下标可以不预先给定,此时 PHP 将自动提供一个数组下标。创建关联数组时,可以采用直接给数组元素赋值的方法来进行。

【例 5-19】　使用一个关联数组把年龄分配给不同的人。

```
<?php
    $ages['Peter']='32';
    $ages['Quagmire']='30';
    $ages['Joe']='34';
    echo "Peter is " . $ages['Peter'] . " years old.";
?>
```

运行结果如下：

```
Peter is 32 years old.
```

3. 数组的初始化

数组元素的初始化有两种方法：一是对数组的每一个元素分别赋值，二是同时对多个数组元素赋值。

（1）对数组的每一个元素分别赋值。

```
$arr_mybook['PHP']='how to make a PHP program';
$arr_mybook['Java']='how to use javascript on web';
$arr_mybook['ASP']='the difference between ASP and PHP';
```

（2）同时对多个数值元素赋值。

```
$arr_mybook=array(
    'PHP'=>'how to make a PHP program',
    'Java'=>'how to use javascript on web',
    'ASP'=>'the difference between ASP and PHP'
);
```

在数组的定义和数组的初始化过程中也可以使用变量。

【例 5-20】 使用变量初始化数组。

```
$str_name='Jiali';
$int_birthday='1988-11-27';
$arr_information_Jiali=array(2,$str_name=>'cen', $int_birthday, 'Junjie');
```

在上例中，数组 $ arr_information_Jiali 的下标分别为 0、Jiali、1 和 2。

5.2.2 数组的排序

在 PHP 中，提供了许多对数组元素进行排序的函数，这些函数提供了多种排序方法，既可以通过数组元素或索引进行排序，又也可以使用不同的方法进行排序，例如"自然排序"法等，甚至还可以使用自定义的方法对数组元素进行排序。

1. 通过数组元素的值对数组排序

在 PHP 中，有两组排序函数可以对数组元素的值进行排序。它们的不同之处是对数组中键名的处理。

（1）忽略键名的数组排序函数。

① sort()：按照由小到大的顺序对数组排序。

② resort()：按照由大到小的顺序对数组逆向排序。

③ usort()：使用用户自定义的比较函数对数组中的值进行排序。

sort()和 rsort()函数具有相同的参数列表，其语法格式如下：

```
void sort(array $array[,int $sort_flags])
void rsort(array $array[,int $sort_flags])
```

其中，第一个参数 $ array 指定需要排序的数组，第二个参数 $ sort_flags 指定排序的方式。

$ sort_flags 有 3 个可选值。

- SORT_NUMERIC 用于数字元素的排序。
- SORT_STRING 用于字符串元素的排序。
- SORT_REGULAR 是默认值,自动识别数组元素的类型进行排序。

【例 5-21】 忽略键名的数组排序。

```php
<?php
    $fruits=array("lemon","orange","banana","apple");
    sort($fruits);
    echo"<p>正序排列: ";
    echo join(",",$fruits);
    /* 输出结果为"正序排列: apple,banana,lemon,orange" */
    rsort($fruits);
    echo"<p>逆序排列: ";
    echo join(",",$fruits);
    /* 输出结果为"逆序排列: orange,lemon,banana,apple" */
?>
```

函数 usort()可以指定调用一个用户自定义函数来进行排序,以进行更复杂的排序操作。其语法格式如下:

```php
void usort(array $array,callback $cmp_function)
```

其中,参数 $ cmp_function 是一个自定义的比较函数,提供两个参数,并返回比较结果。比较结果必须是一个整数,0 表示两个参数相等,正整数表示第一个参数大于第二个参数,负数表示第一个参数小于第二个参数。

【例 5-22】 用户自定义排序举例。

```php
<?php $files=array("pic1.gif","pic10.gif","pic2.gif","pic12.gif","pic.gif");
    function cmp_file($a,$b){
        return atrnatcmp($a,$b);           //自然排序法比较字符串
    }
    usort($files,"cmp_file");              //自定义方法排序
    echo"<p>自定义排序: ";
    echo join(",",$files);
    //输出结果为"自定义排序: pic.gif,pic1.gif,pic2.gif,pic10.gif,pic12.gif"
?>
```

(2) 保留键名的数组排序函数。

① asort():按照由小到大的顺序对数组排序。

② arsort():按照由大到小的顺序对数组逆向排序。

③ uasort():使用用户自定义的比较函数对数组中的值进行排序。

这组函数的语法格式、功能与第一组函数的功能相同,区别在于对键名的处理方式不同。经第一组函数排序后的数组,其原始键名将被忽略,而依次使用数字进行重新索引。而经这组函数排序后的数组将保留原有键名与值的对应关系。

【例 5-23】 保留键名的数组排序举例。

```php
<?php
    $fruits=array("d"=>"lemon","a"=>"orange","b"=>"banana","c"=>"apple");
    asort($fruits);              //正序排列,保留键名
    print_r($fruits);
    rsort($fruits);              //逆序排列,保留键名
    print_r($fruits);
?>
```

运行结果如下：

```
array(
    [c]=>apple
    [b]=>banana
    [d]=>lemon
    [a]=>orange
)
array(
    [0]=>orange
    [1]=>lemon
    [2]=>banana
    [4]=>apple
)
```

2. 通过键名对数组排序

除了可以按照数组元素的值进行排序外,还可以通过键名对数组排序。在 PHP 中,提供了以下函数对数组的键名进行排序。

(1) ksort()：对数组按照键名排序。

(2) krsort()：对数组按照键名逆向排序。

(3) uksort()：使用用户自定义的比较函数对数组中的键名进行排序。

这些函数对数组的键名进行排序,语法格式与 sort()、rsort()、usort()相同。

【例 5-24】 通过键名对数组排序举例。

```php
<?php
    $a=$b=$c=array(4=>"four",3=>"three",20=>"twenty",10=>"ten");
    ksort($a);                   //正序排列
    krsort($b);                  //逆序排列
    function cmp_key($k1,$k2)
    {
        return strcmp($k1,$k2);
    }
    uksort($c,"cmp_key");        //自定义排序
    var_dump($a,$b,$c);          //数组数组
?>
```

3. 自然排序

自然顺序排序是按照字符串和数字的大小来对数组元素进行排序，在对包含文件名的数组进行排序时，"自然排序"法是非常有用的。使用函数 natsort()可以进行自然顺序排序，与 usort()函数一样，该函数的排序结果是忽略键名的。函数 natcasesort()是一个忽略字符串大小写进行排序的函数。如果想使用键名与值对应的"自然排序"，可以使用 uasort()与 strnatcmp()函数的替代方式。

【例 5-25】 对文件名进行自然排序。

```php
<?php
    $files=array("pic1.GIF","Pic10.gif","pIC2.gif","pic12.gif","pic.gif");
    natsort($files);                   //普通的"自然排序"
    print_r($files);
    echo "<br>";
    natcasesort($files);               //忽略大小写的"自然排序"
    print_r($files);
    echo "<br>";
    uasort($files,"strcasecmp");       //另一种方式的"自然排序"的实现,也忽略大小写
    print_r($files);
?>
```

对上述数组的排序，只有使用忽略大小写的"自然排序"算法才是合适的。程序的运行结果如下：

```
Array([1]=>Pic10.gif [2]=>pIC2.gif [4]=>pic.gif [0]=>pic1.GIF [3]=>pic12.gif)
Array([4]=>pic.gif [0]=>pic1.GIF [2]=>pIC2.gif [1]=>Pic10.gif [3]=>pic12.gif)
Array([4]=>pic.gif [0]=>pic1.GIF [1]=>Pic10.gif [3]=>pic12.gif [2]=>pIC2.gif)
```

5.3 字符串

在实际编程过程中，遇到最多的数据是字符或者字符串类型，如人名、密码、邮箱地址等，字符串占据很重要的地位。因此在 PHP 中提供了大量的函数来处理字符串。

5.3.1 基本的字符串函数

基本的字符串函数包括字符串输出函数和字符串处理函数。在 PHP 中有多种方法可以输出字符串和变量，在使用中根据实际情况可以灵活选用适当的方法来实现字符串的输出。

1. echo()

echo()函数可以将一个字符串或者变量输出到 PHP 生成的 HTML 页面中，其语法格式如下：

```
void echo(string arg1 [ , string argn … ])
```

在使用过程中，echo()函数的"()"可以省略，因此下面两个语句是等价的：

```
echo "What color is it";
```

```
echo("What color is it");
```

其中的参数可以是字符串也可以是变量。使用多个参数时,各个参数之间用",",分开;输出参数为变量时,变量名称前要加"$";输出参数为字符串时,字符串需要加上" ";当字符串中包含变量名时,若使用" ",会将变量的数值输出,用' '时输出变量名本身。

【例 5-26】 使用 echo()函数输出时,字符串中包含变量时的不同输出效果。

```
<?php
    $color="red";
    echo "Roses are $color";              //使用双引号,将变量的数值输出
    echo "<br />";
    echo 'Roses are $color';              //使用单引号,将变量名输出
?>
```

由于字符串中包含变量名称,且使用了" "和" ",实际输出效果如下:

```
Roses are red
Roses are $color
```

2. print()

print()函数的作用与 echo()函数相同,都用于输出一个或多个字符串,其一般形式如下:

```
int print (string arg)
```

print()函数的用法与 echo()函数相同,"()"也可以省略,此处不再详细叙述。

【例 5-27】 使用 print()函数输出时,字符串中包含变量时的不同输出效果。

```
<?php
    $color="red";
    print "Roses are $color";
    print "<br />";
    print 'Roses are $color';
?>
```

由于字符串中包含变量名称,且使用了" "和" ",实际输出效果如下:

```
Roses are red
Roses are $color
```

3. printf()

printf()函数用于输出格式化的字符串,其语法格式如下:

```
void printf(format,arg1,arg2,arg++)
```

其中参数说明如下。
- format:必需,规定字符串以及如何格式化其中的变量。
- arg1:必需,规定插到格式化字符串中第一个"%"处的参数。
- arg2:可选,规定插到格式化字符串中第二个"%"处的参数。

- arg＋＋：可选,规定插到格式化字符串中第 3、4 个"％"处的参数。

arg1、arg2、arg＋＋ 等参数将插入主字符串中的"％"处。该函数是逐步执行的。在第一个"％"处插入 arg1,在第二个"％"处插入 arg2,以此类推。

【例 5-28】 使用 printf()函数格式化输出字符串。

```
<?php
    $str="Hello";
    $number=123;
    printf("% s world. Day number % u",$str,$number);
?>
```

本例的输出结果如下:

```
Hello world. Day number 123
```

使用 printf()函数时,需要注意每个格式字符串以"％"开头,后面按顺序跟着下列一个或几个说明符号。

(1) 可选的填充说明符,表示填充在字符串前的字符(空格或 0,默认是空格),要填充其他字符可以用"' '"括起来。

(2) 可选的对齐说明符,默认是右端对齐,用于指定右端对齐。

(3) 可选的字符串长度说明符,指定结果最少包含多少个字符。

(4) 可选的精度说明符,指定浮点数的小数位数。

(5) 必需的类型说明符,说明把给定参数按什么数据处理。可用的类型如下。

- b：把参数 args 作为整数,按二进制形式输出参数 args。
- c：把参数 args 作为整数,按 ASCII 码形式输出参数 args。
- d：把参数 args 作为整数,按有符号十进制形式输出参数 args。
- u：把参数 args 作为整数,按无符号进制形式输出参数 args。
- f：把参数 args 作为浮点数,按浮点数形式输出参数,还可以指定小数点位数。
- o：把参数 args 作为整数,按八进制形式输出参数。
- s：把参数 args 作为字符串,按字符串形式输出参数 args。
- x：把参数 args 作为整数,按小写十六进制形式输出参数 args。
- X：把参数 args 作为整数,按大写十六进制形式输出参数 args。

4. sprintf()

sprintf()函数的主要功能是把格式化的字符串写入一个变量中,其语法格式如下:

```
string sprintf(format,arg1,arg2,arg++)
```

该函数的用法与 printf()函数类似,不再赘述。

【例 5-29】 使用 sprintf()函数格式化字符串,并输出。

```
<?php
    $str="Hello";
    $number=123;
    $txt=sprintf("% s world. Day number % u",$str,$number);
    echo $txt;
```

```
?>
```

本例的输出结果如下：

```
Hello world. Day number 123
```

5. vprintf（）

vprintf（）函数的作用是把数组元素按格式化字符输出。与 printf（）函数不同的是，vprintf（）函数中的 arg 参数位于数组中，数组的元素会被插入主字符串的"％"处。该函数是逐步执行的。在第一个"％"处插入 arg1，在第二个"％"处插入 arg2，以此类推。其语法格式如下：

```
String vprintf (string format, array args)
```

该函数的使用方法与 printf（）函数类似，不再赘述。

6. vsprintf（）

vsprintf（）函数的功能是函数把数组元素格式化后写入变量中。其语法格式如下：

```
void vsprintf(string format, array args)
```

该函数的使用方法与 sprintf（）函数类似，不再赘述。

7. print_r（）

print_r（）函数能够智能地显示传递给它的参数，而不像 echo（）和 print（）函数那样将所有的东西都转换成字符串后简单输出。其语法格式如下：

```
bool print _ r (mixed expression [ , bool return ])
```

如果传递过来的参数 expression 是字符串、整数、浮点数，就原值输出；如果给的参数 expression 是数组，就把数组下标和数值显示输出，并把数组指针移动到数组末尾。

【例 5-30】 使用 print_r（）函数格式化字符串，并输出。

```
<?php
    $c=array('name'=>'Fred','age'=>32,'wife'=>'Wilma');
    print_r($c);
?>
```

本例的输出结果如下：

```
array ([name]=>Fred [age]=>32 [wife]=>Wilma)
```

8. 常用的字符串应用处理函数

PHP 中要熟练掌握字符串的应用，除了要灵活掌握字符串的输出函数之外，还要掌握字符串的应用处理函数，字符串处理函数允许使用者对字符串进行操作，是 PHP 核心的组成部分，无须安装即可使用这些函数。

常用的字符串处理函数包括整理字符串函数、字符串比较函数、字符串查找和处理函数、编码和转义函数等。常用的字符串处理函数如下。

- addcslashes（）：在指定的字符前添加"\"。
- ltrim（）：从字符串左侧删除空格或其他预定义字符。

- str_ireplace()：替换字符串中的一些字符（不区分大小写）。
- str_replace()：替换字符串中的一些字符（区分大小写）。
- strcasecmp()：比较两个字符串（不区分大小写）。
- strcspn()：返回在找到任何指定的字符之前，在字符串查找的字符数。
- stripos()：返回字符串在另一字符串中第一次出现的位置（不区分大小写）。
- stristr()：查找字符串在另一字符串中第一次出现的位置（不区分大小写）。
- strlen()：返回字符串的长度。
- strpbrk()：在字符串中搜索指定字符中的任意一个。
- strpos()：返回字符串在另一字符串中首次出现的位置（区分大小写）。
- strrchr()：查找字符串在另一个字符串中最后一次出现的位置。
- strripos()：查找字符串在另一字符串中最后出现的位置（不区分大小写）。
- strrpos()：查找字符串在另一字符串中最后出现的位置（区分大小写）。
- strstr()：搜索字符串在另一字符串中的首次出现（区分大小写）。
- substr_compare()：从指定的开始长度比较两个字符串。
- substr_count()：计算子串在字符串中出现的次数。
- substr_replace()：把字符串的一部分替换为另一个字符串。
- trim()：从字符串的两端删除空白字符和其他预定义字符。

函数的具体使用方法和语法格式，此处不再详细说明，请查阅相关资料。

5.3.2　正则表达式

1. 正则表达式概述

在编写处理含字符串的程序或网页时，经常会需要查找符合某些复杂规则的字符串，而正则表达式就是用于描述这些规则的语法。

正则表达式是一个描述模式的字符串，是一个可以用于模式匹配和替换的强有力的工具。正则表达式函数用于比较指定的模式和字符串，检查该字符串是否和该模式匹配，然后按照规则进行处理。

2. 基本语法

一个正则表达式分为3部分：分隔符、表达式和修饰符。

（1）分隔符是除了特殊字符以外的任何字符（例如"/!"等），常用的分隔符是"/"。

（2）表达式由一些特殊字符和非特殊的字符串组成。

（3）修饰符用来开启或者关闭某种功能/模式。

一个完整的正则表达式的格式如下：

```
/hello.+?hello/is
```

其中，"/"是分隔符，两个"/"之间的是表达式，第二个"/"后面的字符串"is"是修饰符。

3. 正则表达式中的特殊字符

正则表达式中的特殊字符分为元字符、定位符、否定符、转义字符等。

（1）元字符。元字符是正则表达式中一类有特殊意义的字符，用来描述其前导字符（即元字符前面的字符）在被匹配的对象中出现的方式。元字符本身是一个个单一的字符，但是不同或者相同的元字符组合起来可以构成大的元字符。

元字符的使用方式如表 5-2 所示。

表 5-2　元字符的使用方式

元　字　符	作　　用
\s	用于匹配单个空格符,包括 Tab 键和换行符
\S	用于匹配除单个空格符之外的所有字符
\d	用于匹配 0～9 的数字
\w	用于匹配字母,数字或"_"
\W	用于匹配所有与"\w"不匹配的字符
+	用于匹配前一个内容的 1 次或多次
?	用于匹配前一个内容的 0 次或 1 次
.	用于匹配除换行符之外的所有字符
*	用于匹配前一个内容的 0 次、1 次或多次
$\{m\}$	用于匹配前一个内容的重复次数为 m 次
$\{m,\}$	用于匹配前一个内容的重复次数大于等于 m 次
$\{m,n\}$	用于匹配前一个内容的重复次数 m 次到 n 次
( )	用于合并整体匹配,并放入内存,可使用\1 \2…依次获取

【例 5-31】　指出下面两个正则表达式的作用。

① /\s+/。

② /\d000/。

答:

① /\s+/:可以用于匹配目标对象中的一个或多个空格字符。

② /\d000/:如果有一份复杂的财务报表,那么可以通过正则表达式"/\d000/"轻而易举地查找到所有总额达千元的款项。

(2) 定位符。除了元字符之外,正则表达式中还具有另外一种较为独特的专用字符,即定位符。定位符用于规定匹配模式在目标对象中的出现位置。较为常用的定位符包括"^""$""\b""\B",含义如下。

- "^":规定匹配模式必须出现在目标字符串的开头。
- "$":规定匹配模式必须出现在目标对象的结尾。
- "\b":规定匹配模式必须出现在目标字符串的开头或结尾的两个边界之一。
- "\B":规定匹配对象必须位于目标字符串的开头和结尾两个边界之内。

同样,也可以把"^""$""\b""\B"看作互为逆运算的两组定位符。

【例 5-32】　指出下列正则表达式的作用。

① /^hell/。

② /ar$/。

③ /\bbom/。

④ /man\b/。

答：

① /^hell/：因为上述正则表达式中包含"^"，所以可以与目标对象中以"hell"、"hello"或"hellhound"开头的字符串相匹配。

② /ar$/：因为上述正则表达式中包含"$"，所以可以与目标对象中以"car"、"bar"或"ar"结尾的字符串相匹配。

③ /\bbom/：因为上述正则表达式模式以"\b"开头，所以可以与目标对象中以"bomb"或"bom"开头的字符串相匹配。

④ /man\b/：因为上述正则表达式模式以"\b"结尾，所以可以与目标对象中以"human"、"woman"或"man"结尾的字符串相匹配。

（3）否定符。正则表达式中还有一个较为常用的运算符，即否定符"[^]"。与前文所介绍的"^"不同，"[^]"规定目标对象中不能存在模式中所规定的字符串。例如，"/[^A−C]/"将会与目标对象中除 A、B 和 C 之外的任何字符相匹配。

一般来说，当"^"出现在"[]"内时就被视为否定运算符；而当"^"位于"[]"之外或没有"[]"时，则应当被视为定位符。

（4）转义字符。当用户需要在正则表达式的模式中加入元字符，并查找其匹配对象时，可以使用转义符"\"。例如，"/Th*/"表示将会与目标对象中的"Th*"而非"The"等相匹配。

4. 正则表达式的应用

正则表达式主要用于字符串的分割、匹配、查找、替换。

（1）正则表达式搜索。

① preg_match()函数。执行正则表达式搜索，其语法格式如下：

```
int preg_match (string pattern, string subject [, array matches [, int flags]])
```

② preg_match_all()函数。用于执行全局正则表达式搜索，其语法格式如下：

```
int preg_match_all (string pattern, string subject, array matches [, int flags])
```

③ ereg()函数。用于执行正则表达式搜索，其语法格式如下：

```
bool ereg (string pattern, string string [, array regs])
```

④ eregi()函数。以不区分大小写方式执行正则表达式搜索，其语法格式如下：

```
bool eregi (string pattern, string string [, array regs])
```

（2）正则表达式替换。

① preg_replace()函数。用于执行正则表达式的搜索和替换，其语法格式如下：

```
mixed preg_replace (mixed pattern, mixed replacement, mixed subject [, int limit])
```

② ereg_replace()函数。用于替换正则表达式，其语法格式如下：

```
string ereg_replace (string pattern, string replacement, string str)
```

（3）用正则表达式分割字符串。

① preg_split()函数。该函数用正则表达式分割字符串，其语法格式如下：

```
array preg_split (string pattern, string subject [, int limit [, int flags]])
```

② split()函数。用正则表达式把字符串分割到数组中,其语法格式如下:

```
array split (string pattern, string str [, int limit])
```

5.4 本章小结

本章主要讲述了简单数组、多维数组、数组的排序以及对字符串的操作。在 PHP 中,数组的应用非常灵活,也非常方便,这主要体现在关联数组上,所以在编写 PHP 程序时,恰当运用关联数组可以带来很大的方便。另外一个重要的知识点就是字符串的操作,这是任何一种计算机语言的重点。在 PHP 中,字符串操作函数有很多,读者不需要将所有这些函数熟记,只需把常用的一些函数记住即可,使用其他函数时可以查阅书籍。在 PHP 中,因为有了正则表达式,字符串的操作才更加方便。所以正则表达式的掌握和合理运用是非常重要的。在使用中,要注意正则表达式的语法形式、元字符、定位符、否定符以及转义字符的正确使用。

实训 5

【实训目的】
掌握 PHP 语言中函数、数组及字符串的使用方法。

【实训环境】
(1) 硬件:普通计算机。
(2) 软件:Windows 系统平台、PHP 5.2.13、Apache 2.2.4。

【实训内容】

1. 函数的应用

求年龄问题。有 5 个人坐在一起,问第 5 个人多少岁,他说比第 4 个人大 2 岁;问第 4 个人多少岁,他说比第 3 个人大 2 岁;问第 3 个人多少岁,他说比第 2 个人大 2 岁;问第 2 个人多少岁,他说比第 1 个人大 2 岁;最后问第 1 个人多少岁,他说是 10 岁,问第 5 个人多少岁?

(1) 问题分析,这是一个递归问题,可以用递归的方法来求解。当然这也是一个递推问题,也可用循环的方法来实现。假设有 n 个人,定义一个 age()函数来求解年龄。

(2) 转化:$n>1$,age(n)=age($n-1$)+2。

(3) 终止:$n=1$,age(1)=10。

(4) 打开记事本,编写程序。

```php
<?php
    function age($n)
    {   $a;
        if($n==1)
            $a=10;
```

```
            else
                $a=age($n-1)+2;
            return ($a);
        }
        echo "第 5 个人的年龄是".age(5)."<br>";
    ?>
```

（5）将文件另存为 fun.php，在浏览器中输入 http://127.0.0.1/fun.php，执行程序，输出结果。

2. 数组的应用

用数组求 Fibonacci 数列前 20 项。

（1）问题分析，利用数组来存放斐波那契数列的前 20 项，通过循环控制对数组元素进行赋值。

（2）打开记事本，编写程序。

```
<?php
    $f=array(1,1);
        $i;
        for ($i=2;$i<20;$i++)
        $f[$i]=$f[$i-1]+$f[$i-2];
        echo "Fibonacci 数列前 20 项如下：<br>";
        for ($i=0;$i<20;$i++)
        echo $f[$i]."<br>";
    ?>
```

（3）将文件另存为 array.php，在浏览器中输入 http://127.0.0.1/array.php，执行程序，输出结果。

3. 字符串的应用

用数组求 Fibonacci 数列前 20 项，要求每行输出 5 个数。

（1）问题分析，利用数组来存放斐波那契数列的前 20 项，通过循环控制对数组元素进行赋值，通过循环控制输出，实现每行输出 5 个数。

（2）打开记事本，编写程序。

```
<?php
    $f=array(1,1);
    $i;
    $j=0;
    for ($i=2;$i<20;$i++)
        $f[$i]=$f[$i-1]+$f[$i-2];
    echo "Fibonacci 数列前 20 项如下：<br>";
    for ($i=0;$i<20;$i++)
    {   printf("% 8d",$f[$i]);
        $j=$j+1;
        if ($j% 5==0) print "<br/>";
```

```
        }
    ?>
```

（3）将文件另存为 array_str.php，在浏览器中输入 http://127.0.0.1/array_str.php，执行程序，输出结果。

4. 正则表达式的应用

用正则表达式匹配字符串。

（1）以下哪个 PCRE 正则表达式能匹配字符串 php|architect？

A. .*

B. ....|.........

C. d{3}|d{8}

D. [az]{3}|[az]{9}

E. [a−z][a−z][a−z]|w{9}

（2）打开记事本，编写程序。

（3）程序说明：选项中没有一个正则表达式能真正代表题目所给字符串的匹配方式，但是选项 A 和 E 仍然能勉强匹配。选项 A 太普通了，它能够匹配任何字符串，因此答案是 E。

习题 5

1. 数组排序问题共有几种方法？各举一个例子运用这几个排序法。

2. 正则表达式的作用是什么？举几个运用正则表达式的例子。

3. 编写一个函数，求 $\sum_{n=1}^{20} n!$（即求 $1!+2!+3!+\cdots+20!$）。

4. 输入一行字符，分别统计其中英文字母、空格、数字和其他字符的个数。

5. 猴子吃香蕉问题。猴子第 1 天摘下若干香蕉，当即吃了一半，还不过瘾，又多吃了一个。第 2 天早上将剩下的香蕉吃掉一半，又多吃了一个。以后每天早上都吃了前一天剩下的一半多一个。到第 10 天早上想再吃的时候，就只剩下一个了。编写一段程序，求第一天共摘多少个桃子。

6. 求一个 4×4 的整型矩阵对角线元素之和。

第 6 章　PHP 面向对象的程序设计

学习目标：

面向对象编程（object oriented programming，OOP）是一种计算机编程架构，OOP 的一条基本原则是计算机程序是由单个能够起到子程序作用的单元或对象组合而成，OOP 达到了软件工程的 3 个目标：重用性、灵活性和扩展性。为了实现整体运算，每个对象都能够接收信息、处理数据和向其他对象发送信息。面向对象一直是软件开发领域内比较热门的话题。面向对象符合人类看待事物的一般规律，采用面向对象方法可以使系统各部分各司其职、各尽所能，为编程人员敞开了一扇大门，使其编程的代码更简洁、更易于维护，并且具有更强的可重用性。PHP 是一个混合型语言，可以使用 OOP，也可以使用传统的过程化编程，对于大型项目，可能需要在 PHP 中使用 OOP 去声明类，而且在项目里只用对象和类，所以学习使用 PHP 编程之前，认真学习面向对象编程的思想是十分必要的。本章学习要求如表 6-1 所示。

表 6-1　本章学习要求

知 识 要 点	能 力 要 求	相 关 知 识
面向对象的介绍	掌握面向对象的基本概念，熟悉面向对象的思想	类，成员方法
如何抽象一个类	掌握实例化类的方法和种类	创建类，构造方法
封装性	掌握面向对象封装性的概念和思想	封装的用途
继承性	掌握面向对象继承性的概念和思想	extend
多态性的作用	掌握面向对象多态性的概念和思想	代码重用
抽象类与接口	掌握抽象类和接口的创建方法	interface

6.1　面向对象

面向对象的编程技术为编程人员敞开了一扇大门，面向对象的开发方法视同在系统中引入对象的分类、关系和属性，使代码更简洁、更易于维护，并且具有更强的可重用性。

6.1.1　面向对象与面向过程的比较

面向对象出现以前，结构化程序设计是程序设计的主流，结构化程序设计又称为面向过程的程序设计。在面向过程程序设计中，问题被看作一系列需要完成的任务，函数（在此泛指例程、函数、过程）用于完成这些任务，解决问题的焦点集中于函数。其中，函数是面向过程的，即它关注如何根据规定的条件完成指定的任务。

在多函数程序中，许多重要的数据被放置在全局数据区，这样它们可以被所有的函数访问。每个函数都可以具有各自的局部数据。

这种结构很容易造成全局数据在无意中被其他函数改动，因而程序的正确性不易保证。

面向对象程序设计的出发点之一就是弥补面向过程程序设计中的一些缺点。对象是程序的基本元素,它将数据和操作紧密地连接在一起,并保护数据不会被外界的函数意外地改变。

比较面向对象程序设计和面向过程程序设计,还可以得到面向对象程序设计的其他优点。

(1) 数据抽象的概念可以在保持外部接口不变的情况下改变内部实现,从而减少甚至避免对外界的干扰。

(2) 通过继承大幅减少冗余的代码,可以方便地扩展现有代码,提高编码效率,减小出错概率,降低软件维护的难度。

(3) 结合面向对象分析、面向对象设计,允许将问题域中的对象直接映射到程序中,减少软件开发过程中间环节的转换过程。

(4) 通过对对象的辨别、划分可以将软件系统分割为若干相对为独立的部分,在一定程度上更便于控制软件复杂度。

(5) 以对象为中心的设计可以帮助开发人员从静态(属性)和动态(方法)两方面把握问题,从而更好地实现系统。

(6) 通过对象的聚合、联合可以在保证封装与抽象的原则下实现对象在内在结构以及外在功能上的扩充,从而实现对象由低到高的升级。

6.1.2 面向对象的特性

对象是系统中用来描述客观事物的一个实体,它是构成系统的一个基本单位,数据与代码都被捆绑在一个实体中。一个对象由一组属性和对这组属性进行操作的一组行为组成。通俗来说,某个类的某个特定的物体就是一个对象,桌子是一个类,但是用户家的某个特定的桌子就是一个对象了。类与对象的关系就如模具和铸件的关系,类的实例化结果就是对象,而对对象的抽象就是类。类描述了一组有相同特性(属性)和相同行为(方法)的对象。如今 PHP 已经完全支持面向对象,有人说 PHP 不是一个真正的面向对象的语言,这是事实。PHP 是一个混合型语言,用户可以使用 OOP,也可以使用传统的过程化编程。然而,对于大型项目,用户可能需要在 PHP 中使用纯的 OOP 去声明类,而且在这样的项目里只用对象和类。面向对象的 3 个主要特性如下。

1. 封装性

封装是一种信息隐蔽技术,它体现于类的说明,是对象的重要特性。封装使数据和加工该数据的方法(函数)封装为一个整体,以实现独立性很强的模块,使得用户只能见到对象的外特性(对象能接受哪些消息,具有哪些处理能力),而对象的内特性(保存内部状态的私有数据和实现加工能力的算法)对用户是隐蔽的。封装的目的在于把对象的设计者和对象者的使用分开,使用者不必知晓行为实现的细节,只须用设计者提供的消息来访问该对象。

2. 继承性

继承性是子类自动共享父类之间数据和方法的机制。它由类的派生功能体现。一个类直接继承其他类的全部描述,同时可修改和扩充。继承具有传递性。继承分为单继承(一个子类只有一父类)和多重继承(一个类有多个父类)。类的对象是各自封闭的,如果没继承性机制,则类对象中数据、方法就会出现大量重复。继承不仅支持系统的可重用性,而且还促进系统的可扩充性。

3. 多态性

对象根据所接收的消息而做出动作。同一消息为不同的对象接收时可产生完全不同的行动，这种现象称为多态性。利用多态性用户可发送一个通用的信息，而将所有的实现细节都留给接收消息的对象自行决定，这样一来，同一消息就可以调用不同的方法。例如，Print消息被发送给一图或表时调用的打印方法与将同样的 Print 消息发送给一正文文件而调用的打印方法会完全不同。多态性的实现受到继承性的支持，利用类继承的层次关系，把具有通用功能的协议存放在类层次中尽可能高的地方，而将实现这一功能的不同方法置于较低层次，这样一来，在这些低层次上生成的对象就能给通用消息以不同的响应。在 OOP 中可通过在派生类中重定义基类函数（定义为重载函数或虚函数）来实现多态性。

综上所述，在面向对象方法中，对象和传递消息分别表现事物及事物间相互联系的概念。类和继承是适应人们一般思维方式的描述范式。方法是允许作用于该类对象上的各种操作。这种对象、类、消息和方法的程序设计范式的基本点在于对象的封装性和类的继承性。通过封装能将对象的定义和对象的实现分开，通过继承能体现类与类之间的关系，以及由此带来的动态联编和实体的多态性，从而构成了面向对象的基本特征。

面向对象设计是一种把面向对象的思想应用于软件开发过程中，指导开发活动的系统方法，是建立在"对象"概念基础上的方法。对象是由数据和允许的操作组成的封装体，与客观实体有直接对应关系，一个对象类定义了具有相似性质的一组对象。继承性是对具有层次关系的类的属性和操作进行共享的一种方式。面向对象就是基于对象概念，以对象为中心，以类和继承为构造机制，来认识、理解、刻画客观世界和设计、构建相应的软件系统。面向对象的编程范式如下。

（1）决定用户要的类。

（2）给每个类提供完整的一组操作。

（3）明确地使用继承来表现共同点。

由这个定义可以看出，面向对象设计就是"根据需求决定所需的类、类的操作以及类之间关联的过程"。

6.2 类、属性、方法与对象

（1）类的概念。类是具有相同属性和服务的一组对象的集合。它为属于该类的所有对象提供了统一的抽象描述，其内部包括属性和服务两个主要部分。在面向对象的编程语言中，类是一个独立的程序单位，它应该有一个类名并包括属性说明和服务说明两个主要部分。

（2）对象的概念。对象是系统中用来描述客观事物的一个实体，它是构成系统的一个基本单位。一个对象由一组属性和对这组属性进行操作的一组服务组成。从更抽象的角度来说，对象是问题域或实现域中某些事物的一个抽象，它反映该事物在系统中需要保存的信息和发挥的作用；它是一组属性和有权对这些属性进行操作的一组服务的封装体。客观世界是由对象和对象之间的联系组成的。

（3）类与对象的关系。类与对象的关系就如模具和铸件的关系，类的实例化结果就是对象，而对一类对象的抽象就是类。类描述了一组有相同特性（属性）和相同行为（方法）的对象。

6.2.1　类的声明

类就是一个对象的模板,它描述这个类型的对象所应该拥有的属性和方法,这些类的对象都会具有这个类所定义的属性和方法。同一个类的对象具有相同的属性,表明它们属性的含义相同,但它们的状态是不一样的,也就是属性值不一定相同。

在 PHP 中声明一个类很简单,用户使用 class 关键字,提供一个类的名字,然后列出这个类的实例(对象)所应该具备的属性和方法。

声明的格式如下:

```
class classname{
    //属性
    //类的方法(成员函数)
}
生成对象(类的实例化)：$对象名=new classname();
```

面向对象程序的单位是对象,即对象是类的实例化,所以首先要做的就是如何声明类。做出来一个类很容易,只要掌握基本的程序语法定义规则就可以,那么难点在哪里呢? 一个项目要用到多少个类,用多少个对象,在何处需要定义类,定义一个什么样的类,这个类能实例化出多少个对象,类里面有多少个属性,有多少个方法……需要通过在实际开发中就实际问题进行分析设计和总结。例如,一个人就是一个对象,那么怎么把一个人推荐给用人单位呢? 当然是越详细越好。首先,会介绍这个人姓名、性别、年龄、身高、体重、电话、家庭住址等,然后要介绍这个人能做什么,是否会开车,会不会说英语,能否熟练使用计算机,等等。

从上面人的描述可以看到,做出一个类,从定义的角度分两部分,第一是从静态上描述,第二是从动态上描述,静态上的描述就是人们所说的属性,像前面看到的,人的姓名、性别、年龄、身高、体重、电话、家庭住址等。从动态上描述,也就是"人"这个对象的功能,例如这个人会不会开车,会不会说英语,能否熟练使用计算机等,抽象成程序时,把动态的写成函数或者说是方法,函数和方法是一样的。所以,所有类都是从属性和方法这两方面去写,属性又称为这个类的成员属性,方法称为这个类的成员方法。具体实例格式如下:

```
class 人{
    成员属性：姓名、性别、年龄、身高、体重、电话、家庭住址
    成员方法：可以开车，会说英语，可以使用电脑
}
```

注意：

(1) 属性：通过在类定义中使用关键字 var 来声明变量(如 var ＄somevar),即创建了类的属性,虽然在声明成员属性的时候可以给定初值,但是在声明类的时候给成员属性初始值是没有必要的。例如,要是把人的姓名赋"李四",那么用这个类实例出几十个人,这几十个人都叫李四了,所以在实例出对象后赋给成员属性初始值就可以了。

(2) 方法(成员函数)：通过在类定义中声明函数,即创建了类的方法。

例如：

```php
function somefun(参数列表)
{ … }
```

【例 6-1】 定义一个"人"类。

```php
<?php
class Person
{
    //下面是"人"类的成员属性
    var $name;              //人的名字
    var $sex;              //人的性别
    var $age;              //人的年龄

    //下面是"人"类的成员方法
    function say()        //这个人可以说话的方法
    {
        echo "这个人在说话";
    }

    function run()        //这个人可以走路的方法
    {
        echo "这个人在走路";
    }
}
?>
```

例 6-1 就是一个类的声明，是从属性和方法上声明出来的一个类，但是成员属性最好在声明时不要给初始的值，因为所做的"人"类是一个描述信息，将来用它实例化对象，例如实例化出来 20 个人对象，那么这 20 个人，每一个人的名字、性别、年龄都是不一样的，所以最好不要在这个地方给成员属性赋初值，而是对每个对象分别赋值的。

为了加强对类的理解，下面再声明一个"矩形"类，从两方面分析，"矩形"类的属性都有什么？"矩形"类的功能都有什么？

```php
class 矩形
{
    //矩形的属性
    矩形的长；
    矩形的宽；

    //矩形的方法
    矩形的周长；
    矩形的面积；
}
```

【例 6-2】 定义一个"矩形"类。

```php
<?php
    class Rect
    {
        var $kuan;
        var $gao;

        function zhouChang()
        {
            计算矩形的周长;
        }

        function mianJi()
        {
            计算矩形的面积;
        }
    }

?>
```

如果用这个类来创建出多个矩形对象，每个矩形对象都有自己的长和宽，都可以求出自己的周长和面积。

6.2.2 成员属性与方法

1. 属性

属性用来描述对象的数据元素称为对象的属性（也称为数据/状态）。在 PHP 中，属性指在 class 中声明的变量。在声明变量时，必须使用 public、private 或 protected 进行修饰，定义变量的访问权限。通过在类定义中使用关键字 public 来声明变量，即创建了类的属性。例如：

```php
public $somevar;
```

2. 方法

方法（成员函数）是通过在类定义中声明函数，即创建了类的方法。
例如：

```php
function somefun(参数列表)
{ … }
```

PHP 中，属性与方法的访问是通过"->"进行的。
格式如下：

对象->属性或方法

下面通过部分实例来进一步说明属性与方法的使用。

【例 6-3】 定义一个 Person 类。

```php
<?php
    class Person{                          //定义了一个 Person 类
        public $name;                      //定义属性 name
        public $age;                       //定义属性 age
        function say()                     //定义方法 say()
        { echo "my name is ".$this->name."<br>"; }
    }
    $wangwu=new Person();                  //生成对象 wangwu
    $wangwu->name=" wangwu ";              //给对象中的 name 赋值
    $wangwu->age=18;                       //给对象中的 age 赋值
    $wangwu->say();                        //调用方法 say()
    echo "age is ".$wangwu->age;           //输出 age 值
?>
```

【例 6-4】 在方法内部通过"＄this－＞"调用同一对象的属性。

```php
<?php
    class Person
    {
        public $name="NoName";             //定义 public 属性$name
        public $age=20;                    //定义 public 属性$age
    }
    $p=new Person();                       //创建对象
    echo " " . $p->name;                   //输出对象$p 的属性$name
    echo "<br />";
    echo " " . $p->age;                    //输出$age 属性
?>
```

【例 6-5】 改变属性的值。

```php
<?php
    class Person
    {
        public $name="NoName";             //公共变量$name
        public $age=18;                    //公共变量$age
    }
    $p=new Person();
    $p->name="wangwu";                     //我是 wangwu
    $p->age=22;                            //年龄 22
    echo " " . $p->name;                   //输出名字
    echo "<br />";
    echo " " . $p->age;                    //年龄
?>
```

注意：改变属性的值是通过 public 来修饰的。

PHP 中简单类型有 8 种,分别如下。

4 种标量类型：布尔型（boolean）、整型（integer）、浮点型（float）（浮点数也称为 double）、字符串（string）。

两种复合类型：数组（array）、对象（object）。

两种特殊类型：资源（resource）、NULL。

【例 6-6】 通过方法读取属性。

```php
<?php
    class Person
    {
        private $name="NoName";                    //private 成员 $name
        public function getName() {
            return $this->name;
        }
    }
    $newperson=new Person();
    echo " " . $newperson->getName();
?>
```

上面的例子将属性设置为 private，同时声明了 public 的 getName() 方法，用来获取属性 $name 的值，调用 getName() 方法就会通过 return $this－>name 返回 $name 的值。

注意：方法内部调用本地属性时，使用 $this－>name 来获取属性。在上面这个例子中，设置了公开的 getName() 方法，即用户只能获取 $name，而无法改变它的值。这就是封装的好处。关于封装后面会详细讲述。

6.2.3 通过类实例化对象

前面说过面向对象程序的单位就是对象，但对象又是通过类的实例化出来的，既然会声明类，下一步就是实例化对象。

1. 创建对象

当定义好类后，用户使用 new 生成一个对象。

```php
$对象名称=new 类名称();
```

例如：

```php
$page=new Page();
```

下面结合实例讲述生成对象的具体方法。

【例 6-7】 生成对象实例。

```php
<?php
    class Person
    {
        //下面是人的成员属性
        var $name;              //人的名字
        var $sex;               //人的性别
        var $age;               //人的年龄
```

```
        //下面是人的成员方法
        function say()            //这个人可以说话的方法
        {
            echo "这个人在说话";
        }

        function run()            //这个人可以走路的方法
        {
            echo "这个人在走路";
        }
    }
    $p1=new Person();
    $p2=new Person();
    $p3=new Person();
?>
```

其中，

```
$p1=new Person();
```

就是通过类产生实例对象的过程，$p1 就是实例出来的对象名称。同理，$p2、$p3 也是实例出来的对象名称，一个类可以实例出多个对象，每个对象都是独立的，上面的代码相当于实例出来 3 个人，每个人之间是没有联系的，只能说明他们都是人类，每个人都有自己的姓名、性别和年龄属性，每个人都有说话和走路的方法，只要是类里面体现出来的成员属性和成员方法，实例化出来的对象里面就包含了这些属性和方法。

对象在 PHP 里面和整型、浮点型一样，也是一种数据类型，都用于存储不同类型数据，在运行时都要加载到内存中去用，那么对象在内存里面是怎么体现的呢？内存从逻辑上说大体上分为 4 段：栈空间段、堆空间段、代码段、初始化静态段。程序里面不同的声明放在不同的内存段里面，栈空间段是存储占用相同空间长度并且占用空间小的数据类型的地方，如整型的 1、10、100、1000、10000、100000 等，在内存里面占用空间是等长的，都是 32 位（4B）。那么数据长度不定长，而且占有空间很大的数据类型的数据放在内存的哪个段里面呢？这样的数据是放在堆内存里面的。栈内存是可以直接存取的，而堆内存是不可以直接存取的内存。对于对象来说就是一种大的数据类型而且是占用空间不定长的类型，所以说对象是放在堆里面的，但对象名称是放在栈里面的，这样，通过对象名称就可以使用对象了。

由于对象资料封装的特性，对象属性（类中定义的变量）是无法由主程序区块直接访问的，必须通过对象来调用类中所定义的属性和行为函数，间接地达成存取控制类中资料的目的。

2. 对象中成员的访问

类中包含成员属性与成员方法两部分，用户可以使用 new 关键字来创建一个对象，即

```
$对象名=new 类名(构造参数);
```

那么用户可以使用特殊运算符"－＞"来访问对象中的成员属性或成员方法。

具体访问格式如下：

```
$对象名=new 类名(构造参数);
$对象名->成员属性=赋值;          //对象属性赋值
echo $对象名->成员属性;          //输出对象的属性
$对象名->成员方法(参数);         //调用对象的方法
```

结合例 6-7 中访问对象中的成员属性或成员方法如下：

```
对象->属性      $p1->name;     $p2->age;      $p3->sex;
对象->方法      $p1->say();    $p2->run();
```

例 6-7 访问对象中的成员属性或成员方法具体用法如下：

```
//下面 3 行用于为 $p1 对象属性赋值
$p1->name="王五";
$p1->sex="男";
$p1->age=25;
//下面 3 行用于访问 $p1 对象的属性
echo "p1 对象的名字：".$p1->name."<br>";
echo "p1 对象的性别：".$p1->sex."<br>";
echo "p1 对象的年龄：".$p1->age."<br>";
//下面两行用于访问 $p1 对象中的方法
$p1->say();
$p1->run();
//下面 3 行用于给 $p2 对象属性赋值
$p2->name="张三";
$p2->sex="女";
$p2->age=20;
//下面 3 行用于访问 $p2 对象的属性
echo "p2 对象的名字：".$p2->name."<br>";
echo "p2 对象的性别：".$p2->sex."<br>";
echo "p2 对象的年龄：".$p2->age."<br>";
//下面两行用于访问 $p2 对象中的方法
$p2->say();
$p2->run();
//下面 3 行用于给 $p3 对象属性赋值
$p3->name="李四";
$p3->sex="男";
$p3->age=30;
//下面 3 行用于访问 $p3 对象的属性
echo "p3 对象的名字：".$p3->name."<br>";
echo "p3 对象的性别：".$p3->sex."<br>";
echo "p3 对象的年龄：".$p3->age."<br>";
//下面两行用于访问 $p3 对象中的方法
$p3->say();
$p3->run();
```

从上例中可以看出,只要是对象里面的成员就要使用"对象-＞属性""对象-＞方法"的形式访问,再没有第二种方法来访问对象中的成员。

3. 特殊的对象引用＄this 的使用

＄this 是一个很常用的引用方式,指代的就是当前类。特殊对象的引用＄this 就是在对象内部的成员方法中,代表本对象的一个引用,但只能在对象的成员方法中使用,不管是在对象内部使用＄this 访问自己对象内部成员,还是在对象外部通过对象的引用名称访问对象中的成员,都需要使用特殊的运算符"-＞"来完成访问。例如:

```
class person{
    Private string name;
    $this->name="lisi"    //就是指代这个类
}
```

＄this 就是对象内部代表这个对象的引用,在对象内部和调用本对象的成员和对象外部调用对象的成员所使用的方式是一样的,例如:

```
$this->属性    $this->name;    $this->age;    $this->sex;
$this->方法    $this->say();    $this->run();
```

修改例 6-7,让每个人都说出自己的名字、性别和年龄:

```php
<?php
    class Person
    {
        //下面是人的成员属性
        var $name;                    //人的名字
        var $sex;                     //人的性别
        var $age;                     //人的年龄
        //下面是人的成员方法
        function say()                //这个人可以说话的方法
        {
            echo "我的名字: ".$this->name." 性别: ".$this->sex." 我的年龄: ".
                $this->age."<br>";
        }

        function run()                //这个人可以走路的方法
        {
            echo "这个人在走路";
        }
    }
    $p1=new Person();                 //创建实例对象$p1
    $p2=new Person();                 //创建实例对象$p2
    $p3=new Person();                 //创建实例对象$p3
    //下面 3 行用于为$p1 对象属性赋值
    $p1->name="张三";
    $p1->sex="男";
```

```
    $p1->age=20;
    //下面是访问$p1对象中的说话方法
    $p1->say();
    //下面3行用于给$p2对象属性赋值
    $p2->name="李四";
    $p2->sex="女";
    $p2->age=30;
    //下面是访问$p2对象中的说话方法
    $p2->say();
    //下面3行用于为$p3对象属性赋值
    $p3->name="王五";
    $p3->sex="男";
    $p3->age=40;
    //下面两行用于访问$p3对象中的说话方法
    $p3->say();
?>
```

输出结果如下：

我的名字：张三 性别：男 我的年龄：20
我的名字：李四 性别：女 我的年龄：30
我的名字：王五 性别：男 我的年龄：40

分析上述方法：

```
function say()                          //这个人可以说话的方法
{
    echo "我的名字：".$this->name." 性别：".$this->sex." 我的年龄：".$this->age.
        "<br>";
}
```

在 $p1、$p2 和 $p3 这 3 个对象中都有 say() 这个方法，$this 分别代表这 3 个对象，调用相应的属性，打印出属性的值，这就是在对象内部访问对象属性的方式，如果想在 say() 这个方法里调用 run() 这个方法也是可以的，在 say() 这个方法中使用 $this－>run() 的方式来完成调用。

4. 对象的比较

在 PHP 中有"="（赋值符号）、"=="（等于符号）和"==="（全等于符号）。下面介绍不同符号在对象比较中的使用方法。

当使用"=="时，对象以一种很简单的规则比较：当两个对象有相同的属性和值，属于同一个类且被定义在相同的命名空间中，则两个对象相等。在"=="比较对象时，会比较对象是否有相同的属性和值。当"=="比较两个不同的对象时，可能相等也可能不等。下面通过实例来说明"=="在对象比较中的使用方法。

【例 6-8】 "=="在对象比较中的使用方法。

```
<?php
    class Person
```

```
    {
        public $name="NickName";
    }
    //分别创建两个对象
    $p=new Person();
    $p1=new Person();
    //比较对象
    if ($p==$p1) {
        echo "\$p 和\$p1 内容一致";
    } else {
        echo "\$p 和\$p1 内容不一致";
    }
    echo "<br />";
    $p->name="Tom";
    if ($p==$p1) {
        echo "\$p 和\$p1 内容一致";
    } else {
        echo "\$p 和\$p1 内容不一致";
    }
?>
```

运行结果显示,使用"=="比较两个对象,比较的仅仅是两个对象的内容是否一致。

当使用"==="时,当且仅当两个对象指向相同类(在某一特定的命名空间中)的同一个对象时才相等。是否是同一个对象,主要是看两边指向的对象是否有同样的内存地址。下面通过实例来说明"==="在对象比较中的使用方法。

【例 6-9】 "==="在对象比较中的使用方法。

```
<?php
    class Person
    {
        public $name="NickName";
    }
    //分别创建两个对象
    $p=new Person();
    $p1=new Person();
    //比较两个对象
    if ($p===$p1) {
        echo "\$p 和\$p1 是一个对象";
    } else {
        echo "\$p 和\$p1 不是一个对象";
    }
    echo "<br />";
    $p->name="Tom";
    if ($p===$p1) {
        echo "\$p 和\$p1 是一个对象";
```

```php
    } else {
        echo "\$p 和\$p1 不是一个对象";
    }
?>
```

运行结果显示,"==="比较的是两个变量是否为一个对象。

"="表示赋值,是赋值计算。如果将对象赋予变量,是指变量将指向这个对象。下面通过实例来说明"="在对象中的使用方法。

【例 6-10】 "="在对象中的使用方法。

```php
<?php
    class Person
    {
        public $name="NickName";
    }
    $p=new Person();
    $p1=new Person();
    $p2=$p1;                                //变量$p2 指向$p1 指向的对象
    if ($p2===$p1) {
        echo "\$p2 和\$p1 指向一个对象";
    } else {
        echo "\$p2 和\$p1 不指向一个对象";
    }
    echo "<br />";
    $p=$p1;                                 //变量$p 指向$p1 指向的对象
    if ($p===$p1) {
        echo "\$p 和\$p1 指向一个对象";
    } else {
        echo "\$p2 和\$p1 不指向一个对象";
    }
?>
```

上面实例中的注释语句指明"="是将对象赋予变量,变量将指向这个对象。

6.3 构造函数与析构函数

构造函数又称为构造方法,是对象被创建时自动调用的方法,用来完成类初始化的工作。

和其他函数一样,构造函数也可以传递参数和设定参数默认值。构造函数可以调用属性,也可以调用方法。构造函数可以被其他方法显式调用。与构造函数相对的就是析构函数。析构函数是 PHP 5 之后新添加的内容,在 PHP 4 中没有析构函数。析构函数允许在销毁一个类之前执行的一些操作或完成一些功能,如关闭文件、释放结果集等,析构函数会在当某个对象的所有引用都被删除或者当对象被显式销毁时执行,也就是对象在内存中被销毁前调用析构函数。

6.3.1 构造函数

大多数类都有一种称为构造函数的特殊方法。当创建一个对象时,它将自动调用构造函数,通常用它执行一些有用的初始化任务。

构造函数的声明与其他操作的声明一样,只是其名称必须是__construct(),这是PHP 5中的变化。以前的版本中,构造函数的名称必须与类名相同,这种在 PHP 5 中仍然可以用,但现在已经很少有人用了,这样做的好处是可以使构造函数独立于类名,当类名发生改变时不需要修改相应的构造函数名称了。为了向下兼容,如果一个类中没有名为__construct()的方法,PHP 将搜索一个 PHP 4 中的写法,与类名相同名的构造方法。

格式如下:

```
function __construct ([参数])
{ … }
```

在一个类中只能声明一个构造方法,而且只有在每次创建对象时都会调用一次构造方法,不能主动地调用这个方法,所以通常用它执行一些有用的初始化任务。例如,对成员属性在创建对象时赋初值。下面通过实例说明其用法。

【例 6-11】 构造函数的使用。

```php
<? php
    //创建一个人类
    class Person
    {
        //下面是人的成员属性
        var $name;                    //人的名字
        var $sex;                     //人的性别
        var $age;                     //人的年龄

        //定义一个构造方法参数为姓名$name、性别$sex 和年龄$age
        function __construct($name, $sex, $age)
        {
            //通过构造方法传进来的$name 给成员属性$this->name 赋初始值
            $this->name=$name;
            //通过构造方法传进来的$sex 给成员属性$this->sex 赋初始值
            $this->sex=$sex;
            //通过构造方法传进来的$age 给成员属性$this->age 赋初始值
            $this->age=$age;
        }

        //这个人的说话方法
        function say()
        {
            echo "我的名字: ".$this->name." 性别: ".$this->sex." 我的年龄:
                ".$this->age."<br>";
```

```
            }
    }

    //通过构造方法创建 3 个对象$p1、p2、$p3,分别传入 3 个不同的实参为姓名、性别和年龄
    $p1=new Person("张三","男", 20);
    $p2=new Person("李四","女", 30);
    $p3=new Person("王五","男", 40);

    //下面访问$p1 对象中的说话方法
    $p1->say();
    //下面访问$p2 对象中的说话方法
    $p2->say();
    //下面访问$p3 对象中的说话方法
    $p3->say();
?>
```

输出结果如下：

```
我的名字：张三 性别：男 我的年龄：20
我的名字：李四 性别：女 我的年龄：30
我的名字：王五 性别：男 我的年龄：40
```

6.3.2 析构函数

析构函数允许在销毁一个类之前执行的一些操作或完成一些功能,这些操作或功能通常在所有对该类的引用都被重置或超出作用域时自动发生。

与构造函数的名称类似,一个类的析构函数名称必须是__destruct()。不过要特别注意,析构函数不能带有任何参数。下面通过实例说明其用法。

【例 6-12】 析构函数的使用。

```
<?php
    //创建一个人类
    class Person
    {
        //下面是人的成员属性
        var $name;                  //人的名字
        var $sex;                   //人的性别
        var $age;                   //人的年龄

        //定义一个构造方法参数为姓名$name、性别$sex 和年龄$age
        function __construct($name, $sex, $age)
        {
            //通过构造方法传进来的$name 给成员属性$this->name 赋初始值
            $this->name=$name;
            //通过构造方法传进来的$sex 给成员属性$this->sex 赋初始值
            $this->sex=$sex;
            //通过构造方法传进来的$age 给成员属性$this->age 赋初始值
```

```
            $this->age=$age;
        }

        //这个人的说话方法
        function say()
        {
            echo "我的名字："  .$this->name."  性别："  .$this->sex."  我的年龄：
                ".$this->age."<br>";
        }

        //这是一个析构函数,在对象销毁前调用
        function __destruct()
        {
            echo "再见".$this->name."<br>";
        }
    }

    //通过构造方法创建 3 个对象$p1、p2、p3,分别传入 3 个不同的实参为名字、性别和年龄
    $p1=new Person("张三","男", 20);
    $p2=new Person("李四","女", 30);
    $p3=new Person("王五","男", 40);

    //下面访问$p1 对象中的说话方法
    $p1->say();
    //下面访问$p2 对象中的说话方法
    $p2->say();
    //下面访问$p3 对象中的说话方法
    $p3->say();
?>
```

输出结果如下：

```
我的名字：张三 性别：男 我的年龄：20
我的名字：李四 性别：女 我的年龄：30
我的名字：王五 性别：男 我的年龄：40
再见张三
再见李四
再见王五
```

6.4 封装性与继承性

封装性是面向对象编程中的三大特性之一。封装性就是把对象的属性和服务结合成一个独立的相同单位,并尽可能隐蔽对象的内部细节,包含两个含义：一是把对象的全部属性和全部服务结合在一起,形成一个不可分割的独立单位(即对象)。二是信息隐蔽,即尽可能隐蔽对象的内部细节,对外形成一个边界(或者说形成一道屏障),只保留有限的对外接口使之与外部发生联系。

封装的原则在软件上的反映是使对象以外的部分不能随意存取对象的内部数据(属性),从而有效地避免了外部错误对它的"交叉感染",使软件错误能够局部化,大大减少查错和排错的难度。

用一个实例来说明,假如"人"对象中有"电话""住址"等属性,像这样个人隐私的属性是不想让其他人随意就能获得的,如果不使用封装,那么别人想知道就能得到,但是如果封装上之后别人就没有办法获得封装的属性。

作为面向对象的 3 个重要特性的一方面,继承在面向对象的领域有着极其重要的作用。继承是 PHP 面向对象程序设计的重要特性之一,是指建立一个新的派生类,并从一个或多个先前定义的类中继承数据和函数,而且可以重新定义或加进新数据和函数,从而建立了类的层次或等级。简单地说就是,继承性是子类自动共享父类数据结构和方法的机制,这是类之间的一种关系。在定义和实现一个类时,可以在一个已经存在的类的基础之上进行,把这个已经存在的类所定义的内容作为自己的内容,并加入若干新的内容。

例如,现在已经有一个"人"类,这个类里面有两个成员属性"姓名和性别"以及"说话"和"走路"两个成员方法,如果现在程序需要一个"教师"类,因为"教师"也是人,所以"教师"也有成员属性"姓名和性别"以及"说话"和"走路"成员方法,此时就可以让"教师"继承"人"类,继承之后,"教师"类就会把"人"类里面的所有的属性都继承过来,就不用再去重新声明一遍这些成员属性和方法了,因为"教师"类里面还有所在学校的属性和"教学"方法,所以在"教师"类里面有继承自"人"类的属性和方法以及"教师"类特有的所在学校属性和"教学"方法等其他属性和方法,这样一个"教师"类就声明完成了。继承也可以称为"扩展",从前面就可以看出,"教师"类对"人"类进行了扩展。

6.4.1 访问类型及私有成员的访问

类型的访问修饰符允许开发人员对类成员的访问进行限制。这是 PHP 的新特性,但却是 OOP 语言的一个好的特性,而且大多数 OOP 语言都已支持此特性。PHP 支持如下 3 种访问修饰符:public(公有的、默认的)、private(私有的)和 protected(受保护的)。

1. public 公有修饰符

类的成员将没有访问限制,所有的外部成员都可以访问(读和写)这个类成员。

例如:

```
public $name;
```

说明:在 PHP 5 之前的所有版本中,类的成员都是 public。

2. private 私有修改符

被定义为 private 的成员,对于同一个类里的所有成员是可见的,即使没有访问限制,但对于该类的外部代码是不允许改变甚至读操作,对于该类的子类,也不能访问 private 修饰的成员。

例如:

```
private $var1='B';                      //属性
private function getValue() { }         //函数
```

3. protected 保护成员修饰符

被修饰为 protected 的成员不能被该类的外部代码访问。但是对于该类的直接子类有访问权限,可以进行属性、方法的读及写操作。被子类继承的 protected 成员,在子类外部同样不能被访问。

说明:在 PHP 中如果类的成员没有指定成员访问修饰符,使用 var 声明成员将被视为 public。

在使用子类覆盖父类的方法时也要注意,子类中方法的访问权限一定不能低于父类被覆盖方法的访问权限,也就是一定要高于或等于父类方法的访问权限。

例如,如果父类方法的访问权限是 protected,那么子类中要覆盖的权限就要是 protected 和 public;如果父类的方法是 public,则子类中要覆盖的方法只能也是 public。总之,子类中的方法总是要高于或等于父类被覆盖方法的访问权限。

private 访问修饰符意味着被标记的属性或者方法只能在类的内部进行访问,并且私有的属性或者方法将不会被继承。使用 private 对属性和方法进行封装方法如下。

例如,将上面"人"类实例中原来的成员:

```
var $name;              //声明人的姓名
var $sex;               //声明人的性别
var $age;               //声明人的年龄
function run(){…}
```

改成封装的形式如下:

```
private $name;                    //把人的姓名使用 private 关键字进行封装
private $sex;                     //把人的性别使用 private 关键字进行封装
private $age;                     //把人的年龄使用 private 关键字进行封装
private function run(){…}         //把人的走路方法使用 private 关键字进行封装
```

注意:只要成员属性前面有其他的关键字,就要去掉原有的关键字 var。

通过 private 就可以封装人的成员(成员属性和成员方法)。封装上的成员就不能被类外面直接访问,只有对象内部自己可以访问。下面通过实例代码来说明 private 的具体用法。

【例 6-13】 private 应用分析实例。

```php
<?php
    class Person
    {
        //下面是人的成员属性
        private $name;          //人的名字,被 private 封装
        private $sex;           //人的性别, 被 private 封装
        private $age;           //人的年龄, 被 private 封装
                                //这个人可以说话的方法
        function say()
        {
            echo "我的名字: ".$this->name." 性别: ".$this->sex." 我的年龄: ".
                $this->age."<br>";
```

```
        }
        //这个人可以走路的方法，被 private 封装
        private function run()
        {
                echo "这个人在走路";
        }
    }
    //实例化一个人的实例对象
    $p1=new Person();
    //试图去给私有的属性赋值,结果会发生错误
    $p1->name="王五";
    $p1->sex="男";
    $p1->age=28;
    //试图去打印私有的属性, 结果会发生错误
    echo $p1->name."<br>";
    echo $p1->sex."<br>";
    echo $p1->age."<br>"
    //试图去打印私有的成员方法, 结果会发生错误
    $p1->run();
?>
```

输出结果如下：

```
Fatal error: Cannot access private property Person::$name
Fatal error: Cannot access private property Person::$sex
Fatal error: Cannot access private property Person::$age
Fatal error: Cannot access private property Person::$name
Fatal error: Call to private method Person::run() from context ''
```

从上面的实例可以看到,私有的成员是不能被外部访问的,因为私有成员只能在本对象内部自己访问。例如,$p1 这个对象自己想把他的私有属性说出去,在 say()这个方法里面访问了私有属性是可以的(没有加任何访问控制,默认是 public 的,任何地方都可以访问)。

6.4.2　__set()、__get()、__isset()和__unset()

一般来说,总是把类的属性定义为 private。虽然这更符合现实的逻辑,但是对属性的读取和赋值操作却非常频繁,因此在 PHP 中预定义了__get()和__set()来获取和赋值其属性,定义__isset()和__unset()来检查属性和删除属性。这 4 个函数的具体作用和应用实例如下。

(1) __set():用于替代通用的 set 的方法,当试图向一个并不存在的属性写入值时被调用。

(2) __get():通用的 get 取值方法,试图读取一个并不存在的属性时被调用。

(3) __isset():检测成员属性是否存在。

(4) __unset():销毁成员属性。

【例 6-14】　__get()方法用来获取私有属性。

```
function __get($property_name)
{
    if(isset($this->$property_name)) {
        return($this->$property_name);
    }else {
        return(NULL);
    }
}
```

【例 6-15】 __set()方法用来设置私有属性。

```
function __set($property_name, $value)
{
    $this->$property_name=$value;
}
```

　　__get()方法用来获取私有成员属性值,有一个参数,参数传入要获取的成员属性的名称,返回获取的属性值,这个方法是在直接获取私有属性时自动调用的。因为私有属性已经被封装上,是不能直接获取值的(例如,echo $p1－>name 这样直接获取是错误的),但是如果在类里面加上了这个方法,在使用 echo $p1－>name 这样的语句直接获取值时就会自动调用__get($property_name)方法,将属性 name 传给参数 $property_name,通过这个方法的内部执行,返回传入的私有属性的值。

　　__set()方法用来为私有成员属性设置值,有两个参数,第一个参数为要为设置值的属性名,第二个参数是要给属性设置的值,没有返回值。这个方法同样是在直接设置私有属性值时自动调用的,同样属性私有的已经被封装上了,如果没有__set()这个方法,是不允许的。例如, $this－>name＝'zhangsan', 这样会出错,但是如果在类里面加上了 __set($property_name, $value)这个方法,在直接给私有属性赋值时就会自动调用它,把属性例如 name 传给 $property_name, 把要赋的值 zhangsan 传给 $value,通过这个方法的执行,达到赋值的目的,为了不传入非法的值,例 6-16 还可以对上述方法做一下判断。

【例 6-16】 __get()和__set()方法的应用。

```
<?php
    class Person
    {
        //下面是人的成员属性,都是封装的私有成员
        private $name;              //人的名字
        private $sex;               //人的性别
        private $age;               //人的年龄
                                    //__get()方法用来获取私有属性
        function __get($property_name)
        {
            echo "在直接获取私有属性值时,自动调用了这个__get()方法<br>";
            if(isset($this->$property_name)) {
                return($this->$property_name);
            }else {
```

```
                    return(NULL);
                }
        }
        //__set()方法用来设置私有属性
        function __set($property_name, $value)
        {
                echo "在直接设置私有属性值时,自动调用了这个__set()方法为私有属性赋值<br>";
                $this->$property_name=$value;
        }

    }
    $p1=new Person();
    //直接为私有属性赋值的操作,会自动调用__set()方法进行赋值
    $p1->name="张三";
    $p1->sex="男";
    $p1->age=20;
    //直接获取私有属性的值,会自动调用__get()方法,返回成员属性的值
    echo "姓名: ".$p1->name."<br>";
    echo "性别: ".$p1->sex."<br>";
    echo "年龄: ".$p1->age."<br>";
?>
```

程序输出结果如下:

在直接设置私有属性值时,自动调用了这个__set()方法为私有属性赋值
在直接设置私有属性值时,自动调用了这个__set()方法为私有属性赋值
在直接设置私有属性值时,自动调用了这个__set()方法为私有属性赋值
在直接获取私有属性值时,自动调用了这个__get()方法
姓名:张三
在直接获取私有属性值时,自动调用了这个__get()方法
性别:男
在直接获取私有属性值时,自动调用了这个__get()方法
年龄:20

以上代码如果不加上__get()和__set()方法,程序就会出错,因为不能在类的外部操作私有成员,而上面的代码是通过自动调用__get()和__set()方法来协助直接存取封装的私有成员的。

【例 6-17】 __isset()和__unset()方法的应用。

```
<?php
    class person{
        private $name="qq";                     //默认值
        private $age=20;
            public function __set($pname,$pvalue){
                if($pname=="age"){
                if($pvalue<=0 || $pvalue>100){
                    echo "年龄赋值错误!";return;
```

```php
                }
            }
            $this->$pname=$pvalue;
        }
        public function __get($pname){
            return $this->$pname;
        }
        public function __isset($pname){
            if($pname=="age"){                    //__isset()检测年龄属性不存在
                return false;
            }
            return isset($this->$pname);
        }
        public function __unset($pname){
            if($pname!="name")                    //__unset()屏蔽部分销毁
                unset($this->$pname);
        }
    }

    $p=new person();
    $p->name="mm";                                //相当于调用$p->__set("name","mm");
    $p->age=0;
    $p->say();
    echo $p->age;                                 //相当于调用$p->__get("age");
    var_dump(isset($p->name));
?>
```

6.4.3　类继承的应用

继承是面向对象重要的特点之一,可以实现对类的复用。通过"继承"一个现有的类,可以使用已经定义的类中的方法和属性。因继承而产生的类称为子类,被继承的类称为父类,也被称为超类。

通过继承机制,还可以利用已有的数据类型来定义新的数据类型。所定义的新的数据类型不仅拥有新定义的成员,而且还同时拥有旧的成员。已存在的用来派生新类的类为基类,又称为父类以及超类。由已存在的类派生出的新类称为派生类,又称为子类。

在软件开发中,类的继承性使所建立的软件具有开放性、可扩充性,这是信息组织与分类的行之有效的方法,它简化了对象、类的创建工作量,增加了代码的可重性。采用继承性,提供了类的规范的等级结构。通过类的继承关系,使公共的特性能够共享,提高了软件的重用性。

在 C++ 语言中,一个派生类可以从一个基类派生,也可以从多个基类派生。从一个基类派生的继承称为单继承;从多个基类派生的继承称为多继承。但是在 PHP 和 Java 语言里面没有多继承,只有单继承,也就是说,一个类只能直接从一个类中继承数据,这就是单继承。

如果类是另一个类的子类,可以用关键词 extends 来指明其继承关系。如下代码创建了一个名为 B 的类,继承了在它前面定义的类 A。这样,类 B 就可以有类 A 中可以继承的属性和方法,并且类 B 还可以有自己的方法。

```
class A{
    public $num
    function fun1(){
    }
}
class B extends A{
    public $num2;
    function fun2(){
    }
}
```

如下所示的所有对类 B 对象的操作和属性的访问都是有效的:

```
$b=new B();
$b->$num1=10;
$b->$num2=20;
$b->fun1();
$b->fun2();
```

类的继承可以简化类的定义,从而使代码的重用性提高,使代码看起来更加简洁。通过下面两段代码的比较,可以看到类的继承可以简化代码量,提高代码的重用性。

```
class Person
{
    public $name;
    public $age;
    function getInfo(){…}
}
class Student
{
    public $name;
    public $age;
    public $school;
    function getInfo(){…}
    function study(){…}
}
```

使用继承的代码如下:

```
class Person
{
    public $name;
    public $age;
    function getInfo(){…}
```

```
}
class Student extends Person
{
    public $school;
    function study(){…}
}
```

通过比较,第二段的代码量就减少了很多。

PHP 只支持单继承,不允许多重继承。一个子类只能有一个父类,不允许一个类直接继承多个类,但一个类可以被多个类继承。而且可以有多层继承,即一个类可以继承某一个类的子类,如类 B 继承了类 A,类 C 又继承了类 B,那么类 C 也间接继承了类 A。

```
class A{
}
class B extends A{
}
class C extends B{
}
```

从子类的角度看,它继承自父类;而从父类的角度看,它派生子类。它们指的都是同一个动作,只是角度不同而已。在 PHP 中类的方法可以被继承,类的构造函数也能被继承,但子类不能继承父类的私有属性和私有方法。

6.4.4 子类中重载父类的方法

方法重载就是定义相同的方法名,并通过“参数的个数”不同或“参数的类型”不同来访问用户的相同方法名的不同方法。但是因为 PHP 是弱类型的语言,所以在方法的参数中本身就可以接收不同类型的数据,又因为 PHP 的方法可以接收不定个数的参数,所以通过传递不同个数的参数调用不相同方法名的不同方法也是不成立的。所以,在 PHP 里面没有方法重载。不能重载也就是在用户的项目中不能定义相同方法名的方法。另外,因为 PHP 没有名字空间的概念,所以在同一个页面和被包含的页面中不能定义相同名称的方法,也不能定义和 PHP 提供的方法重名。当然,在同一个类中也不能定义相同名称的方法。所以,在 PHP 中重载新的方法就是子类覆盖父类的已有的方法。

在前面所举的例子里,Person 这个“人”类里面有一个“说话”的方法,所有继承 Person 类的子类都是可以“说话”的,用户 Student 类就是 Person 类的子类,所以 Student 的实例就可以“说话”了,但是“人”类里面“说话”的方法里面说出的是 Person 类里面的属性,而 Student 类对 Person 类进行了扩展,又扩展出了几个新的属性,如果使用继承过来的say()说话方法,只能使用 Person 类继承过来的那些属性,那么新扩展的那些属性使用这个继承过来的 say()的方法就说不出来了。

虽然在 PHP 里面不能定义同名的方法,但是在父子关系的两个类中,用户可以在子类中定义和父类同名的方法,这样就把父类中继承过来的方法覆盖了。下面通过实例说明其用法。

【例 6-18】 子类里覆盖了继承父类里面的 say()的方法。

```php
<?php
    //定义一个"人"类作为父类
    class Person
    {
        //下面是人的成员属性
        public $name;                          //人的名字
        public $sex;                           //人的性别
        public $age;                           //人的年龄
        //定义一个构造方法参数为属性姓名$name、性别$sex 和年龄$age 进行赋值
        function __construct($name, $sex, $age)
        {
            $this->name=$name;
            $this->sex=$sex;
            $this->age=$age;
        }
        //这个人可以说话的方法,说出自己的属性
        function say()
        {
            echo "我的名字: ".$this->name." 性别: ".$this->sex." 我的年龄: ".
                $this->age."<br>";
        }
    }
    class Student extends Person
    {
        public $school;                        //学生所在学校的属性
        //这个学生学习的方法
        function study()
        {
            echo "我的名字: ".$this->name." 我正在".$this->school."学习<br>";
        }
        //这个学性可以说话的方法,说出自己所有的属性,覆盖了父类的同名方法
        function say()
        {
            echo "我的名字: ".$this->name." 性别: ".$this->sex." 我的年龄: ".
                $this->age."我在".$this->school."上学.<br>";
        }
    }
?>
```

上面的例子中,用户就在 Student 子类里覆盖了继承父类里面的 say()的方法,通过覆盖用户就实现了对"方法"的扩展。

例 6-18 的方法虽然解决了上面提到的问题,但是在实际应用中,一个方法不可能仅仅是一条代码或几条代码,假如 Person 类里面的 say()方法里面有 200 条代码,如果想对这个方法覆盖保留原有的功能外加上一点点功能,就要把原有的 200 条代码重写一次,再加上扩展的几条代码,而有的情况下,父类中的方法是看不见原代码的,这个时候怎么去重写原有

的代码呢？解决的办法就是在子类这个方法中可以调用到父类中被覆盖的方法，也就是把被覆盖的方法原有的功能拿过来再加上自己的一点功能，可以通过两种方法实现在子类的方法中调用父类被覆盖的方法：一是使用父类的"类名::"的方式来调用父类中被覆盖的方法；二是使用 parent:: 的方式来调用父类中被覆盖的方法。具体应用如下。

【例 6-19】 使用父类的"类名::"和 parent:: 的方式来调用父类中被覆盖的方法。

```php
<?php
    class Student extends Person
    {
        public $school;                    //学生所在学校的属性
        //这个学生学习的方法
        function study()
        {
            echo "我的名字：".$this->name." 我正在".$this->school."学习<br>";
        }
        //这个学生可以说话的方法，说出自己所有的属性,覆盖了父类的同名方法
        function say()
        {
            //使用父类的"类名::"来调用父类中被覆盖的方法
            Person::say();
            //或者使用 parent:: 的方式来调用父类中被覆盖的方法
            parent::say();
            //加上一点自己的功能
            echo "我的年龄：".$this->age."我在".$this->school."上学.<br>";
        }
    }
?>
```

上面的两种方式都可以访问到父类中被覆盖的方法。

6.5　抽象类、接口与多态性

在面向对象(OOP)语言中，一个类可以有一个或多个子类，而每个类都有至少一个公有方法作为外部代码访问的接口。而抽象方法就是为了方便继承而引入的。

与大多数面向对象编程语言一样，PHP 也不支持多重继承，也就是说每个类只能继承一个父类。为了解决这个问题，PHP 引入了接口，接口的思想是指定一个实现该接口类的一系列方法。接口是一种特殊的抽象类，抽象类又是一种特殊的类，所以接口也是一种特殊的类。如果一个抽象类里面的所有的方法都是抽象方法，声明该方法必须使用"接口"实现，也就是说接口里面所有的方法必须都是声明为抽象方法，另外接口里面不能声明变量，而且接口里面所有的成员都是 public 权限的。所以，子类也一定要使用 public 权限实现。

多态性是继数据库抽象和继承后，面向对象语言的第三个特征。多态即多种形态，具有表现多种形态的能力特征。在面向对象中表示根据对象的类型以不同方式处理。多态性允许每个对象以适合自身的方式去响应共同的消息。多态性增强了软件的灵活性和重用性。

6.5.1 抽象方法和抽象类

什么是抽象方法？人们在类里面定义的没有方法体的方法就是抽象方法。所谓没有方法体就是在方法声明时没有“{}”以及其中的内容，而是直接声明时在方法名后加上“;”结束，另外在声明抽象方法时还要加一个关键字 abstract 来修饰，例如：

```
abstract function fun1();
abstract function fun2();
```

什么是抽象类呢？只要一个类里面有一个方法是抽象方法，那么这个类就要定义为抽象类。抽象类也要使用关键字 abstract 来修饰，抽象类不能实例化对象，所以抽象方法是作为子类方法重载的模板使用的，且要把继承的抽象类里的方法都实现。具体实例代码如下：

```php
<?php
    abstract class Abstract_Class{                //定义抽象类
        abstract protected function method();     //定义抽象方法
        public function print_content(){
            print $this->method();
        }
    }

    class Abstract_Son extends Abstract_Class{
        protected function method(){
            return "抽象类与抽象方法";
        }
    }

    $test=new Abstract_Son();                      //实例化子类
    $test->print_content();                        //抽象类与抽象方法

?>
```

为了进一步学习抽象类和抽象方法的使用，通过实现一个简单的抽象类计算矩形的面积。这个矩形可以从形状类扩展。

【例 6-20】　计算矩形的面积。

```php
<?php
    abstract class Shape
    {
        abstract protected function get_area();
        //和一般的方法不同的是,这个方法没有“{}”
        //读者不能创建这个抽象类的实例
    }
    class Rectangle extends Shape
    {
        private $width;
```

• 160 •

```
        private $height;

        function __construct($width=0, $height=0)
        {
            $this->width=$width;
            $this->height=$height;
        }

        function get_area()
        {
            echo ($this->width+$this->height) * 2;
        }
    }

    $Shape_Rect=new Rectangle(20,30);
    $Shape_Rect->get_area();
?>
```

注意：

（1）可以像声明普通类方法那样声明抽象方法，但要以"；"而不是方法体结束（方法体："{}"）。

（2）创建抽象方法后，要确保所有子类中都实现了该方法，但实现的细节可以先不确定（在子类中重新声明该方法，可以没有具体的功能过程，类似强制要求该类的子类必须要某些方法）。

（3）抽象类的每个子类都必须实现抽象类中的所有抽象方法，或者把它们也声明为抽象方法。

（4）子类中实现父类抽象方法时不能让访问控制比父类抽象方法更加严格。

（5）子类中实现父类抽象方法应该与父类中抽象方法的参数个数一致，并重新生成对应的类型提示。

6.5.2 接口技术

接口（interface）定义了实现某种服务的一般规范，声明了所需的函数和常量，但不指定如何实现。之所以不给出实现的细节，是因为不同的实体可能需要用不同的方式来实现公共的方法定义。使用接口，用户可以指定某个类必须实现哪些方法，但不需要定义这些方法的具体内容。可以像定义标准类一样通过 interface 定义一个接口，但其中定义所有的方法都是空的。接口中定义的所有方法都必须是 public，这是接口的特性。

声明一个类时所用的关键字是 class，而接口是一种特殊的类，使用的关键字是interface。类和接口定义格式分别如下。

类的定义：

class 类名 { … }

接口的声明：

```
interface 接口名{…}
```

下面是一个实例,详细了解接口的应用方法。

```php
<?php
    //定义一个接口使用 interface 关键字,Test 为接口名称
    interface Test
    {
        //定义一个常量
        const constant='constant value';
        //定义了一个抽象方法"fun1"
        public function fun1();
        //定义了抽象方法"fun2"
        public function fun2();
    }
?>
```

上例中定义了一个接口 Test,声明了 fun1 和 fun2 这两个抽象方法,因为接口里面所有的方法都是抽象方法,所以在声明抽象方法时就不用像抽象类那样使用。abstract 这个关键字,默认已经加上这个关键字,另外在接口中的 public 这个访问权限也可以去掉,因为默认就是 public 的,接口里所有成员都要是公有的,接口里面的成员就不能使用 private 的和protected 的权限。此外,用户可以使用 extends 关键字让一个接口去继承另一个接口。实例代码如下:

```php
<?php
    //使用 extends 继承另外一个接口
    interface Two extends Test
    {
        function fun3();
        function fun4();
    }
?>
```

不过定义接口的子类去实现接口中全部抽象方法使用的关键字是 implements,而不是前面所说的 extends。实例代码如下:

```php
<?php
    //使用 implements 这个关键字去实现接口中的抽象方法
    class Three implements Test
    {
        function fun1()
        {
            …
        }

        function fun2()
        {
```

```
            ...
        }
    }
    //实现了全部方法,就可以使用子类去实例化对象
    $three=new Three();
?>
```

用户也可以使用抽象类去实现接口中的部分抽象方法,但要想实例化对象,这个抽象类还要有子类把它所有的抽象方法都实现才行;在前面已讲过,PHP 是单继承的,一个类只能有一父类,但是一个类可以实现多个接口。实例代码如下:

```
<?php
    //使用 implements 实现多个接口
    class Four implemtns 接口 1, 接口 2, …
    {
        //必须把所有接口中的方法都要实现才可以实例化对象
    }
?>
```

PHP 中不仅一个类可以实现多个接口,也可以在继承一个类的同时实现多个接口,一定要先继承类再去实现接口。实例代码如下:

```
<?php
    //使用 extends 继承一个类,使用 implements 实现多个接口
    class Four extends 类名 implements 接口 1, 接口 2, …
    {
        //所有接口中的方法都要实现才可以实例化对象
        ...
    }
?>
```

接口里面不能用变量成员。接口常量和类常量的使用完全相同。它们都是定值,不能被子类或子接口修改。下面通过一些简单的例子使读者有个全面的认识。

【例 6-21】 使用接口常量。

```
<?php
    interface a
    {
        const b='Interface constant';
    }

    //输出接口常量
    echo a::b;

    //错误写法,因为常量的值不能被修改。接口常量的概念和类常量是一样的
    class b implements a
    {
```

```
        const b='Class constant';
    }
?>
```

【例 6-22】 接口静态常量的使用。

```php
<?php
    interface Fruit
    {
        const MAX_WEIGHT=5;                    //此处不用声明,就是一个静态常量
        function setName($name);
        function getName();
    }
    //实现接口
    class Apple implements Fruit
    {
        private $name;
        function getName() {
            return $this->name;
    }
    function setName($_name) {
        $this->name=$_name;
    }
    $apple=new Apple();                        //创建对象
    $apple->setName("苹果");
    echo "创建了一个" . $apple->getName();
    echo "<br />";
    echo "MAX_GRADE is " . Apple::MAX_WEIGHT;   //静态常量
?>
```

通过前面的介绍,针对接口的认识总结如下。

(1) 接口是一种特殊的抽象类。

(2) 所有成员属性必须是常量。

(3) 所有方法都是抽象的。

(4) 所有成员都必须是 public。

(5) 使用类去实现接口中全部方法。

6.5.3　多态的应用

多态(polymorphism)按字面意思理解就是"多种形状",可以理解为多种表现形式,也即"一个对外接口,多个内部实现方法"。在面向对象的理论中,多态性的一般定义为,同一个操作作用于不同的类的实例,将产生不同的执行结果。也即不同类的对象收到相同的消息时,将得到不同的结果。在实际的应用开发中,采用面向对象中的多态主要在于可以将不同的子类对象都当作一个父类来处理,并且可以屏蔽不同子类对象之间所存在的差异,写出通用的代码,做出通用的编程,以适应需求的不断变化。

在实际的应用开发中,通常为了使项目能够在以后的时间里轻松实现扩展与升级,需要通过继承实现可复用模块进行轻松升级。在进行可复用模块设计时,就需要尽可能地减少使用流程控制语句,此时就可以采用多态实现该类设计。

【例 6-23】 采用流程控制语句实现不同类的处理。

```php
<?php
    class painter{                           //定义油漆工类
        public function paintbrush(){        //定义油漆工动作
            echo "油漆工正在刷漆!\n";
        }
    }
    class typist{                            //定义打字员类
        public function typed(){             //定义打字员工作
            echo "打字员正在打字!\n";
        }
    }
    function printworking($obj){             //定义处理类
        if($obj instanceof painter){         //若对象是油漆工类,则显示油漆工动作
            $obj->paintbrush();
        }elseif($obj instanceof typist){     //若对象是打字员类,则显示打字员动作
            $obj->typed();
        }else{                               //若非以上类,则显示出错信息
            echo "Error: 对象错误!";
        }
    }
    printworking(new painter());             //显示油漆工的工作
    printworking(new typist());              //显示打字员的工作
?>
```

从以上实例可以看出,若想显示其几种员工的工作状态,需要首先定义该员工类,并在该员工类中定义员工的工作,然后在 printworking()函数中增加 elseif 语句以检查对象是哪一员工类的实例。这在实际的应用中是非常不可取的。若此时采用多态,则可以轻松解决此问题。首先可以创建一个员工父类,所有的员工类将继承自该员工父类,并且继承父类的所有方法与属性。

【例 6-24】 采用多态的方式改写上例。

```php
<?php
    class employee{                          //定义员工父类
        protected function working(){        //定义员工工作,需要在子类的实现
            echo "本方法需要在子类中重载!";
        }
    }
    class painter extends employee{          //定义油漆工类
        public function working(){           //实现继承的工作方法
            echo "油漆工正在刷漆!\n";
```

```
        }
    }
    class typist extends employee{          //定义打字员类
        public function working(){
            echo "打字员正在打字!\n";
        }
    }
    class manager extends employee{         //定义经理类
        public function working(){
            echo "经理正在开会!";
        }
    }
    function printworking($obj){            //定义显示员工工作状态的处理方法
        if($obj instanceof employee){       //若是员工对象,则显示其工作状态
            $obj->working();
        }else{                              //否则显示错误信息
            echo "Error: 对象错误!";
        }
    }
    printworking(new painter());            //显示油漆工的工作
    printworking(new typist());             //显示打字员的工作
    printworking(new manager());            //显示经理的工作
?>
```

实例运行结果如下：

```
油漆工正在刷漆!
打字员正在打字!
经理正在开会!
```

在上述实例程序中,首先定义一个 employee(员工)基类,并定义员工工作的 working()
方法。接下来定义将继承自员工基类的 3 个员工类：painter(油漆工)类、typist(打字员)类
和 manager(经理)类。然后定义显示员工工作状态的处理方法 printworking()。从上例可
发现,无论增加多少个 employee 类,只需要实现自它的父类继承的类和方法,而无须修改显
示员工工作状态的处理方法 printworking()。

为了进一步认识多态性的使用方法,再看一个例子。首先定义一个形状的接口或是抽
象类作为父类,里面有两个抽象方法,一个是求周长的方法,另一个是求面积的方法；接口的
子类是多种不同的形状,每个形状又都有周长和面积,又因为父类是一个接口,所以子类里
面就必须要实现父类的这两个周长和面积的抽象方法,这样做的目的是每种不同形状的子
类都遵守父类接口的规范,都要有求周长和求面积的方法。

【例 6-25】 求周长和面积。

```
<?php
    //定义了一个形状的接口,里面有两个抽象方法让子类去实现
    interface Shape
```

```php
{
    function area();
    function perimeter();
}

//定义了一个矩形子类实现形状接口中的周长和面积
class Rect implements Shape
{
    private $width;
    private $height;

    function __construct($width, $height)
    {
        $this->width=$width;
        $this->height=$height;
    }

    function area()
    {
        return "矩形的面积: ".($this->width * $this->height);
    }

    function perimeter()
    {
        return "矩形的周长: ".(2 * ($this->width+$this->height));
    }
}
//定义了一个圆形子类实现形状接口中的周长和面积
class Circular implements Shape
{
    private $radius;

    function __construct($radius)
    {
        $this->radius=$radius;
    }

    function area()
    {
        return "圆形的面积: ".(3.14 * $this->radius * $this->radius);
    }

    function perimeter()
    {
        return "圆形的周长: ".(2 * 3.14 * $this->radius);
```

```
            }


        }

        //把子类矩形对象赋给形状的一个引用
        $shape=new Rect(10, 10);
        echo $shape->area()."<br>";
        echo $shape->perimeter()."<br>";

        //把子类圆形对象赋给形状的一个引用
        $shape=new Circular(100);

        echo $shape->area()."<br>";
        echo $shape->perimeter()."<br>";
    ?>
```

上例执行结果如下：

```
矩形的面积：100
矩形的周长：40
圆形的面积：3140
圆形的周长：628
```

通过上例看到，把矩形对象和圆形对象分别赋给了变量 $shape，调用 $shape 引用中的面积和周长的方法，出现了不同的结果，这就是一种多态的应用。

6.6 本章小结

本章结合面向对象在编程技术中的作用，介绍了类、对象等概念和定义方法，针对面向对象的封装、继承、多态等特性，结合实例讲述了在 PHP 中这些特性的用法以及抽象类与接口技术的应用方法。

实训 6

【实训目的】
掌握 PHP 语言中面向对象、继承、多态及接口的使用方法。
【实训环境】
(1) 硬件：普通计算机。
(2) 软件：Windows 系统平台、PHP 5.2.13、Apache 2.2.4。
【实训内容】
1. 创建类，并应用构造方法和成员方法
声明一个 Person 类，创建一个该类的构造方法和成员方法。

```php
<?php
    //声明一个"人"类 Person,其中声明一个构造方法
    class Person {
        //下面是声明人的成员属性,都是没有初值的,在创建对象时,使用构造方法赋初值
        var $name;                    //定义人的名字
        var $sex;                     //定义人的性别
        var $age;                     //定义人的年龄
        //声明一个构造方法,将来创建对象时,为对象的成员属性赋初值,参数中都使用了默认参数
        function __construct($name="", $sex="男", $age=1) {
        //在创建对象时,使用传入的参数$name 为成员属性$this->name 赋初值
        $this->name=$name;
        //在创建对象时,使用传入的参数$sex 为成员属性$this->sex 赋初值
        $this->sex=$sex;
        //在创建对象时,使用传入的参数$age 为成员属性$this->age 赋初值
        $this->age=$age;
        }

        //下面是声明人的成员方法
        function say(){
            echo "我的名字: ".$this->name.",性别: ".$this->sex.",年龄: ".$this-
                >age."。<br>";
        }
        function run(){
            echo $this->name."在走路<br>";
        }
    }
?>
```

2. 类的继承应用

定义人类(父类)继承学生类和教师类(子类)。

```php
<?php
    //声明一个人类,定义人所具有的一些基本的属性和功能成员,作为父类
    class Person {
        var $name;                    //声明一个存储人的名字的成员
        var $sex;                     //声明一个存储人的性别的成员
        var $age;                     //声明一个存储人的年龄的成员

        function __construct($name="", $sex="男", $age=1) {
            $this->name=$name;
            $this->sex=$sex;
            $this->age=$age;
        }

        function say(){
            echo "我的名字: ".$this->name.",性别: ".$this->sex.",年龄: ".$this->age.
```

```
            "。<br>";
        }

        function run() {
            echo $this->name."正在走路。<br>";
        }
    }

    //声明一个学生类,使用 extends 关键字扩展(继承)Person 类
    class Student extends Person {
        var $school;                //在学生类中声明一个所在学校 school 的成员属性
        //在学生类中声明一个学生可以学习的方法
        function study(){
            echo $this->name."正在".$this->school."学习<br>";
        }
    }

    //再声明一个教师类,使用 extends 关键字扩展(继承)Student 类
    class Teacher extends Student {
        var $wage;                  //在教师类中声明一个教师工资 wage 的成员属性

        //在教师类中声明一个教师可以教学的方法
        function teaching() {
            echo $this->name."正在".$this->school."教学,每月工资为".$this->wage.
                "。<br>";
        }
    }
    //使用继承过来的构造方法创建一个教师对象
    $teacher1=new Teacher("张三", "男", 40);
    //将一个教师对象中的所在学校的成员属性 school 赋值
    $teacher1->school="edu";
    //将一个教师对象中的成员属性工资赋值
    $teacher1->wage=3000;
    $teacher1->say();               //调用教师对象中的说话方法
    $teacher1->study();             //调用教师对象中的学习方法
    $teacher1->teaching();          //调用教师对象中的教学方法
?>
```

习题 6

1. 用户如何访问和设置一个类的属性?
2. PHP 面向对象的特性有哪几个? 并说明其用法。
3. 简述 public、protected、private 的区别和调用方式。
4. 分别输出(1)、(2)语句的运行结果,试简述过程。

```php
<?php
    class sample {
        function __call($a, $b){
            echo ucwords(implode(' ', $b).' '.$a);
        }

        function ads(){
            ob_start();
            echo 'by';
            return $this;
        }

        function ade(){
            $c=ob_get_clean();
            $this->php('brophp', $c);
        }
    }

    $inst=new sample();
?>
```

（1）＄inst－＞cmstop('welcome'，'to')。

（2）＄inst－＞ads()－＞ade()。

5. 简述面向对象中接口和抽象类的区别及应用场景。

6. 简单写一个类，实例化这个类，并写出调用该类的属性和方法的语句。

7. 用面向对象来实现 A 对象继承 B 对象和 C 对象。

8. 使用面向对象中封装、继承、多态三大特性及接口的应用，实现在同一个计算机主板的 PCI 插槽中，安装声卡、网卡和显示卡等符合 PCI 规范的不同功能的 PCI 设备。当插入不同的 PCI 设备卡时，就开启被插入卡的功能（提示：声明一个 PCI 接口、"声卡"类、"网卡"类、"显示卡"类、"主板"类、"安装工人"类，其中每个 PCI 设备都要实现 PCI 接口的规范）。

第7章 使用 Dreamweaver 构建 PHP 互动网页

学习目标：

本章介绍使用 Dreamweaver 构建 PHP 互动网页的相关知识，包括基本概念、操作步骤以及实现方法。通过本章的学习，可了解表单变量、表单验证、URL 变量、会话管理等互动网页的基本构成元素，掌握使用 Dreamweaver 构建互动网页的基本操作步骤，能够使用 Dreamweaver 熟练进行互动网页的制作。本章学习要求如表 7-1 所示。

表 7-1　本章学习要求

知 识 要 点	能 力 要 求	相 关 知 识
获取表单变量	掌握＜form＞标签的语法规则，会熟练使用＜form＞标签	HTML、CSS 语法
表单验证	掌握表单验证的两种方法，会制作表单验证页面	JavaScript 语法规则
获取 URL 变量	掌握 URL 变量的概念，会使用 URL 变量传递参数	URL、GET、POST
页面跳转	了解页面跳转的 3 种方法，会熟练使用其中一种方法	超链接
会话管理	了解会话管理机制，会使用会话管理机制来处理事物	客户端、服务器端
Cookie 应用	了解 Cookie 机制，会使用 Cookie 机制来处理事物	Domain、Cookie 欺骗

PHP 是开发 Web 应用的首选语言之一，利用 PHP 可以使 Web 应用程序开发变得方便、快捷。在实际开发过程中，需要将 PHP 服务器端脚本嵌入到网页的 HTML 代码中，通过获取服务器与客户端的交互数据，对数据进行收集、处理，及时反馈到客户端，使网页具有动态响应的过程，从而完成 Web 应用程序的开发。

利用 Dreamweaver CS6 能够以可视化的方式进行 PHP 互动网页的构建，获取页面的表单变量和 URL 参数、在不同页面之间跳转，甚至是会话管理及 Cookie 应用等，实现服务器与客户端的交互过程。

7.1　获取表单变量

表单是互动网页的重要组成部分，可以用于从网页访问者那里收集信息。当访问者在 Web 浏览器中显示的表单中输入信息，单击提交按钮时，这些信息将以表单变量的形式被发送到服务器，服务器中的 PHP 服务器端脚本会对这些信息进行处理，然后服务器向用户（或客户端）发回所处理的信息或基于该表单内容执行某些其他操作，从而实现 PHP 程序与客户端的交互。

7.1.1　创建表单

在 Dreamweaver 中，表单输入类型称为表单对象。表单对象是允许用户输入数据的机制，在网页中可以创建的表单对象有文本域、隐藏域、按钮、复选框、单选按钮、列表、跳转菜

单、文件域、图像域等。在实际应用中,创建表单的方法有两种:一是在 HTML 代码中使用
<form>标签创建表单,二是在 Dreamweaver 中利用工具创建表单。

1. 使用<form>标签创建表单

在 HTML 代码中,使用<form>标签在网页中定义一个表单的语法格式如下:

```
<form name="form1" method="post" action="URL" enctype="multipart/form-data"
    target="_blank">
    …                                    //此处添加各种表单对象代码
</form>
```

其中,<form>标签中相关参数介绍如下。

① name: 指定表单的名称,以便在脚本中引用该表单。

② method: 指定将表单参数传递到服务器的方法,其取值为 post 或 get,post 表示在
HTTP 请求中嵌入表单参数,get 表示将表单参数附加到请求该页的 URL。

③ action: 指定将要接收表单的参数的服务器端程序或动态网页的 URL 地址。

④ enctype: 指定提交表单参数所用的编码方式。

⑤ target: 指定用来显示表单处理结果的目标窗口或框架的名称。

2. 在 Dreamweaver 中利用工具创建表单

在 Dreamweaver 中既可以利用"表单工具"直接插入表单,还可以选中"插入"|"表单"
选项,在网页中创建表单,具体方法如下。

(1) 将光标定位到页面中需要插入表单的位置,选中"插入"|"表单"|"表单"选项,或者
单击"插入"工具栏上的"表单"按钮,单击"表单"图标,即可在页面中创建出一个新的表单,
如图 7-1 所示。

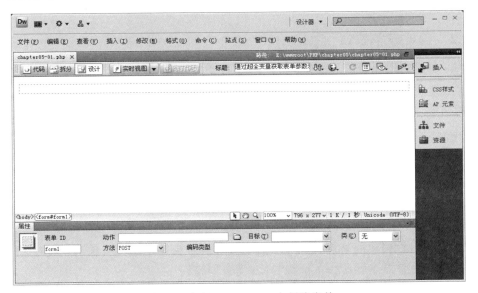

图 7-1 在 Dreamweaver 中创建表单

由于表单在网页中属于不可见元素,在 Dreamweaver 中插入一个表单后,当页面处于
"设计"视图时,表单用红色的虚线来表示。如果页面中没有红色虚线,选中"查看"|"可视化

助理"|"不可见元素"选项。

（2）单击表单边框，选中整个表单，通过"属性"面板设置表单的各项参数，如图 7-2 所示。

图 7-2　利用"属性"面板设置表单的各项参数

① 表单 ID：直接输入表单的名称，以便在脚本中引用该表单。

② 方法：在下拉列表中选中将表单参数传递到服务器的方法，其取值为 post 或 get，post 表示在 HTTP 请求中嵌入表单参数，get 表示将表单参数附加到请求该页的 URL，使用浏览器的默认设置将表单数据发送到服务器。注意不要使用 GET 方法发送数据量较大的表单，URL 的长度限制在 8192 个字符以内，如果发送的数据量太大，数据将被截断，从而导致意外的或失败的处理结果。

③ 动作：输入或者浏览本地文件，指定将要接收表单的参数的服务器端程序或动态网页的 URL 地址。

④ 编码类型：下拉列表，指定提交表单参数所用的编码方式。

⑤ 目标：下拉列表，指定用来显示表单处理结果的目标窗口或框架的名称。可选择的值有 _blank，在未命名的新窗口中打开目标文档；_parent，在显示当前文档的窗口的父窗口中打开目标文档；_self，在提交表单所使用的窗口中打开目标文档；_top，在当前窗口的窗体内打开目标文档。

7.1.2　创建表单按钮

表单按钮用来控制表单的操作，通常带有"提交""重置""自定义"等标签，使用按钮可以将表单数据提交到服务器、重置该表单或者执行特定的客户端脚本。在实际应用中，创建表单按钮的方法有两种，一是在 HTML 代码中使用＜input＞标签创建按钮，二是在 Dreamweaver 中利用工具直接插入按钮。

1. 使用＜input＞标签创建按钮

在 HTML 代码中，使用＜input＞标签创建按钮的语法格式如下：

```
<input type="submit|reset|button" name="button1" value="string"/>
```

其中，＜input type＝"submit|reset|button"＞标签的相关参数介绍。

① name：指定按钮的名称，在 PHP 程序或者脚本程序中通过名称引用按钮。

② value：指定显示在按钮上的标签（即文本标题）。

③ type：指定按钮的类型，取值可以是 submit、reset 或 button。

- submit：创建一个提交按钮。单击"提交"按钮可以向服务器提交表单，表单包含的所有变量提交到指定的服务器端处理程序中进行处理。一般情况下，表单中至少有一个提交按钮。根据需要，可以在表单中添加多个"提交"按钮。

- reset：创建一个"重置"按钮。单击"重置"按钮可以将表单变量的当前值重置为预设的默认值。
- button：创建一个自定义按钮。为了赋予该按钮某种功能,必须为按钮编写脚本,通过对自定义按钮的 onclick 事件编写执行脚本,达到在单击该按钮时执行一个语句或过程的目的。

2. 在 Dreamweaver 中利用工具直接插入按钮

在 Dreamweaver 中即可以利用"表单工具"直接插入按钮,还可以选中"插入"|"按钮"选项,在网页中创建按钮,具体方法如下。

（1）将光标定位到表单中需要插入按钮的位置,选中"插入"|"表单"|"按钮"选项,或者单击"插入"工具栏上的"表单"按钮,单击"按钮"图标,打开"输入标签辅助功能属性"对话框,如图 7-3 所示。输入相关信息后,单击"确定"按钮,或者不输入任何信息,单击"取消"按钮,即可在网页中创建一个表单按钮,如图 7-4 所示。

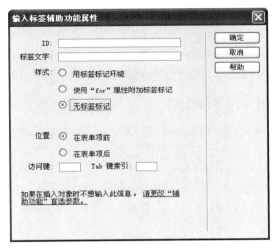

图 7-3　"输入标签辅助功能属性"对话框

输入标签辅助功能属性对话框用于设置表单对象辅助功能选项,屏幕阅读器会朗读对象的"标签"属性。对话框的相关参数如下。

① 标签文字：在"标签文字"文本框中输入该表单对象的名称。

② 样式：用标签标记环绕会在表单项的两边添加一个标签标记;使用 for 附加标签标记会使用 for 属性在表单项两侧添加一个标签标记;无标签标记不使用标签标记。

③ 位置：为标签选择相对于表单对象的位置："在表单项后"或"在表单项前"。

④ 访问键：在"访问键"文本框中输入等效的键盘键（一个字母）,用以在浏览器中选中表单对象。使用 Control＋快捷键来访问该对象。例如,如果输入 B 作为快捷键,则按 Control＋B 组合键在浏览器中选中该对象。

⑤ Tab 键索引：在"Tab 键索引"文本框中输入一个数字以指定该表单对象的 Tab 键顺序。当页面上有其他链接和表单对象,并且需要用户用 Tab 键以特定顺序通过这些对象时,设置 Tab 键顺序就会非常有用。如果为一个对象设置 Tab 键顺序,则一定要为所有对象设置 Tab 键顺序。

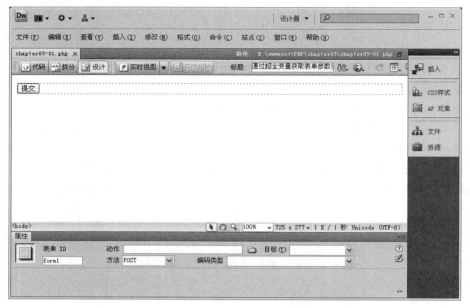

图 7-4　在 Dreamweaver 中创建表单按钮

（2）单击表单按钮，打开按钮的"属性"面板，设置按钮的各项参数，如图 7-5 所示。

图 7-5　利用"属性"面板设置按钮的各项参数

按钮的"属性"面板中各项参数如下。

① 按钮名称：该文本框用于输入按钮的名称，在 PHP 程序或者脚本程序中通过名称引用按钮。

② 值：该文本框用于输入需要显示在按钮上的标签，即文本标题。

③ 动作：该选项区域用于选择按钮的类型，包含 3 个选项。

- 提交表单：将按钮设置为一个提交类型的按钮，单击该按钮，可以将表单内容提交给服务器进行处理。

- 重设表单：将按钮设置为一个复位类型的按钮，单击该按钮，可以将表单中的所有内容都恢复为默认的初始值。

- 无：不对按钮设置行为，可以将按钮同一个脚本或应用程序相关联，单击该按钮时，自动执行相应的脚本或程序。

④ 类：该下拉列表框用于指定该按钮的 CSS 样式。

7.1.3　获取表单变量

在 PHP 中，可以通过两个预定义变量方便地获取网页提交的表单数据。这两个预定

义变量为 $_GET 和 $_POST。它们都是 PHP 的自动全局变量,可以直接在 PHP 程序中使用。

变量 $_GET 是由表单的 GET 方法传递的表单变量组成的数组,表单对象的名称就是数组的"索引",通过表单对象的名称(即 name 属性的值),可以获得该表单对象的变量值。例如,某表单中有一个文本输入框,名称为 user_name,那么在 PHP 程序中,就可以通过 $_GET['user_name'] 获取文本框中用户输入的值。变量 $_POST 是由表单的 POST 方法传递的表单变量组成的数组,其用法和 $_GET 类似。

1. 通过超全局变量获取表单变量

不论用何种方法提交的表单,都可以通过超全局变量 $REQUEST 获取表单变量,其语法格式如下:

```
$_REQUEST["表单对象名称"]
```

其中,$_REQUEST 是经由 GET、POST 和 COOKIE 机制提交至 PHP 代码中的变量,因此该数组并不值得信任,所有包含在该数组中的变量的存在与否及变量的顺序均按照 php.ini 中的 variables_order 配置来定义。此数组在 PHP 4.1.0 之前没有直接对应的版本。

【例 7-1】 通过超全局变量获取表单变量。

程序执行前的网页如图 7-6 所示。

图 7-6　程序运行的界面

程序执行后的网页如图 7-7 所示。

设计步骤如下。

(1) 在 Dreamweaver 中建立一个叫 PHP 测试的站点,文档目录为 D:\wwwroot\php,该目录已经在 Apache 中设置为服务器文档根目录,在此文件夹下新建一个文件夹并命名为 chapter05。

图 7-7　通过超全局变量获取表单变量

（2）在 chapter05 中新建一个 PHP 动态网页并保存为 chapter05-01.php，然后将文档标题设置为"通过超全变量获取表单参数示例"。

（3）在该页面中插入一个表单，将其 method 属性设置为 POST，action 属性留空，其他属性设置为默认值。

（4）在表单中插入一个提交按钮，将按钮名称设置为 btnSubmit，将按钮值设置为"提交表单"。

（5）切换到代码视图，在表单的开始标签＜form＞之前输入以下 PHP 代码：

```php
<?php
    if (empty($_POST["btnSubmit"])){
?>
```

（6）在表单的结束标签＜/form＞之后输入以下脚本：

```php
    } else
    {
        echo "数组\$_POST:<br/>\n";
        print_r($_POST);
        echo "<br/>\n";
        echo "数组\$_REQUEST:<br/>\n";
        print_r($_REQUEST);
        echo "<p>您单击了 "".$_POST["btnSubmit"]."" 按钮。</p>\n";
    }
?>
```

（7）在 IE 浏览器中输入地址 http://localhost/chapter05/chapter05-01.php，查看网页

效果,并单击"提交表单"按钮进行程序测试。

2. 在 Dreamweaver 中添加表单变量

在 Dreamweaver 中,可以通过绑定面板为 PHP 动态网页创建表单变量,并向页面中添加绑定后的表单变量。具体操作方法如下。

(1)在文档窗口中打开要使用表单变量的页面。

(2)打开"绑定"面板。打开"绑定"面板的方法可以选中"窗口"|"绑定"选项,或者按Ctrl+F10 组合键调出"绑定"面板。

(3)打开"绑定"面板后,在面板中单击"+"按钮,在弹出菜单中选中"表单变量"选项,如图 7-8 所示。

(4)在弹出的"表单变量"对话框中输入表单变量的名称,该名称必须是要使用表单对象的名称,如图 7-9 所示。

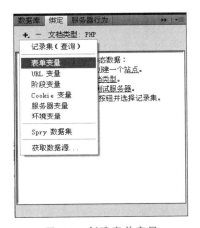

图 7-8　创建表单变量

图 7-9　"表单变量"对话框

(5)输入名称后单击"确定"按钮,在"绑定"面板中可以看到添加后的表单变量,如图 7-10 所示。

将表单变量添加到绑定面板后,若想在页面中调用表单变量,可执行下列操作之一。

① 从"绑定"面板中将表单变量直接拖动到页面中。

② 将光标定位到页面中要插入表单变量的位置,然后在"绑定"面板中单击要插入的表单变量名称,单击"插入"按钮。

插入表单变量后,Dreamweaver 会自动生成一行PHP 代码,通过超全局变量 $_POST 来引用表单变量。例如,在页面中插入一个名称为 my_button 的表单变量后,Dreamweaver 自动生成代码:

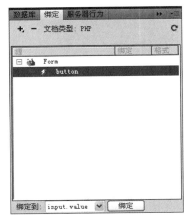

图 7-10　"绑定"面板中的表单变量

```php
<?php
    echo $_POST['my_button'];
?>
```

7.1.4　使用文本域

文本域是用来输入文本信息的表单对象，可以输入字母、数字和汉字等，包括单行文本框、多行文本框和密码文本框 3 种类型。单行文本框提供一个能够输入单行信息的输入框；多行文本框提供一个能够输入多行信息的输入区域；密码文本框提供一个能够输入密码信息的输入框，输入的信息内容以"＊"显示。

在实际应用中，创建文本域的方法有两种：一是在 HTML 代码中使用＜input＞和＜textarea＞标签创建文本域，二是在 Dreamweaver 中利用工具直接插入文本域。

1. 使用＜input＞标签创建文本域

在 HTML 代码中，使用＜input＞标签创建文本域的语法格式如下：

```
<input type="text|password" name="string" value="string" size="int" maxlength
    ="int" />
```

其中，＜input type＝"text|password"＞标签的相关参数如下。

① type：设置文本框的类型，text 表示单行文本框，password 表示密码输入框。密码框与单行文本框的外观和作用类似，不同之处在于，密码框中输入数据时将显示"＊"或其他符号，防止泄露用户输入的信息。

② name：设置文本框的名称，在 PHP 程序中通过名称来引用文本框表单变量。

③ value：设置文本框的初始值，在 PHP 程序中通过该参数来获取文本框表单变量的值。表单提交时，文本框的名称和值一同提交到处理程序或页面中。

④ size：设置文本框在页面中的大小，以字符为单位。

⑤ maxlength：指定文本框允许输入的最大字符数。

2. 使用＜textarea＞标签创建多行文本框

多行文本框也称文本区域。在 HTML 代码中，使用＜textarea＞标签创建文本区域的语法格式如下：

```
<textarea
    name="string" rows="int" cols="int" wrap="wrapType" >初始值
</textarea>
```

其中，＜textarea＞标签的相关参数如下。

（1）name：设置文本区域的名称，在 PHP 程序或脚本程序中通过名称来引用文本区域表单变量。

（2）rows：指定文本区域在页面中所占的高度，以行为单位。

（3）cols：指定文本区域在页面中所占的宽度，以字符为单位。

（4）wrap：指定文本输入区内的换行模式，可设置为 off、virtual 或者 physical。

（5）初始值：设置文本区域所包含的初始值。在 PHP 程序或其他脚本中，可以通过 value 参数来获取文本区域的表单变量值。表单提交时，文本区域的名称和值都会包含在表单变量中。

3. 使用 Dreamweaver 插入文本域

在 Dreamweaver 中既可以利用"表单工具"直接插入文本域，又可以选中"插入"|"文本

域"选项,在网页中插入单行文本框和密码框按钮,具体方法如下。

（1）首先将光标定位到表单中需要插入文本域的位置,选中"插入"|"表单"|"文本域"选项,或者单击"插入"工具栏上的"表单"按钮,单击"文本字段"图标,打开"输入标签辅助功能属性"对话框,如图 7-3 所示（详细介绍参见 7.1.2 节）。输入相关信息后,单击"确定"按钮,或者不输入任何信息,单击"取消"按钮,即可在网页中创建一个文本域,如图 7-11 所示。

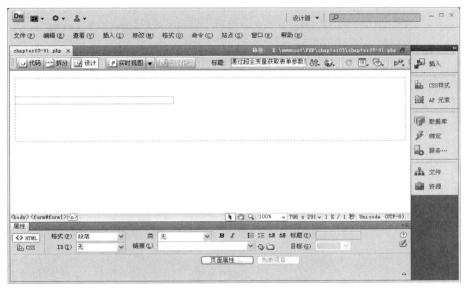

图 7-11　在 Dreamweaver 中创建文本域

（2）单击文本域,打开文本域的"属性"面板,设置文本域的各项参数,如图 7-12 所示。

图 7-12　文本域的"属性"面板

文本域的"属性"面板中,各项参数如下。

① 文本域:用于设置文本域的名称,在 PHP 程序中通过名称来引用文本区域表单变量。

② 字符宽度:用于设置文本框在页面中的大小（即允许显示的字符数目）,以字符为单位。

③ 最多字符数:用于设置文本域中允许输入的最多字符数目,以字符为单位。

④ 类型:用于设置文本域的类型为单行文本框、多行文本框或者密码输入框。

⑤ 初始值:用于设置文本域中默认状态下显示的文本。

⑥ 类:用于下拉列表框,指定用于文本域的 CSS 样式。

⑦ 禁用:用于设置当前文本域是否有效。

⑧ 只读:用于设置当前文本域是否能够输入内容。

4. 使用 Dreamweaver 插入多行文本域

与插入文本域的方法类似,在 Dreamweaver 中既可以利用"表单工具"直接插入多行文本域,又可以选中"插入"|"文本区域"选项,在网页中插入多行文本域,具体方法如下。

(1) 首先将光标定位到表单中需要插入多行文本域的位置,选中"插入"|"表单"|"文本区域"选项,或者单击"插入"工具栏上的"表单"按钮,单击"文本字段"图标,打开"输入标签辅助功能属性"对话框,如图 7-3 所示(详细介绍参见 7.1.2 节)。输入相关信息后,单击"确定"按钮,或者不输入任何信息,单击"取消"按钮,即可在网页中创建一个多行文本域,如图 7-13 所示。

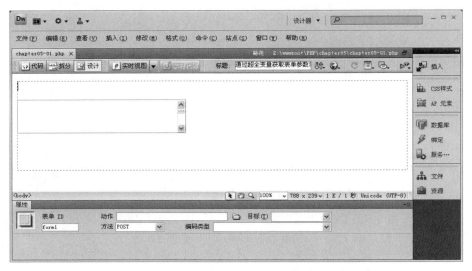

图 7-13　在 Dreamweaver 中创建多行文本域

(2) 单击多行文本域,打开文本区域的"属性"面板,设置文本区域的各项参数,如图 7-14 所示。

图 7-14　多行文本域的"属性"面板

多行文本域的"属性"面板中,各项参数与文本域属性面板大致相同。

① 文本域:用于设置文本区域的名称,在 PHP 程序中通过名称来引用文本区域表单变量。

② 字符宽度:用于设置文本区域在页面中的宽度,以字符为单位。

③ 行数:用于设置文本区域在页面中的高度,以行为单位。

④ 换行:用于设置文本输入区内的换行模式,可设置为默认、关、虚体或者实体。

⑤ 类型:用于设置文本区域的类型为单行文本框、多行文本框或者密码输入框。

⑥ 初始值:用于设置文本域中默认状态下显示的文本。

⑦ 类：用于下拉列表框，指定用于文本域的 CSS 样式。

⑧ 禁用：用于设置当前文本域是否有效。

⑨ 只读：用于设置当前文本域是否能够输入内容。

【例 7-2】 文本框应用：通过超全局变量获取提交的文本框的内容。

程序执行前的页面效果如图 7-15 所示。

图 7-15 程序执行前的页面效果

输入相关信息后，单击"提交"按钮，运行指定的 PHP 程序，程序执行后的页面效果如图 7-16 所示。

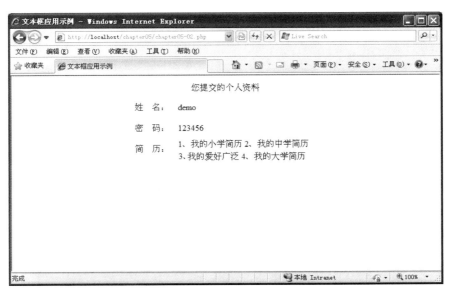

图 7-16 程序执行后的页面效果

设计步骤如下。

（1）在 Dreamweaver 中打开 PHP 站点。

（2）在文件夹 chapter07 中新建一个 PHP 动态网页并保存为 chapter07-02.php，将文档标题设置为"文本框应用示例"。

（3）在该页中插入一个表单并命名为 form1，在表单内插入一个 5 行 2 列的表格，命名为 frmTable。

（4）在表格中第一列输入相关提示文字，在第二列中分别插入一个单行文本框、一个多行文本框和一个密码框，并对应命名为 txtUserName、txtResume 和 txtPassword；在最后一行插入一个"提交"按钮和一个"重置"按钮，将"提交"按钮命名为 btnSubmit。

（5）在表单 form1 之后新插入一个 4 行 2 列的表格，命名为 showTable，在第一列输入提示文字。

（6）打开"绑定"面板，创建 3 个表单变量，并分别命名为 txtUserName、txtResume 和 txtPassword，然后将它们分别添加到表格 showTable 相应的单元格中。

此时的页面布局如图 7-17 所示。

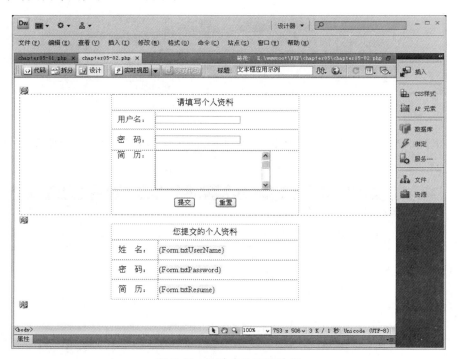

图 7-17 设计中的页面效果

（7）切换到代码视图，在表单开始标签<form>之前输入以下 PHP 代码：

```php
<?php
    if(empty($_POST["btnSubmit"])){
?>
```

（8）在表单结束标签</form>与表格 showTable 的开始标签<table>之间输入以下

PHP 代码：

```
<?php
    }else{
?>
```

（9）在</body>标签之前输入以下 PHP 代码：

```
<?php
    }
?>
```

（10）打开 IE 浏览器，在浏览器地址栏中输入所对应的网页地址 http://localhost/chapter05/chapter05-02.php，查看程序执行效果，在文本框中输入测试数据后提交表单，查看程序处理后的页面效果。

7.1.5　使用单选按钮

在设计某些程序时需要用到单选按钮，其标志是有若干选项，选项前面有一个圆环，当用户选中某个选项时，出现一个小实心圆点表示该项被选中。单选按钮对象包括单选按钮和单选按钮组两种，如果多个单选按钮组成一个单选按钮组，组中的单选按钮提供相互排斥的选项值，每次只能选择一个单选按钮。

在实际应用中，创建单选按钮的方法有两种，一是在 HTML 代码中使用<input>标签创建按钮，二是在 Dreamweaver 中利用工具直接插入按钮。

1. 使用<input>标签创建单选按钮

在 HTML 代码中，使用<input>标签创建单选按钮的语法格式如下：

```
<input type="radio" name="string" value="string" [checked="checked"]/>
```

其中，<input type="radio">标签的相关参数如下。

（1）name：用于设置单选按钮的名称，在 PHP 程序或者脚本程序中通过名称引用。多个名称相同的单选按钮构成一个单选按钮组，用户在单选按钮组中只能选择一个选项。

（2）value：用于设置单选按钮提交时的变量值。当提交表单时，单选按钮组的名称和选中的单选按钮的值会包含在表单变量中提交到 PHP 程序中。

（3）checked：用于设置单选按钮的默认选择状态，当设置为 checked 时，页面中默认该单选按钮处于被选中状态。

2. 在 Dreamweaver 中添加单选按钮

在 Dreamweaver 中既可以利用"表单工具"直接插入单选按钮，又可以选中"插入"|"单选按钮组"选项在网页中创建按钮，具体方法如下。

（1）首先将光标定位到表单中需要插入单选按钮的位置，选中"插入"|"表单"|"单选按钮"选项，或者单击"插入"工具栏上的"表单"按钮，单击"单选按钮"图标，打开"输入标签辅助功能属性"对话框，如图 7-3 所示（详细介绍参见 7.1.2 节）。输入相关信息后，单击"确定"按钮，或者不输入任何信息，单击"取消"按钮，即可在网页中添加一个单选按钮，如图 7-18 所示。

图 7-18　在 Dreamweaver 中添加单选按钮

（2）单击单选按钮，打开单选按钮的"属性"面板，设置单选按钮的各项参数，如图 7-19 所示。

图 7-19　单选按钮的"属性"面板

单选按钮的"属性"面板中各项参数如下。

① 单选按钮：用于设置单选按钮的名称。在 PHP 程序或者脚本程序中通过名称引用。多个名称相同的单选按钮构成一个单选按钮组。Dreamweaver 自动将同一个段落或同一个表格中的所有名称相同的单选按钮定义为单选按钮组。

② 选定值：用于设置单选按钮提交时的变量值。当提交表单时，单选按钮组的名称和选中的单选按钮的值会包含在表单变量中提交到 PHP 程序中。

③ 初始状态：用于设置单选按钮在文档中的默认选中状态，包括"已勾选"和"未选中"两个选项。

④ 类：设置用于该单选按钮的 CSS 样式。

3. 在 Dreamweaver 中添加单选按钮组

制作动态网页时使用单个的单选按钮没有实际意义，必须使用单选按钮组来设计程序。同添加单选按钮的方法类似，在 Dreamweaver 中既可以利用"表单工具"直接插入单选按钮组，又可以选中"插入"|"单选按钮组"选项，在网页中添加单选按钮组，具体方法如下。

将光标定位到表单中需要插入按钮的位置，选中"插入"|"表单"|"单选按钮组"选项，或

者单击"插入"工具栏上的"表单"按钮,单击"单选按钮组"图标,打开"单选按钮组"对话框,如图 7-20 所示。

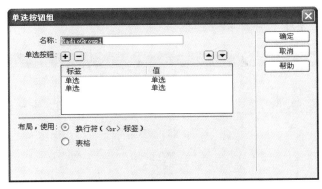

图 7-20 "单选按钮组"对话框

"单选按钮组"对话框中主要参数选项的具体作用如下。

(1)名称:用于设置单选按钮组的名称,在 PHP 程序或者脚本程序中通过名称来引用该单选按钮组。

(2)单选按钮:用于设置单选按钮组中要包含的单选按钮,左边列设置单选按钮的标签,右边列设置按钮的值,等同于单选按钮"属性"面板中的"选定值"。

(3)布局,使用:用于设置多个单选按钮之间的排版方式。

① 换行符(
标签):用换行符来分隔多个单选按钮。

② 表格:自动插入多行表格来分隔多个单选按钮。

设置好相应的选项后,单击"确定"按钮,在页面中插入单选按钮组,如图 7-21 所示。

图 7-21 在 Dreamweaver 中添加单选按钮组

提示：单击"单选按钮组"对话框左上角的➕、➖按钮增删单选按钮，可以通过右上角的➖、➕按钮来改变单选按钮的显示顺序。

【例 7-3】 单选按钮应用。通过单选按钮进行选择并在 PHP 中获取所选项目值。

程序执行前的页面效果如图 7-22 所示。

图 7-22　程序执行前的页面效果

单击选择项后，单击"提交"按钮，运行指定的 PHP 程序，程序执行后的页面如图 7-23 所示。

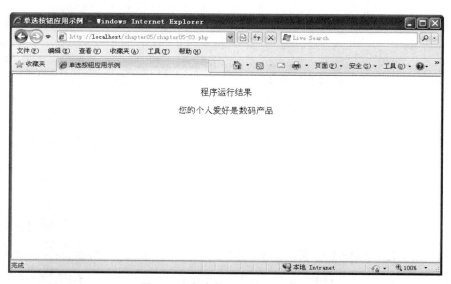

图 7-23　程序执行后的页面效果

设计步骤如下。

（1）在 Dreamweaver 中打开 PHP 站点。

（2）在文件夹 chapter5 中新建一个 PHP 动态网页并保存 chapter05-03.php，然后将文档标题设置为"单选按钮应用示例"。

（3）在页面中插入一个表单，命名为 form1，在表单中插入一个 3 行 1 列的表格。

（4）表格第 1 行输入提示文字"设置个人爱好"，表格第 2 行添加一个单选按钮组，并命名为 RadioGroup1，在单选按钮组中添加 4 个单选按钮，分别将它们的标签和值设置为"汽车运动""数码产品""户外旅行""美食搜索"，在最后一行插入"提交"按钮和"重置"按钮，将"提交"按钮命名为 btSubmit。

（5）在表单 form1 之后插入一个 2 行 1 列的表格，命名为 showTable，在第 1 行输入提示文字"程序运行结果"，在第 2 行输入提示文字"您的个人爱好是"。

（6）打开"绑定"面板，创建一个表单变量，命名为 RadioGroup1，将它们添加到表格 showTable 的第 2 行提示文字之后。

此时的页面布局如图 7-24 所示。

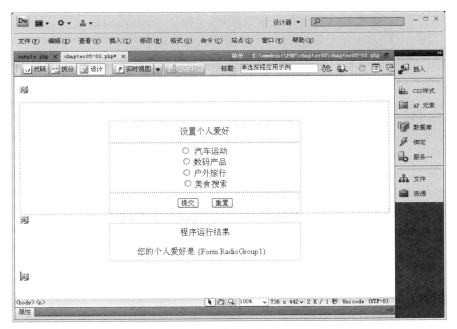

图 7-24　设计中的页面布局

（7）切换到代码视图，在表单开始标签＜form＞标签之前输入以下 PHP 代码：

```php
<?php
    if(empty($_POST["btSubmit"])) {
?>
```

（8）在表单结束标签＜/form＞与表格 showTable 的开始标签＜table＞之间输入以下 PHP 代码：

```php
<?php
    }else{
?>
```

(9) 在</body>标签之前输入以下 PHP 代码：

```php
<?php
    }
?>
```

(10) 打开 IE 浏览器，在浏览器地址栏中输入所对应的例子地址 http://localhost/chapter05/chapter05-03.php，查看程序执行效果，在文本框中输入测试数据后提交表单，查看程序处理后的页面效果。

7.1.6 使用复选框

使用复选框可以在网页中添加一个具有开关性质的选择按钮。复选框包括一个小框和一个标签，复选框中如有一个小的"X"（或者它设置的其他类型）代表该按钮被选中，如果为空则代表该按钮没有被选中。与单选按钮不同的是，复选框可以让用户同时选中多项。

在实际应用中，创建复选框的方法有两种，一是在 HTML 代码中使用<input>标签创建复选框，二是在 Dreamweaver 中利用工具直接插入复选框。

1. 使用<input>标签创建复选框

在 HTML 代码中，使用<input>标签创建复选框的语法格式如下：

```
<input type="checkbox" name="string" value="string" [checked="checked"]/>
```

其中，<input type="checkbox">标签的相关参数如下。

① name：用于设置复选框的名称，在 PHP 程序或者脚本程序中通过名称引用该对象。

② value：用于设置复选框提交时的变量值。当提交表单时，复选按钮的名称和值会包含在表单变量中提交到 PHP 程序中。

③ checked：用于设置复选框的默认选择状态，当设置为 checked 时，页面中默认该复选框处于被选中状态。

当提交表单时，若复选框被选中，它的名称和值都会包含在表单参数中。若复选框未选中，则只有名称会被纳入表单参数中，其值为空，在这种情况下，PHP 不会为该复选框分配变量，若直接获取它的值，则会报错。

2. 在 Dreamweaver 中添加复选框

在 Dreamweaver 中既可以利用"表单工具"直接插入复选框，又可以选中"插入"|"复选框"选项，在网页中添加复选框，具体方法如下。

（1）将光标定位到表单中需要插入复选框的位置，选中"插入"|"表单"|"复选框"选项，或者单击"插入"工具栏上的"表单"按钮，单击"复选框"图标，打开"输入标签辅助功能属性"对话框，如图 7-3 所示（详细介绍参见 7.1.2 节）。输入相关信息后，单击"确定"按钮，或者不输入任何信息，单击"取消"按钮，即可在网页中添加一个复选框，如图 7-25 所示。

（2）单击复选框，打开复选框的"属性"面板，设置复选框的各项参数，如图 7-26 所示。

复选框的"属性"面板中各项参数如下。

① 复选框名称：用于设置复选框的名称。

② 选定值：用于设置复选框提交时的变量值，该值可以被提交到服务器上，以便应用程序处理。

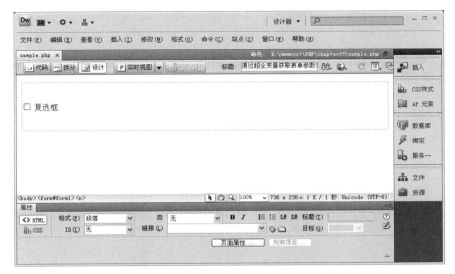

图 7-25　在 Dreamweaver 中添加复选框

图 7-26　复选框的"属性"面板

③ 初始状态：用于设置复选框在页面中的初始选中状态，包括"已选中"和"未选中"两个选项。

④ 类：设置用于该复选框的 CSS 样式。

【例 7-4】　复选框应用。通过复选框进行选择并在 PHP 中获取复选框的值。

程序执行前的页面效果如图 7-27 所示。

图 7-27　程序执行前的页面效果

单击选择喜欢的体育项目,单击"提交"按钮,运行指定的 PHP 程序,程序执行后的页面效果如图 7-28 所示。

图 7-28　程序执行后的页面效果

设计步骤如下。

(1) 在 Dreamweaver 中打开 PHP 站点。

(2) 在文件夹 chapter5 中新建一个 PHP 动态网页并保存 chapter05-04.php,然后将文档标题设置为"复选框的应用"。

(3) 在页面中插入一个表单,命名为 form1。

(4) 在表单中输入提示文字"请选择用户喜欢的体育运动",接着在表单中依次添加 5 个复选框,将它们的名称设置为 checkbox[],将它们的值分别设置为一些运动的名字。

(5) 在表单底部插入一个提交按钮和一个重置按钮,将提交按钮命名为 btSubmit。

(6) 切换到代码视图,在其表单开始标签<form>标签之前输入以下 PHP 代码:

```php
<?php
    if(empty($_POST["btSubmit"])) {
?>
```

(7) 在表单结束标签</form>之前输入以下 PHP 代码:

```php
<?php
    } else {
    echo "<p align=center>";
    if (!empty($_POST["checkbox"])) {
        echo "您喜欢的体育运动有: <br />\n";
        foreach($_POST["checkbox"] as $singer)
        echo "? " .$singer."<br />\n";
    } else
        echo "您没有喜欢的体育运动。";
```

```
    echo "</p>";
    }
?>
```

（8）打开 IE 浏览器，在浏览器地址栏中输入所对应的例子地址 http：//localhost/
chapter05/chapter05-04.php，查看程序执行效果，在文本框中输入测试数据后提交表单，查
看程序处理后的页面效果。

7.1.7　使用列表框

列表框主要供用户选择条目时使用，其内容由程序事先设置，用户无法向清单中输入数
据，当选择其中的项目，并在用户单击一个按钮或者执行某个操作时，由 PHP 程序完成对
指定项目的具体操作。

列表框分为普通列表框和下拉式菜单两种形式，普通列表框可以同时显示多个选项，并
允许用户进行重新选择；下拉式菜单也可以包含许多选项，但在浏览器中仅显示一个选项。

在实际应用中，创建列表框的方法有两种，一是在 HTML 代码中使用＜select＞和
＜option＞标签创建列表框，二是在 Dreamweaver 中利用工具直接插入列表框。

1. 使用＜select＞和＜option＞标签创建列表框

在 HTML 代码中，使用＜select＞和＜option＞标签创建列表框的语法格式如下：

```
<select name="string" size="int" [multiple="multiple"]>
    <option value="string" [selected=" selected"]>选项 1</option>
    <option value="string" [selected=" selected "]>选项 2</option>
    …
</select>
```

其中，＜select＞和＜option＞标签说明如下。

（1）＜select＞标签表示一个列表框或一个下拉式菜单，相关参数如下。

① name：用于设置列表框的名称，在 PHP 程序和脚本中可以通过该名称来引用列
表框。

② size：用于设置在列表框中能够显示出来的选项数目。

③ multiple：用于设置是否允许多项选择。

（2）＜option＞标签用于定义列表框中的选项，相关参数如下。

① value：用于设置列表框提交时的选项包含的值。当提交表单时，列表表框的名称和
所有选中的值都会包含在列表参数中。

② checked：用于设置列表框中选项的默认选中状态。

2. 在 Dreamweaver 中添加列表框

在 Dreamweaver 中既可以利用"表单工具"直接插入列表框，又可以选中"插入"｜"列
表/菜单"选项，在网页中创建列表框，具体方法如下。

（1）将光标定位到表单中需要插入列表框的位置，选中"插入"｜"表单"｜"列表/菜单"选
项，或者单击"插入"工具栏上的"表单"按钮，单击"列表/菜单"图标，打开"输入标签辅助功
能属性"对话框，如图 7-3 所示（详细介绍参见 7.1.2 节）。输入相关信息后，单击"确定"按
钮，也可以不输入任何信息，单击"取消"按钮，即可在网页中添加一个列表框。

插入列表框后,在默认情况下是没有菜单项或列表项的,可以在列表框的"属性"面板中添加项目。

(2) 单击列表框,打开列表框的"属性"面板,设置列表框的各项参数,如图 7-29 所示。

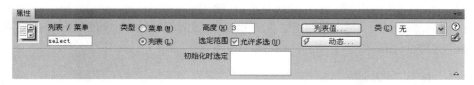

图 7-29 列表框的"属性"面板

列表框的"属性"面板中各项参数如下。

① 列表/菜单:用于设置列表框的名称,在 PHP 程序或者脚本程序中通过该名称引用列表框。当设置多选列表框时,需要应该将列表框的名称后面添加"[]",否则,在 PHP 程序中获取表单变量时,只能得到最后选择的列表框的值而无法获取选中的其他值。

② 类型:用于设置列表框的类型,设置为"列表"类型创建普通列表框,设置为"菜单"类型则创建下拉式菜单。

③ 高度:用于设置页面中列表框的高度,指定列表在页面中能够显示的选项个数。若指定的数字小于列表所包含的选项数,列表框会自动出现滚动条。

④ 选定范围:用于设置是否允许用户选择列表框中的多个选项。

⑤ 初始化时选定:用于设置列表或菜单默认选中值。

⑥ 列表值:用于设置列表框所包含的列表项目。单击后打开"列表值"对话框,如图 7-30 所示,其中左列为列表和菜单的项目标签,也就是显示在列表中的名称;右列是该项目的值。

图 7-30 "列表值"对话框

⑦ 类:设置用于列表和菜单的 CSS 样式。

提示:单击"列表值"对话框左上角的 ➕、➖ 按钮增、删列表项目按钮,可以通过右上角的 🔼、🔽 按钮改变列表项目的显示顺序。

【例 7-5】 列表框的应用。通过列表框进行选择并在 PHP 中获取列表项的值。

程序执行前的页面效果如图 7-31 所示。

单击选择项后,单击"提交"按钮,运行指定的 PHP 程序,程序执行后的页面效果如图 7-32 所示。

设计步骤如下。

(1) 在 Dreamweaver 中打开 PHP 站点。

(2) 在文件夹 chapter5 中新建一个 PHP 动态网页并保存 chapter05-05.php,然后将文

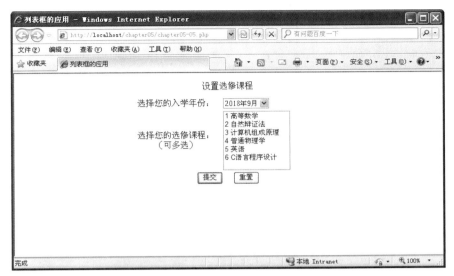

图 7-31　程序执行前的页面效果

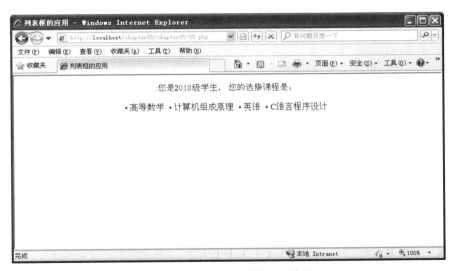

图 7-32　程序执行后的页面效果

档标题设置为"列表框的应用"。

（3）在页面中插入一个表单，命名为 form2。表单中插入一个 4 行 2 列的表格，并输入提示文字。

（4）在表格第 2 行第 2 列中插入一个下拉式菜单，并命名为 select_year，添加 4 个列表项目，分别是"2018 年 9 月、2019 年 9 月、2020 年 9 月、2021 年 9 月"。

（5）在表格的第 3 行第 2 列中插入一个普通列表框，并命名为 select_course[ ]，添加 6 个列表项，分别是"1 高等数学、2 自然辩证法、3 计算机组成原理、4 普通物理学、5 英语、6 C 语言程序设计"。

（6）在表格的第 3 行插入一个提交按钮和一个重置按钮，将提交按钮命名为 btSubmit。

（7）切换到代码视图,在表单开始标签＜form＞之前输入以下 PHP 代码:

```php
<?php
    if(empty($_POST["btSubmit"])) {
?>
```

（8）在表单结束标签＜/form＞之后输入以下 PHP 代码:

```php
<?php
    } else {
        echo "<p align=center>您是".$_POST["select_year"]."级学生, \n";
        if (empty($_POST["select_course"])) {
            echo "<b>您尚未选择选修课程。<b/></p>\n";
        } else {
            echo "您的选修课程是: <br /><br />\n";
            foreach($_POST["select_course"] as $singer)
            echo "? " .$singer." \n";
            echo "</p>";
        }
    }
?>
```

（9）打开 IE 浏览器,在浏览器地址栏中输入所对应的例子地址 http://localhost/chapter05/chapter05-05.php,查看程序执行效果。

7.1.8 使用隐藏域

在网页设计中,隐藏域用来收集或发送信息的不可见元素,在浏览器中是不被显示出来的文本域,主要用于实现浏览器与服务器在后台交换信息,通常用在页面存放一些额外信息供 PHP 程序使用。

在实际应用中,创建隐藏域的方法有两种,一是在 HTML 代码中使用＜input＞标签创建隐藏域,二是在 Dreamweaver 中利用工具直接插入隐藏域。

1. 使用＜input＞标签创建隐藏域

在 HTML 代码中,使用＜input＞标签创建隐藏域的语法格式如下:

```
<input? type="hidden"? name="string"? value="string">?
```

其中,＜input type＝"hidden"＞标签的相关参数如下。

（1）name:用于设置隐藏域的名称,在 PHP 程序或者脚本程序中通过名称引用。

（2）value:用于设置隐藏域的默认值,提交表单时,隐藏域的名称和值包含在表单参数中被提交到处理程序中。

2. 在 Dreamweaver 中添加隐藏域

在 Dreamweaver 中既可以利用"表单工具"直接插入隐藏域,又可以选中"插入"|"隐藏域"选项,在网页中创建隐藏域,具体方法如下。

（1）将光标定位到表单中需要插入隐藏域的位置,选中"插入"|"表单"|"隐藏域"选项,或者单击"插入"工具栏上的"表单"按钮,单击"隐藏域"图标,在页面中添加隐藏域表单。

（2）单击选中隐藏域，打开隐藏域的"属性"面板，如图 7-33 所示。

图 7-33　隐藏域的"属性"面板

隐藏域的"属性"面板中各项参数如下。

① 隐藏区域：用于设置隐藏域的名称，在 PHP 程序或者脚本程序中通过该名称引用隐藏域。

② 值：用于设置隐藏域的默认值，提交表单时，隐藏域的名称和值包含在表单参数中被提交到处理程序中。

【例 7-6】　隐藏域应用。通过隐藏域向服务器传递数据并在 PHP 中获取隐藏域的值。程序执行前的页面效果如图 7-34 所示。

图 7-34　程序执行前的页面效果

输入学号和姓名后，单击"提交"按钮，运行指定的 PHP 程序，程序执行后的页面效果如图 7-35 所示。

设计步骤如下。

（1）在 Dreamweaver 中打开 PHP 站点。

（2）在文件夹 chapter5 中新建一个 PHP 动态网页并保存 chapter05-06.php，然后将文档标题设置为"隐藏域的应用"。

（3）在页面中插入一个表单，并命名为 form1，在表单中插入 4 行 2 列的表格。

（4）在表格第 1 行输入提示文字"登录考试系统"，表格第 2 行第 1 列输入提示文字"学号"，表格第 3 行第 1 列输入提示文字"姓名"。

（5）在表格第 2 行第 2 列添加一个单行文本框，并命名为 user_num；在表格第 3 行第 2

图 7-35　程序执行后的页面效果

列添加一个单行文本框，并命名为 user_name。

（6）在表格最后一行添加一个提交按钮和一个重置按钮，将提交按钮命名为 btSubmit。

（7）在表单中添加一个隐藏域并命名为 user_ip，将 value 属性设置为以下 PHP 代码：

```php
<?php
    echo $_SERVER['REMOTE_ADDR'];
?>
```

（8）切换到代码视图，在表单开始标签＜form＞之前输入以下 PHP 代码：

```php
<?php
    if(empty($_POST["btSumbit"])) {
?>
```

（9）在表单结束标签＜/form＞之后输入以下 PHP 代码：

```php
<?php
    } else {
        echo "<p align=center>学号: ".$_POST["user_number"]."<br>\n";
        echo "姓名: ".$_POST["user_name"]."<br>\n";
        echo "IP 地址: ".$_POST["user_ip"]."</p>\n";
    }
?>
```

（10）打开 IE 浏览器，在浏览器地址栏中输入所对应的例子地址 http://localhost/chapter05/chapter05-06.php，查看程序执行效果，在文本框中输入测试数据后提交表单，查看程序处理后的页面效果。

7.1.9　添加图像按钮

图像按钮又称图像域，用于创建图像样式的提交按钮，其作用与提交按钮类似，用于向服务器提交表单参数。在网页设计中可以使用图像域生成图形化的按钮来美化网页。

在实际应用中,添加图像按钮的方法有两种,一是在 HTML 代码中使用<input>标签创建图像按钮,二是在 Dreamweaver 中利用工具直接插入图像按钮。

1. 使用<input>标签创建图像按钮

在 HTML 代码中,使用<input>标签创建图像按钮的语法格式如下:

```
< input type="image" name="string" src="URL" alt="string" Align="absbotton|
    absmiddle|baseline|bottom|left|middle|right|texttop|top"/>
```

其中,<input type="image">标签的相关参数如下。

(1) name:用于设置图像按钮的名称。提交表单时,会将图像域的名称和用户单击图像的位置(x,y 坐标)包括在表单参数中。

(2) scr:用于设置图像文件的存放路径,支持的图像格式主要包括 GIF、JPG、PNG 等。

(3) alt:用于设置图像按钮的提示文字,当鼠标放到图像按钮上时,会出现提示文字。

(4) align:用于设置图像按钮的对齐方式。

2. 使用 Dreamweaver 添加图像按钮

在 Dreamweaver 中既可以利用"表单工具"直接插入图像按钮,又可以选中"插入"|"图像域"选项,在网页中创建图像按钮,具体方法如下。

(1) 将光标定位到表单中需要插入单选按钮的位置,选中"插入"|"表单"|"图像域"选项,或者单击"插入"工具栏上的"表单"按钮,单击"图像域"图标,打开"选择图像文件"对话框,如图 7-36 所示。选择设计好的图像文件,单击"确定"按钮,在网页中插入一个图像按钮。

图 7-36　"选择图像源文件"对话框

(2) 单击图像按钮,打开"属性"面板,如图 7-37 所示。

图像按钮"属性"面板中各项参数如下。

① 图像区域:用于设置图像按钮的名称。

图 7-37 图像按钮的"属性"面板

② 源文件：用于设置图像的 URL 地址，可单击文件夹按钮选择图像文件。

③ 替换：用于设置图像的替换文字，当浏览器不显示图像时，会显示该替换的文字。

④ 对齐：用于设置图像的对齐方式。

⑤ 类：设置用于该图像按钮的 CSS 样式。

【例 7-7】 图像按钮应用。通过图像按钮提交表单并在 PHP 代码中获取单击图像的位置。程序执行前的页面效果如图 7-38 所示。

图 7-38 程序执行前的页面效果

输入学号和姓名后，单击"提交"按钮，运行指定的 PHP 程序，程序执行后的页面效果如图 7-39 所示。

设计步骤如下。

（1）在 Dreamweaver 中打开 PHP 站点。

（2）打开 chapter05-06.php 文件，将其另存为 chapter05-07.php，然后将文档标题设置为"图像按钮应用实例"。

（3）删除表格第 3 行中的按钮，插入设计好的两个图像按钮，将"提交"图像按钮命名为 btnLogin。

（4）切换到代码视图，将表单开始标签＜form＞之前输入的 PHP 代码修改如下：

```php
<?php
    if(empty($_POST["btnLogin_x"])) {
?>
```

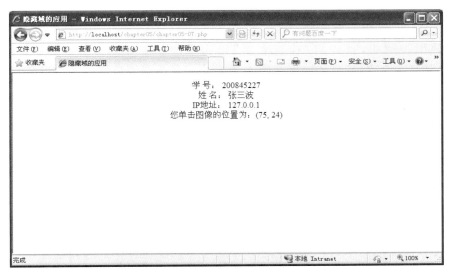

图 7-39　程序执行后的页面效果

（5）将表单结束标签</form>之后的 PHP 代码修改如下：

```php
<?php
    } else {
        echo "<p align=center>学 号：".$_POST["user_number"]."<br>\n";
        echo "姓 名：".$_POST["user_name"]."<br>\n";
        echo "IP 地址：".$_POST["user_ip"]."<br>\n";
        printf ("您单击图像的位置为：(% d, % d)", $_POST["btnLogin_x"], $_POST
            ["btnLogin_y"]);
        echo "</p>";
    }
?>
```

（6）打开 IE 浏览器，在浏览器地址栏中输入所对应的例子地址 http://localhost/chapter05/chapter05-07.php，查看程序执行效果，在文本框中输入测试数据后提交表单，查看程序处理后的页面效果。

7.2　表单验证

利用 PHP 设计的动态网站主要用来与用户进行交互，程序需要对用户利用表单提交的信息进行处理，遇到错误的表单信息时要让用户重新输入，如果每一个表单信息都需要提交到服务器程序进行验证，这将增加服务器端的数据量，影响程序的处理能力。Dreamweaver 提供了一个表单验证机制，可以使得信息在提交到服务器之前进行数据验证，减轻服务器端程序的工作量。

7.2.1　使用"检查表单"行为进行表单验证

Dreamweaver 提供"检查表单"行为来进行表单验证的工作，其原理是 Dreamweaver 自动添加用于检查指定文本域中内容的 JavaScript 代码,由这些代码来进行表单验证,以确保用户输入了正确的数据类型。

实际使用过程中,首先将"检查表单"行为添加到表单对象,将触发事件设置为 onSubmit,用户提交表单数据时,JavaScript 代码会自动检查表单域中所有文本域的内容是否符合设置的规则。具体的添加方法如下。

(1) 选中"窗口"|"行为"选项,或者按 Shift＋F4 组合键,打开"行为"面板。

(2) 单击"行为"的 ![add] 按钮,在弹出的菜单中选择"检查表单"命令,打开"检查表单"对话框,如图 7-40 所示。

图 7-40　"检查表单"对话框

"检查表单"对话框中的主要参数如下。

① 域:用于选择要进行数据有效性检查的表单对象,它包括了一个表单里所有的文本框对象和文本区域对象。

② 值:用于设置该文本域中是否使用必填字段。

③ 可接受:用于设置文本域中可填写的数据类型,共有 4 种类型。

* 任何东西:用于设置文本域中可以输入任意类型的数据。
* 数字:用于设置文本域中只允许输入数字类型的数据。
* 电子邮件地址:用于设置文本域中只能输入电子邮件地址。
* 数字从:用于设置只允许输入数字类型的数据,并且数值范围在允许的范围之内,在右边的文本框中从左至右分别输入允许的最小数值和最大数值。

(3) 单击"确定"按钮,将"检查表单"动作添加到"行为"面板,设置这个动作的触发器为 onSubmit,完成添加"检查表单"动作,如图 7-41 所示。

图 7-41　检查表单的"行为"面板框

7.2.2　使用 Spry 框架进行表单验证

Spry 框架是一个可以用来构建更加丰富的 Web 页面的 JavaScript 和 CSS 库,可以显示 XML 数据，并创建用来显示动态数据的交互式页面元素。它包括一系列用标准 HTML、CSS 和 JavaScript 编写的可重用构件，通过插入这些构件、设置构件的样式，实现显示或隐藏页面上的内容、更改页面的外观、与菜单项交互等功能。

Spry 框架中的每个构件都有与之对应的 CSS 和 JavaScript 文件，CSS 文件中包含设置构件样式所需的全部信息，JavaScript 文件则赋予构件功能。在页面中使用这些构件时，Dreamweaver 会自动将这些文件链接到当前页面中。

在 Dreamweaver 中既可以利用"Spry 工具"添加 Spry 构件，又可以选中"插入"|Spry 选项，添加构件，如图 7-42 所示。

图 7-42　插入 Spry 构件的操作图

在页面中添加 Spry 构件后，Dreamweaver 会自动将构件所需要的 Spry JavaScript 和 CSS 支持文件添加到页面所在的站点中。

Spry 框架中支持表单验证的构件共有 4 个：Spry 验证文本域、Spry 验证选择、Spry 验证复选框和 Spry 验证文本区域。在程序设计中，根据实际需要，选择合适的 Spry 构件完成表单验证的任务。

1. 插入 Spry 验证文本域构件

Spry 验证文本域构件是一个文本域，主要用于验证用户在文本域中输入的内容是否有效，是否符合程序设置的规则。

在 Dreamweaver 中既可以利用"Spry 工具"直接插入 Spry 验证文本域构件，又可以选中"插入"|Spry 选项，添加构件，具体方法如下。

（1）将光标定位到表单中需要插入 Spry 验证文本域构件的位置。

（2）选中"插入"|"表单"|"复选框"选项或者单击"插入"工具栏上的"表单"按钮，单击"复选框"图标，打开"输入标签辅助功能属性"对话框，如图 7-43 所示。详细介绍参见 7.1.2 节。

（3）在"输入标签辅助功能属性"输入相关信息后，单击"确定"按钮，也可以不输入任何信息，单击"取消"按钮，即可在网页中添加一个 Spry 验证文本域构件。

（4）单击 Spry 验证文本域构件，打开构件的"属性"面板，设置各项参数，如图 7-43 所示。

图 7-43　Spry 验证文本域构件的"属性"面板

Spry 验证文本域构件"属性"面板中各项参数如下。

① Spry 文本域：用于设置 Spry 文本域的名称。

② 类型：用于为验证文本域构件指定不同的验证类型。包括"整数""电子邮件""日期"等多种类型。

③ 验证于：用于设置验证动作发生的事件，包括 onBlur、onChange、onSubmit 这 3 种类型。

- onBlur：当用户在文本域的外部单击时，触发验证动作。
- onChange：当用户更改文本域中的文本时，触发验证动作。
- onSubmit：当用户尝试提交表单时，触发验证动作。

④ 最小字符数：用于设置验证文本域中允许的最小字符数。此选项仅在验证类型设置为"无""整数""电子邮件""URL"时有效。例如，如果在"最小字符数"框中输入数字 3，那么，只有当用户输入 3 个或更多个字符时，文本域才通过表单验证，否则返回提示信息。

⑤ 最大字符数：用于设置验证文本域中允许的最大字符数。此选项仅在验证类型设置为"无""整数""电子邮件""URL"时有效。

⑥ 最小值：用于设置验证文本域中允许的最小值。此选项仅在验证类型设置为"整数""时间""货币""实数/科学记数法"时有效。例如，如果在"最小值"框中输入数字 3，那么，只有当用户在文本域中输入数字 3 或者更大的数值时，文本域才通过表单验证。

⑦ 最大值：用于设置验证文本域中允许的最大值。此选项仅在验证类型设置为"整数""时间""货币""实数/科学记数法"时有效。

⑧ 预览状态：用于在设计页面中预览文本域在不同状态下的页面显示效果，包括"初始""必填""有效"3 个状态。

⑨ 必需的：用于默认情况下用 Dreamweaver 插入的所有验证文本域构件都要求用户在将构件发布到 Web 页之前输入内容。

⑩ 强制模式：用于设置是否禁止用户在验证文本域构件中输入无效字符。例如，如果对具有"整数"验证类型的构件集选择此选项，当用户尝试输入字母时，文本域中将不显示任何内容。

2. 插入 Spry 验证文本区域构件

Spry 验证文本区域构件是一个文本区域，该区域在用户输入时显示文本的状态（有效或无效）。如果文本区域是必填域，而用户没有输入任何文本，该构件将返回一条消息，声明必须输入值。

在 Dreamweaver 中既可以利用"Spry 工具"直接插入 Spry 验证文本区域构件,又可以选中"插入"|Spry|"Spry 验证文本区域"选项插入,具体方法与插入 Spry 验证文本域构件相同。

插入 Spry 验证文本区域构件后,单击 Spry 验证文本区域构件,打开构件的"属性"面板,设置各项参数,如图 7-44 所示。

图 7-44　Spry 验证文本区域的"属性"面板

Spry 验证文本区域构件属性面板中各项参数如下。

(1) Spry 文本区域:用于设置该构件的名称。

(2) 必需的:用于设置该文本区域为表单中必须填写的内容。

(3) 最小字符数:用于设置该文本区域中至少要输入的字符个数。

(4) 最大字符数:用于设置该文本区域中所允许的最多字符个数。

(5) 预览状态:用于在设计页面中预览文本域在不同状态下的页面显示效果,默认情况下,包括"初始""必填""有效"3 个状态。如果设置了"最小字符数"和"最大字符数",预览状态将包括这两种状态。

(6) 验证于:用于设置验证动作发生的事件,包括 onBlur、onChange 和 onSubmit 这 3 种类型。

① onBlur:当用户在文本域的外部单击时,触发验证动作。

② onChange:当用户更改文本域中的文本时,触发验证动作。

③ onSubmit:当用户尝试提交表单时,触发验证动作。

(7) 计数器:使用计数器可以在页面中添加一个字符计数器,以便当用户在文本区域中输入文本时知道自己已经输入了多少字符或者还剩多少字符。默认情况下,字符计数器出现在构件右下角的外部。计数器的可选项分为"无""字符计数""剩余字符"3 种类型。

(8) 禁止额外字符:用于设置是否允许用户在文本区域构件中输入的文本数超过所允许的最大字符数。

提示:设置文本区域中添加提示,以便让用户知道在文本区域中应当输入哪种信息。当用户在浏览器中加载页面时,文本区域中将显示事先添加的提示文本。

3. 插入 Spry 验证复选框构件

Spry 验证复选框构件是 HTML 表单中的一个或一组复选框,该复选框在用户选中(或没有选择)复选框时会显示构件的状态(有效或无效)。例如,向表单中添加一个验证复选框构件,并要求用户进行 3 项选择。如果用户没有进行 3 项选择,该构件会返回一条提示信息,声明不符合选择要求。

在 Dreamweaver 中既可以利用"Spry 工具"直接插入 Spry 验证复选框构件,又可以选中"插入"|Spry|"Spry 验证复选框"选项插入,具体方法与插入 Spry 验证文本域构件相同。

插入 Spry 验证复选框构件后，单击 Spry 验证复选框构件，打开构件的"属性"面板，设置各项参数，如图 7-45 所示。

图 7-45　Spry 验证复选框的"属性"面板

Spry 验证复选框构件的"属性"面板的各项参数如下。

（1）Spry 复选框：用于设置构件的名称。

（2）必需（单个）：当插入单个复选框时，用于验证用户必须选择该复选框。

（3）强制范围：当页面中插入多个复选框时，用于指定选择范围。

① 最小选择数：用户至少要选择的复选框数量。

② 最大选择数：用户能够选择的复选框的最多数量。

（4）实施范围（多个）：用于查看构件不同状态下在页面中的显示效果。默认情况下，包括"初始""必填"两种状态。如果设置了"最小选择数"和"最大选择数"，预览状态将包括这两种状态。

（5）验证于：用于设置验证动作发生的事件，包括 onBlur、onChange、onSubmit 这 3 种类型。

① onBlur：用于在用户在构件的外部单击时，触发验证动作。

② onChange：用于在用户重新选择复选框时，触发验证动作。

③ onSubmit：用于在用户尝试提交表单时，触发验证动作。

4. 插入 Spry 验证选择构件

Spry 验证选择构件提供了一个下拉菜单，当用户进行菜单选择时给出提示信息，并对用户进行菜单选择的操作进行验证。

在 Dreamweaver 中既可以利用 Spry 工具直接插入 Spry 验证选择构件，又可以选中"插入"|Spry|"Spry 验证选择"选项插入，具体方法与插入 Spry 验证文本域构件相同。

插入 Spry 验证选择构件后，单击 Spry 验证选择构件，打开构件的"属性"面板，设置各项参数，如图 7-46 所示。

图 7-46　Spry 验证选择构件的"属性"面板

Spry 验证选择构件的"属性"面板中各项参数如下。

（1）Spry 选择：用于设置构件的名称。

（2）不允许空置：用于设置该菜单是否允许空值（用户不选择任何菜单）。

（3）不允许无效值：用于设置菜单中是否有无效值，当用户选了无效值菜单时，构件返回一个提示信息。

（4）预览状态：用于查看构件不同状态下在页面中的显示效果。默认情况下，包括"初始""必填""有效"3 个状态。如果选择了"无效值"选项，预览状态将包括"无效"种状态。

（5）验证于：用于设置验证动作发生的事件，包括 onBlur、onChange、onSubmit 这 3 种类型。

① onBlur：当用户在构件的外部单击时，触发验证动作。

② onChange：当用户重新选择菜单时，触发验证动作。

③ onSubmit：当用户尝试提交表单时，触发验证动作。

通过合理使用 Spry 框架提供的表单验证构件，可以在表单提交之前完成表单的验证工作，减轻服务器端程序的工作量，提高程序的执行效率。利用 CSS 面板还可以对 Spry 构件的样式进行更改，美化页面的布局，改善动态页面的执行效果。

7.3 获取 URL 变量

URL 参数是附加在网页 URL 地址上的一对参数名称和参数值，用于存储用户输入的检索信息。URL 参数在 URL 地址后以"?"开始，采用"name=value"的格式，多个 URL 参数之间用"&"分隔，参数名称和参数值信息附加到所请求的 URL 地址中传送到服务器。

7.3.1 获取 URL 变量

利用 URL 变量将相关信息递交到服务器后，服务器端的 PHP 程序会对传递来的 URL 变量进行数据获取和处理，处理完毕后将结果返回给用户。在程序设计时使用 URL 变量的一般原则是，首先在页面中生成 URL 变量，然后利用 PHP 代码对 URL 变量值进行获取和处理。

1. 生成 URL 变量

生成 URL 变量的方法有 4 种：使用 GET 方法提交表单、创建超文本链接、使用客户端脚本程序和使用服务器端脚本程序。

（1）通过使用 GET 方法提交表单生成 URL 变量。在网页中创建表单，将 method（方法）属性设置为 get，在表单提交时，其包含的表单变量以 URL 参数形式传递到服务器中。在浏览器地址栏会看到如下格式的 URL：

```
http://server/path/document?txtUserName=value1&btnSubmit=value2
```

其中，txtUserName 和 btnSubmit 为 URL 变量名称，value1 和 value2 为变量对应的值。

（2）通过创建超文本链接来生成 URL 变量。超文本链接的格式如下：

```
http://server/path/document?name1=value1&name2=value2
```

其中，name1 和 name2 为 URL 变量名称，value1 和 value2 为变量对应的值。

（3）通过使用客户端脚本程序生成 URL 变量。例如，执行下面的 JavaScript 脚本时将跳转到页面 test.php 并向其传递 name 和 age 两个 URL 变量：

```
<script language="javascript">
```

```
        document.location="test.php?name=123&age=22";
    </script>
```

（4）通过使用服务器端脚本程序生成 URL 变量。例如，执行下面的 PHP 代码时将跳转到 test.php 并向其传递 username 和 email 这两个变量：

```
<?php
    header("Location:test.php?username=Mary&email=welcomo@163.com");
?>
```

2. 获取 URL 变量值

在 PHP 中，可以通过以下几种方法来获取 URL 值。

（1）使用全局变量。例如，通过全局变量 $username 可以获取一个名为 username 的 URL 变量的值。

（2）使用自定义数组 $HTTP_GET_VARS。例如，通过 $HTTP_GET_VARS["email"] 可以获取一个名为 email 的 URL 变量的值。

（3）使用超全局变量 $_GET。例如，通过 $_GET["productID"] 可以获取一个名为 productID 的 URL 变量的值。

（4）使用预定义变量 $_SERVER。该变量主要用来获取用户浏览器的相关信息，如域名、端口参数、IP 地址等。

3. 在 Dreamweaver 中添加 URL 变量

在 Dreamweaver 中，可以通过绑定面板为 PHP 动态网页创建 URL 参数，并向页面中添加绑定后的表单变量。具体操作方法如下。

（1）在文档窗口中打开要使用 URL 变量的页面。

（2）打开"绑定"面板。打开"绑定"面板的方法可以选中"窗口"|"绑定"选项，也可以按 Ctrl＋F10 组合键调出"绑定"面板。

（3）打开"绑定"面板后，在面板中单击 按钮，在弹出的菜单中选中"URL 变量"选项，如图 7-47 所示。在弹出的"URL 变量"对话框中，输入 URL 变量的名称并单击"确定"按钮，在"绑定"面板中可以看到添加后的 URL 变量，如图 7-48 所示。

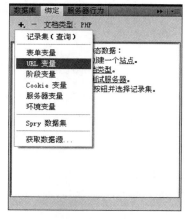

图 7-47　创建 URL 变量

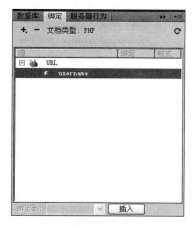

图 7-48　"绑定"面板中的 URL 变量

将 URL 变量添加到"绑定"面板后,若想在页面中调用 URL 变量,可执行下列操作之一。

① 从"绑定"面板中将 URL 变量直接拖动到页面中。

② 将光标定位到页面中要插入 URL 变量的位置,然后在"绑定"面板中单击要插入的 URL 变量名称,单击"插入"按钮。

插入 URL 变量后,Dreamweaver 会自动生成一行 PHP 代码,通过超全局变量 $_POST 来引用 URL 变量。例如,在页面中插入一个名称为 user_name 的 URL 变量后,Dreamweaver 自动在页面中添加如下代码:

```php
<?php
    echo $_POST['user_nanme'];
?>
```

7.3.2　URL 变量的编码和解码

在程序设计中,某些情况下,需要对 URL 字符串进行解析,获取 URL 详细的组成结构。为了能够保证客户端只用一种编码方法向服务器发出请求,还需要对生成的 URL 变量进行编码和解码处理。

1. URL 字符串的解析

在 PHP 中,可以使用 parse_url()函数对 URL 字符串进行解析,并返回其组成部分,语法格式如下:

```
array parse_url (string_url)
```

其中,参数 string_url 表示要解析的 URL 字符串,必须是一个包含完整绝对路径的 URL 地址。此函数返回一个关联数组,包含现有 URL 字符串的各种组成部分。各个组成部分的键名和含义如下。

(1) scheme:表示协议名称,如 HTTP 或 FTP。

(2) host:表示服务器域名或 IP 地址。

(3) port:表示端口号。

(4) user:表示登录用户。

(5) pass:表示文件所在的服务器路径。

(6) query:表示在"?"之后的查询字符串。可以通过调用 parse_str()函数对查询字符串进一步解析为名称和值。

(7) fragment:表示"#"之后的部分。

2. URL 字符串的编码与解码

在 PHP 中,通过调用以下两个函数可以实现 URL 字符串的编码和解码。

(1) urlencode()函数。该函数主要功能是对 URL 字符串进行编码,使用 urlencode()函数可以将字符串编码并将其用于 URL 的请求部分,这样便于将变量传递给其他页面。其语法格式如下:

```
string urlencode(string_str)
```

其中，参数 string_str 为要编码的 URL 字符串。此函数返回一个字符串，在此字符串中除了"一""_"""."之外的所有非字母数字字符都将被替换为"％♯♯"形式，即一个"％"后跟两位十六进制数，对于空格则编码为"＋"。这种编码方式与 HTML 表单以 POST 方法提交数据的编码方式是一样的，同时与 application/x-www-form-urlencoded 的媒体类型编码方式一致。

（2）urldecode()函数。该函数的主要功能是对已编码的 URL 字符串进行解码处理，其语法格式如下：

```
string urldecode(string_str)
```

其中，string_str 表示待解码的 URL 字符串。此函数对已编码字符串中的任何"％♯♯"进行解码，并返回解码后的原始字符串。

7.4　页面跳转

在动态网设计页中，需要根据用户的操作进行不同页面之间的跳转，完成程序的多种处理结果。例如，当用户在页面中提交表单时，页面会自动跳转到程序处理的页面；当用户在页面中单击超链接时，页面会跳转到用户请求的页面。除了由用户操作引起的页面跳转动作之外，还可以将 PHP 代码和 HTML 标签或 JavaScript 客户端脚本结合起来，实现在特定条件下执行页面自动跳转。

实现页面自动跳转的方法有 3 种：使用 Header()函数，使用 HTML 固有标记，使用 JavaScript 代码。

7.4.1　使用 header()函数

在 PHP 中，使用 header()函数可以实现页面的自动跳转。header()函数是以 HTTP 将 HTML 文档的标头送到浏览器，告诉浏览器具体怎么处理这个页面。其语法格式如下：

```
void header(string str [, bool replace [, int http_response_code]])
```

其中，参数说明如下。

（1）str：用于指定要发送的原始 HTTP 标头，有关 HTTP 标头更多的内容请参阅 HTTP 1.1 规范。

（2）replace：用于设置是否替换掉前一条类似的 HTTP 标头，默认为替换。若将其设为 false，则可以强调发送多个同类标头。

（3）http_response_code：用于强制将 HTTP 响应代码设为指定值。

例如，使用如下格式的 header()函数，可以实现页面自动跳转到新的地址：

```
<?php
    herder("Location:http://www.example.com")>   //重定位浏览器
    exit;                                         //确保重定向后后续代码不会被执行
?>
```

使用如下格式的 header()函数，能够实现页面的延时自动跳转：

```php
<?php
    header('Refresh: 10; url=http://www.example.org/');
    print '10s 后页面自动跳转';
?>
```

使用 header( )函数需要注意的是 location 和":"之间不能有空格,否则程序会出错。另外,header( )函数必须在任何实际输出之前调用,header( )函数前不能有任何的输出语句,包括普通的 HTML 标签、空行或者 PHP 代码产生的输出动作。

7.4.2 使用客户端脚本

用 JavaScript 脚本语言编写客户端脚本可以实现页面的自动跳转。JavaScript 脚本语言中能够实现页面跳转的对象有两个,分别是 document 对象的 location 属性和 location 对象的 href 属性。

通过将 PHP 代码与 JavaScript 客户端脚本结合,可以使用 PHP 变量动态地设置目标页面的 URL,从而可以根据条件跳转到不同的页面。

【例 7-8】 页面跳转实例。使用 JavaScript 实现页面的自动跳转。

设计步骤如下。

(1) 在 Dreamweaver 中打开 PHP 站点。

(2) 在文件夹 chapter5 中新建一个 PHP 动态网页并保存 chapter05-8.php,然后将文档标题设置为"使用客户端脚本实现页面跳转"。

(3) 在该页中插入一个表单,将其 method 属性设置为 post,将其 action 属性留空。

(4) 在表单中添加提示文字"选择要跳转的页面:",在提示文字后插入一个下拉式列表框并命名为 lstURL,然后添加 4 个列表项,分别表示 chapter05-01~chapter05-04 这 4 个页面,其值设为 chapter05-01.php、chapter05-02.php、chapter05-03.php、chapter05-04.php。

(5) 换行,在表单中添加提示文字"选择跳转延迟时间:",在提示文字后插入另一个下拉式列表框中并命名为 lstDelay,然后添加 3 个列表项,用来设置延时时间,其值分别设为 1、2、3s。

(6) 插入一个提交按钮并命名为 btnGo,将其标题文字设置为"转到"。

(7) 切换到代码视图,在表单开始标签<form>之前输入以下 PHP 代码:

```php
<?php
    if (empty ($_POST["btnGo"])) {
?>
```

(8) 在表单结束标签</form>之后输入以下 PHP 代码:

```php
<?php
    } else {
        $url=$_POST["lstURL"];
        $delay=$_POST["lstDelay"];
        echo $delay, "秒后转向", $url, "...";
        sleep ($delay);
        echo "<script language=\"javascript\">\n";
```

```
        echo "document.location=\"{$url}\"";
        echo "</script>";
    }
?>
```

（9）打开 IE 浏览器，在浏览器地址栏中输入例子所对应的 URL 地址 http://localhost/chapter05/chapter05-08.php，查看程序执行效果。并从下拉式列表中选中一个 PHP 文件，选择延长时间 2s，然后单击"转到"按钮，经过 2s 后页面将自动转到所选择的 PHP 页面。

7.4.3 使用 HTML 标记

利用 HTML 标记中的 META 标签能够实现页面的自动跳转，主要利用 META 标签中的 REFRESH 属性来实现，其语法格式如下：

```
<meta http-equiv="refresh" content="n;[url]">
```

其中，参数 n 为指定当前页面停留的秒数，参数 url 指定要跳转的页面 URL 地址，若省略 url 参数，则实现的功能是经过指定的时间间隔自动刷新当前页面。

在 PHP 代码中，可以利用变量设置 url 参数的值，从而实现根据不同的条件跳转到不同的页面的功能。

【例 7-9】 使用 HTML 中的 meta 标签的 refresh 属性实现页面的跳转。

设计步骤如下。

（1）在 Dreamweaver 中打开 PHP 站点。

（2）在文件夹 chapter5 中新建一个 PHP 动态网页并保存 chapter05-9.php，然后将文档标题设置为"使用 meta 标签实现页面跳转"。

（3）在该页中插入一个表单，将其 method 属性设置为 post，将其 action 属性留空。

（4）在表单中添加提示文字"选择要跳转的页面："，在提示文字后插入一个下拉式列表框并命名为 lstURL，然后添加 4 个列表项，分别表示 chapter05-01～chapter05-04 这 4 个页面，其值设为 chapter05-01.php、chapter05-02.php、chapter05-03.php、chapter05-04.php。

（5）插入一个提交按钮并命名为 btnGo，将其标题文字设置为"转到"。

（6）切换到代码视图，在<title>标签之前输入以下 PHP 代码：

```
<?php
    if (!empty ($_POST["btnGo"])) {
        $url=$_POST["lstURL"];
        echo "3s 后自动转向{$url}…";
?>
<meta http-equiv="refresh" content="3;URL=<?php echo $url; ?>" />
<?php
    }
?>
```

（7）在表单开始标签<form>之前输入以下 PHP 代码：

```php
<?php
    if (empty ($_POST["btnGo"])) {
?>
```

（8）在表单结束标题</form>之后输入以下 PHP 代码：

```php
<?php
    }
?>
```

（9）打开 IE 浏览器，在浏览器地址栏中输入例子所对应的 URL 地址 http://localhost/chapter05/chapter05-08.php，查看程序执行效果，并从下拉式列表中选中一个 PHP 文件，然后单击"转到"按钮，经过 3s 后页面将自动转到所选择的 PHP 页面。

7.5 会话管理

会话管理是 PHP 构建动态网页的重要内容之一，会话变量提供了一种机制，通过这种机制来存储和访问用户信息，供 Web 应用程序所使用。会话变量可用于存储各种信息（通常是由用户提交的表单参数或 URL 参数），这些信息在用户持续访问程序的一段时间内，对当前应用程序包含的所有页面都有效。会话变量还可以提供一种访问超时的安全机制，这种机制在用户长时间不活动的情况下将终止该用户的会话，会释放服务器内存和相关资源。

7.5.1 会话变量概述

HTTP 是一种无连接、无状态的协议，Web 服务器不跟踪所连接的浏览器，也不跟踪用户在各个页面的请求。在这种状态下，Web 服务器每次仅接收对当前 Web 页的请求，向用户的浏览器发送相关页面做出响应后，Web 服务器都会"忘记"进行请求的浏览器和它发送出去的 Web 页，当同一用户稍后请求一个相关 Web 页时，Web 服务器会发送该页，但并不知道它发给该用户的上一个页面是什么。

HTTP 的这种特性，在设计程序时仅仅可完成一些简单而易于实现的功能，越高级的 Web 应用程序（如个性化所生成的内容）越难实现。例如，为了给单个用户自定义站点内容，必须首先标识出该用户，许多 Web 站点使用某种用户名/密码登录形式来实现此目的，如果需要显示多个自定义的页面，则需要一种跟踪登录用户信息的机制。为了能够创建高级的 Web 应用程序，实现站点所有页面间共享数据信息的目的，就需要 Web 程序能够支持会话管理，利用会话变量来完成会话跟踪，实现特定的功能。

会话变量存储着用户的会话生命周期的信息，当用户第一次打开应用程序中的某一页面时，用户会话由此开始，当用户一段时间内不再打开该应用程序中的其他页面，或者用户明确终止该会话时，会话宣告结束。在会话存在期间，按照用户来区分不同的会话管理，不同用户之间有着不同的会话管理。

会话变量还用于存储 Web 应用程序中所有页面都能访问的信息。信息可以多种多样，如用户名、用户个性化设置，或者指示用户是否成功登录的标记及访问权限等。会话变量的另一个应用是保存连续数据,例如,在网上测验系统中保存用户答对的题目信息,或者在电子商务程序中用户所选择的商品信息。

PHP 提供了一组会话管理方面的函数,通过这些函数可以在连续的多次请求中保存某些数据,从而可以构建更加复杂的应用程序。

7.5.2　创建会话变量

使用会话变量存储信息时,首先要启动一个会话,然后就可以将各种信息存储在会话变量中,这些信息可在之后的多次请求中使用。

1. 启动会话

在 PHP 中,可以使用 session_start() 函数启动一个会话,语法格式如下:

```
bool session_start(void)
```

session_start() 函数用于创建一个会话或者基于一个会话 ID 恢复之前的会话,该 ID 经由一个请求(如 GET、POST 或一个 cookie)传递。如果正在使用基于 cookie 的会话,则在调用 session_start() 函数之前不能向浏览器输入任何内容。

除了 session_start() 函数外,还可以通过修改 PHP 配置文件 php.ini 来启动对话,也就是把 php.ini 中配置项 session.auto_start 设置为 1,当用户访问网站时服务器就会自动启动一个会话。使用这种方法启动会话虽然比较简单,但也有一个缺点,即无法将对象保存到会话中。

2. 将信息存储到会话变量

启动会话后,即可将信息存储到会话变量中。在 PHP 代码中,所有会话变量都保存在超全局变量 $_SESSION 中,同时也保存在预定义数组 $HTTP_SESSION_VARS 中。变量 $_SESSION 其实也是一个数组,要将信息存储到会话变量中,只需要向该数组添加一个数组元素即可。

例如,下面的 PHP 代码可以将用户通过表单提交的用户名保存到会话变量中:

```
$_SESSION["username"]=$_POST["txtUsername"];
```

3. 检查会话变量是否存在

使用 session_is_registered() 函数可以检查一个全局变量是否已经在会话中注册,语法格式如下:

```
bool session_is_registered(string name)
```

其中,参数 name 表示要检查的全局变量的名称。如果具有该名称的全局变量已经在当前会话中注册,则 session_is_registered() 函数返回值为 true。

4. 从会话变量中检索数据

将数据存储到会话变量后,即可通过超全局变量 $_SESSION 来检索该值,并在 PHP 页面中使用。在使用一个会话变量的值之前,首先应检查该会话变量是否已经注册过。例如,在下面的语句中首先检查会话变量是否存在,若存在,则使用其值,否则显示出错信息。

```
if (session_is_registered("username"))
    $username=$_SESSION["username"];
```

```
else
    echo "会话变量尚未注册!\n";
```

5. 在 Dreamweaver 中添加会话变量

在 Dreamweaver 中,可以通过绑定面板为 PHP 动态网页创建会话变量,并向页面中添加绑定后的会话变量,具体操作方法如下。

(1) 在文档窗口中打开要使用 URL 变量的页面,在 PHP 源代码中创建一个会话变量并为其指定初始值。

(2) 打开"绑定"面板。选中"窗口"|"绑定"选项,或者按 Ctrl+F10 组合键调出"绑定"面板。

(3) 打开"绑定"面板后,在面板中单击 ✚ 按钮,在弹出的菜单中选中"阶段变量"选项,在弹出的"阶段变量"对话框中,输入阶段变量的名称并单击"确定"按钮,在"绑定"面板中可以看到添加后的阶段变量。

(4) 输入在源代码中定义的会话变量名称。

(5) 单击"确定"按钮,会话变量即会出现在"绑定"面板中。

将会话变量添加到"绑定"面板后,若想在页面中调用会话变量,可执行下列操作之一。

① 从"绑定"面板中将会话变量直接拖到页面中。

② 将光标定位到页面中要插入会话变量的位置,然后在"绑定"面板中单击要插入的会话变量名称,单击"插入"按钮。

插入会话变量后,Dreamweaver 会自动生成一行 PHP 代码,通过超全局变量 $_SESSION 来引用会话变量。例如,在页面中插入一个名称为"user_name"的会话变量后,Dreamweaver 自动在页面中添加如下代码:

```
<?php
    echo $_SESSION['username'];
?>
```

【例 7-10】 会话变量应用示例。在第一个页面中创建了两个会话变量,通过单击超文本链接进入第二页后获取并显示这些会话变量的值。

设计步骤如下。

(1) 在 Dreamweaver 中打开 PHP 站点。

(2) 在文件夹 chapter05 中创建一个 PHP 动态网页并保存为 chapter05-10-a.php,然后将文档标题设置为"创建会话变量"。

(3) 在该页输入文字信息"此页面创建了两个会话变量",换行,输入提示文字"显示变量",在提示文字上创建一个指向文件 chapter05-10-b.php 的超文本链接。

(4) 切换到代码视图,在文件开头输入以下 PHP 代码:

```
<?php
    session_start();
    $_SESSION["username"]="admin";
    $_SESSION["email"]="admin@locahost.com";
?>
```

(5) 在文件夹 chapter05 中新建一个 PHP 动态网页并保存为 chapter05-10-b.php,将文

档标题设置为"读取会话变量";切换到代码视图,在文件开头输入以下 PHP 代码:

```php
<?php
    session_start();
?>
```

(6) 在<body>标签之后输入以下 PHP 代码:

```php
<?php
    print_r($_SESSION);
    if (session_is_registered("username")){
        $username=$_SESSION["username"];
        echo "<p>用户名: ", $username, "</p>\n";
    } else {
        echo "<p>会话变量 username 未定义!</p>\n";
    }
    if (session_is_registered("email")) {
        $email=$_SESSION["email"];
        echo "<p>电子信箱: ", $email, "</p>\n";
    } else {
        echo "<p>会话变量 email 未定义!</p>\n";
    }
?>
```

(7) 打开 IE 浏览器,在浏览器地址栏中输入所对应的例子地址 http://localhost/chapter05/chapter05-10-a.php,查看程序执行效果。单击"显示变量"超文本链接后,页面将显示创建的会话变量信息。

7.5.3 注销会话变量

在 PHP 中,可以使用以下函数注销会话变量或清除会话 ID。

(1) 使用 session_unregister()函数可以从当前会话中注销一个会话变量,语法格式如下:

```php
bool session_unregister(string name)
```

其中,参数 name 表示要注销的会话变量的名称。如果从会话中成功地注销该变量,则函数返回值为 true。

(2) 使用 session_unset()函数可以从当前会话中注销所有会话变量,语法格式如下:

```php
void session_unset(void)
```

如果成功则此函数返回 true,失败则返回 false。

(3) 使用 session_destroy()函数可以清除当前会话的会话 ID,语法格式如下:

```php
bool session_destroy(void)
```

如果成功则此函数返回 true,失败则返回 false。

如果要彻底结束当前会话,首先需要使用 C 的 session_unset()函数从当前会话中注销所有会话变量,然后使用 session_destroy()函数清除当前会话的会话 ID。

【例 7-11】 注销会话变量实例。用会话变量保存和注销用户登录信息。

设计步骤如下。

（1）在 Dreamweaver 中打开 PHP 站点。

（2）在文件夹 chapter05 中新建一个 PHP 动态网页并保存为 chapter05-11-a.php，然后将文档标题设置为"网站登录"。

（3）在该页创建一个登录表单，新建一个表单，然后在表单中插入以下表单对象：文本框 txtUserName，文本框 txtPassword，提交按钮 btnLogin。

（4）切换到代码视图，在表单结束标签＜/form＞下输入以下 PHP 代码：

```php
<?php
    if (!empty($_POST["btnLogin"])) {
        session_start();
        $_SESSION["username"]=$_POST["txtUserName"];
        $url="chapter05-11-b.php";
        echo "<script language=\"javascript\">\n";
        echo "location.href=\"{$url}\"\n";
        echo "</script>\n";
    }
?>
```

（5）在文件夹 chapter05 中新建一个 PHP 动态网页并保存为 chapter05-11-b.php，然后将文档标题设置为"首页"。

（6）在该页输入以下两个文本段落：第一个文本段落的内容包括"当前用户""注销"，第二个文本段落的内容为"您好：，欢迎访问本网站！"。

（7）在"绑定"面板上定义一个会话变量并命名为 username，然后将此会话变量拖到"当前用户："和"您好："右边。

（8）在文档中选择"注销"两个字，然后在属性检查器的"链接"框中输入以下内容：

```
chapter05-18-b.php?action=logout
```

（9）切换到代码视图，在文档开头输入以下 PHP 代码：

```php
<?php
    session_start();
?>
```

（10）在第一个文本段落之前输入以下 PHP 代码：

```php
<?php
    if(!empty($_SESSION)&&empty($_GET["action"])) {
?>
```

（11）在第二个文本段落之后输入以下 PHP 代码：

```php
<?php
    }
    if (!empty($_GET["action"])) {
        session_unset();
```

```
            session_destroy();
            echo "<h3 align=\"center\">谢谢您的光临,再见!</h3>\n";
    }
?>
```

（12）打开 IE 浏览器,在浏览器地址栏中输入所对应的例子地址 http://localhost/
chapter05/chapter05-11-a.php,查看程序执行效果。输入用户名和密码并单击"登录"按钮
进入网站首页,显示登录信息;单击"注销"链接则结束本次会话,显示注销信息。

7.6 Cookie 应用

Cookie 是一种在客户端浏览器储存数据并以此来跟踪和识别用户的机制,它提供了一
种在 Web 应用程序中存储用户特定信息的方法。当用户第一次访问网站时,程序使用
Cookie 来存储用户首选项或其他信息,当该用户再次访问时,应用程序便可以通过 Cookie
检索以前存储的信息。

7.6.1 Cookie 概述

Cookie 是一小段文本信息,随着用户请求和页面一起在 Web 服务器和浏览器之间传
递,在用户请求网站中的页面时,应用程序发送给该用户的不仅仅的一个页面,还包括一个
包含有日期和时间信息的 Cookie,用户的浏览器在获得页面的同时还获得了该 Cookie,并
将它存储在用户硬盘上的某个文件夹中。当用户再次访问该站点页面时,浏览器便会在本
地硬盘上查找与该 URL 关联的 Cookie,如果该 Cookie 存在,浏览器便将将该 Cookie 与页面
请求一起发送到网站。

1. Cookie 的优点

Cookie 可以配置到期规则,Cookie 可以在浏览器会话结束时到期,也可以在客户端计
算机上无限期存在,这取决于客户端的到期规则;不需要任何服务器资源,Cookie 存储在客
户端并由服务器远程读取;Cookie 是一种基于文本的轻量结构,包含简单的键值对;虽然客
户的计算机上 Cookie 的持续时间取决于客户端上的 Cookie 过期处理和用户干预,Cookie
仍然是客户端上出现时间最长的数据保留形式。

2. Cookie 的局限性

大多数浏览器对 Cookie 的大小有 4096B 的限制;有些用户禁用了浏览器接收 Cookie
的能力,因此限制了这一功能的应用;用户有可能会操纵其计算机上的 Cookie,这意味着会
对安全性造成潜在风险或者到导致依赖于 Cookie 的应用程序失败;多人共用一台计算机
时,Cookie 数据容易泄露,可以很容易实现 Cookie 欺骗。

7.6.2 Cookie 的应用方法

在 PHP 中,可以使用 setcookie()函数来设置 Cookie。由于 Cookie 是 HTTP 标头的一
部分,因此与 header()函数类似,setcookie()函数必须在其他信息被输出到浏览器之前调
用。程序设计时,可以使用输出缓冲函数来延迟脚本的输出,直到设置好所有的 Cookie 或
者其他 HTTP 标头为止。

1. 发送 Cookie 信息

使用 setcookie() 函数可以向客户端发送一个 Cookie 信息,语法格式如下:

```
bool setcookie(string name [, string value [], int expire [, string path [, string
    domain[,bool secure]]]]])
```

参数的相关介绍如下。

(1) name:表示 Cookie 的名称。在 PHP 代码中,可使用 $_COOKIE["cookiename"] 来调用名为 cookiename 的 Cookie。

(2) value:表示 Cookie 的值。此值保存在客户端,不要用来保存敏感数据。

(3) expire:表示 Cookie 过期的时间。通常用 time() 函数加上秒数来设定 Cookie 是失效期,或者用 mktime() 函数来实现。例如,time() + 60 * 60 * 24 * 30 将设定 Cookie 在 30 天后失效。如果未设定,Cookie 将会在会话结束后(一般是浏览器关闭)失效。

(4) path:表示 Cookie 在服务器端的有效路径。若将该参数设置为"/",则 Cookie 在整个 domain 内有效,若设置为"/foo/",则 Cookie 只在 domain 下的 /foo/ 目录及其子目录内有效,例如 /foo/bar/。默认值为设定 Cookie 的当前目录。

(5) domain:表示该 Cookie 有效的域名。若要使 Cookie 能在 example.com 域名下的所有子域都有效,应将该参数设置为 example.com。若将该参数设置为 www.example.com,则只在 www 子域内有效。

(6) secure:指明 Cookie 是否通过安全的 HTTPS 连接传送。当设置为 true 时,Cookie 仅在安全的连接中被设置。默认值是 false。

注释:可以通过 $_COOKIE["user"] 来访问名为 user 的 Cookie 的值。在发送 Cookie 时,Cookie 的值会自动进行 URL 编码。接收时会进行 URL 解码。如果用户不需要这样,可以使用 setrawcookie() 代替。

在上述参数中,除了参数 name 外,其他所有参数都是可选的。编程时,可以用空字符串("")替换某参数以跳过该参数。由于参数 expire 是整型的,因此不能用空字符串代替,但可以用"0"来代替。

使用 Cookie 编程时,应注意以下几点。

(1) Cookie 不会在设置它的页面上生效,若要测试一个 Cookie 是否成功地被设置,可以在其到期之前通过另外一个页面来访问其值。过期时间是通过参数 expire 来设置的,可以使用 print_r($_COOKIE) 来调试现有的 Cookies。

(2) Cookie 必须用于设定时间相同的参数才能被删除。如果其值是一个空字符串或 false,并且其他参数都与前一次调用 setcookie() 函数时相同,则所指定名称的 Cookie 将会在客户的计算机上被删除。

(3) 由于把 Cookie 的值设置为 false 会使客户端删除 Cookie,因此要在 Cookie 会被单独保存在用户的系统中。考虑使用 explode() 函数通过多个名称和值设定一个 Cookie。

2. 读取 Cookie 信息

任何从客户端发送的 Cookie 将会像 GET 和 POST 数据一样自动转换为 PHP 变量,该过程受 php.ini 文件在 register_globals 和 variables_order 两个配置选项的影响。如果希望对一个 Cookie 变量设置多个值,则需在 Cookie 的名称后添加"[]"。

在 PHP 4.1.0 及更高版本中,自动全局变量数组 $_COOKIE 将总是包含所有从客户端发来的 Cookie 数据。在老版本的 PHP 中,当 track_vars 配置选项打开时(此选项自 PHP 4.1.3 后总是打开的),系统为 Cookie 设置的数组变量是 $HTTP_COOK_VARS。

当设置 Cookie 后,便可以在其他页面通过 $_COOKIE 或 $HTTP_COOK_VARS 数组取得其值,其中 $_COOKIE 形式适用于 PHP 4.1.0 及更高版本。而 $HTTP_COOK_VARS 则从 PHP 3 起就可以使用。Cookie 的值也会被保存到 $_REQUEST 数组中。

3. 在 Dreamweaver 中定义 Cookie 变量

在 Dreamweaver 中,可以通过绑定面板为 PHP 动态网页创建 Cookie 变量,并向页面中添加绑定后的 Cookie 变量,具体操作方法如下。

(1) 在文档窗口中打开要使用 URL 变量的页面,在 PHP 源代码中创建一个 Cookie 变量并为其指定初始值。

(2) 打开"绑定"面板。打开"绑定"面板的方法可以选中"窗口"|"绑定"选项,或者按 Ctrl+F10 组合键调出"绑定"面板。

(3) 打开"绑定"面板后,在面板中单击 ➕ 按钮,从弹出菜单中选中"阶段变量"选项,在弹出的"阶段变量"对话框中,输入阶段变量的名称并单击"确定"按钮,在"绑定"面板中可以看到添加后的阶段变量。

(4) 输入在源代码中定义的 Cookie 变量名称。

(5) 单击"确定"按钮,Cookie 变量即会出现在绑定面板中。

将 Cookie 变量添加到"绑定"面板后,若想在页面中调用 Cookie 变量,可执行下列操作。

① 从"绑定"面板中将 Cookie 变量直接拖到页面中。

② 将光标定位到页面中要插入 Cookie 变量的位置,然后在"绑定"面板中单击要插入的 Cookie 变量名称,单击"插入"按钮。

【例 7-12】 发送和读取 Cookie 信息。本例由两个 PHP 页面组成,在第一个页面中设置并发送 Cookie 信息,通过单击超文本链接进入第二个页面,在这里读取并显示 Cookie 信息。

设计步骤如下。

(1) 在 Dreamweaver 中打开 PHP 站点。

(2) 文件夹 chapter05 中新建一个 PHP 动态网页并保存为 chapter05-12-a.php,然后将文档标题设置为"设置 Cookie 信息"。

(3) 在该页上输入两行提示文本"本页面向客户端发送 Cookie 信息;查看 Cookie 信息",并在提示文本"查看 Cookie 信息"上创建一个指向文件 chapter05-19-b.php 的超文本链接。

(4) 切换到代码视图,在文件开头输入以下 PHP 代码:

```php
<?php
    $username="admin";
    $email="admin@163.com";
    setcookie ("username", $username, time() +60 * 60 * 24 * 3);
    setcookie ("email", $email, time() +60 * 60 * 24 * 2);
?>
```

(5) 在文件夹 chapter05 中新建一个 PHP 动态网页保存为 chapter05-12-b.php,然后将

文档标题设置为"获取 Cookie 信息"。

（6）切换到代码视图，然后在<body>标签下输入以下 PHP 代码：

```php
<?php
    echo "从客户端获取的 Cookie 信息如下：<br />\n";
    print_r ($_COOKIE);
    echo "<br /><br />\n";
    echo "用户名：", $_COOKIE["username"], "<br />\n";
    echo "电子邮件：", $_COOKIE["email"], "<br />\n";
?>
```

（7）打开 IE 浏览器，在浏览器地址栏中输入所对应的例子地址 http://localhost/chapter05/chapter05-12-a.php，查看页面执行效果，通过单击超文本链接进入页面 chapter05-12-b.php，在此页查看读取的 Cookie 信息。

7.7　本章小结

本章讲述如何通过 PHP 页面实现与客户端的交互作用，主要内容包括获取表单参数、表单验证和 URL 参数、在不同页面之间跳转、会话管理及 Cookie 应用等。

学习本章时，应该掌握超全局变量这条主线。超全局变量实际上都是数组，通过超全局变量可以获取表单参数、URL 参数、会话变量和 Cookie 信息。表单参数通过表单提交到服务器后，可以通过 $_POST 数组获取；URL 参数附加在当前请求 URL 后面传递到服务器，可以通过 $_GET 数组获取；会话变量可以通过 $_SESSION 数组来设置和获取；Cookie 变量通过 setcookie()函数发送到客户端，请求页面时发送到服务器并可以通过 $_COOKIE 数组获取，关于数据库方面的具体知识以后章节会详细学习。

实训 7

【实训目的】

利用 Dreamweaver 设计一个问卷调查动态页面，并能够显示调查结果，掌握表单的使用以及表单变量的获取。本实验用于掌握 PHP 获取变量的方法。

【实训环境】

（1）硬件：普通计算机。

（2）软件：Dreamweaver、PHP 运行环境。

【实训内容】

1. 设计问卷调查初始页面

利用 Dreamweaver 的可视化网页制作工具来设计页面。

（1）打开 Dreamweaver，创建一个 PHP 类型的空白文档，将其命名为"sx_1.php"并保存。

（2）在页面中输入文字"问卷调查"作为标题。

（3）选中"插入"|"表单"|"表单"选项，在页面中插入一个表单，设置表单的动作为"sx_

2.php"，目标设置为"_self"。

（4）选中"插入"|"表单"|"文本域"选项，弹出一个"插入标签辅助属性"对话框，在 ID 栏处输入"name"，在标签栏处输入"姓名："，如图 7-49 所示。

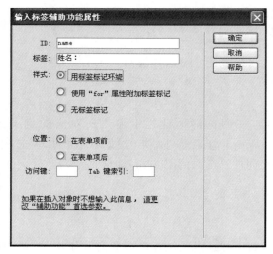

图 7-49　输入标签辅助功能属性

（5）回车换行，输入文字"性别："，选中"插入"|"表单"|"单选按钮组"选项，在页面中插入一个单选按钮组，ID 设置为 gender，按钮组中添加两个单选按钮，标签及其对应值分别设置为"男"和"女"。

（6）回车换行，输入文字"年级："，选中"插入"|"表单"|"列表菜单"选项，在页面中插入一个列表框，ID 设置为 grade，并将其列表值设置为 2009 级、2010 级、2011 级。

（7）回车换行，输入文字"选修："，选中"插入"|"表单"|"复选框"选项，在页面中插入 5 个复选框，ID 设置为"checkbox[ ]"标签和选定值分别设置为"大学英语""计算机""高等数学""高等物理""大学语文"。

（8）回车换行，选中"插入"|"表单"|"按钮"选项，在页面中插入一个按钮，其值设置为"提交"，动作设置为"提交表单"，同样的方法插入第二个按钮，其值设置为"重置"，动作设置为"重设表单"。

（9）设计完成后的页面如图 7-50 所示。

2. 设计问卷调查结果页面

（1）打开 Dreamweaver，创建一个 PHP 类型的空白文档，将其命名为 sx_2.php 并保存。

（2）在页面中输入文字"调查统计结果"作为标题。

（3）回车换行，输入文字"您的姓名："，打开"绑定"面板，添加一个表单变量，将变量名称设置为 name，将这个表单变量拖放到页面中，放置在文字"您的姓名："后。

（4）同样的方法，分别输入文字"您的性别：您的年级：您的选修课程："，添加 3 个表单变量，变量名称分别设置为 gender、grade、checkbox，并放置在相应位置。

（5）在文字"您的选修课程："后，选中"插入"|"PHP 对象"|"代码块"选项，在插入的 PHP 代码块中输入如下 PHP 代码：

图 7-50　问卷调查设计页面

```
foreach($ _POST['checkbox'] as $ singer) echo $ singer." "
```

将 checkbox 变量数组中的值分别显示出来。

（6）设计完成后的页面如图 7-51 所示。

图 7-51　调查统计结果设计页面

3. 测试设计好的问卷调查页面

（1）打开浏览器，输入网址 http://127.0.0.1/sx_1.php，打开问卷调查页面。

（2）输入姓名，选中"性别""年级""选修课程"等信息，单击"提交"按钮，页面跳转到调查统计页面。

（3）程序执行结果如图 7-52 所示。

图 7-52　程序执行结果

习题 7

1. ＜form＞标签的主要功能是什么？

2. 标准按钮有哪 3 种类型？它们的功能分别是什么？

3. 在 PHP 中获取表单参数有哪几种方法？如何判断一个表单是否已经被提交？

4. 单行文本框和多行文本框分别用什么 HTML 标签来创建？它们有什么共同点？

5. 如何用多个单选按钮构成一个单选按钮组？当提交表单时，哪个单选按钮的值会包含在表单参数中？

6. 若一个复选框未选中，可以在 PHP 中直接获取它的值吗？为什么？

7. 为了使 PHP 将一组复选框的值保存到数组中，应该如何命名这些复选框？

8. 若要在 PHP 中读取一个多选列表项的多项选择,创建表单时应该如何命名该列表框?

9. 如何用 Spry 验证登录的是否是邮箱? 用户还会其他的方法吗?

10. 传递 URL 参数通常有哪些方法? 在 PHP 中如何读取 URL 参数?

11. 实现页面跳转通常有哪些方法?

12. 如何启动一个会话? 如何将信息存储在会话变量中?

13. 如何注销会话变量? 如何结束一个会话?

14. 什么是 Cookie? 它有什么优点和缺点?

15. 如何发送一个 Cookie? 如何读取一个 Cookie?

16. 如何删除一个 Cookie?

17. 如何让客户端浏览器弹出一个对话框,以提示用户输入用户名和密码?

18. 试着写一个"用户更喜欢哪些歌手"的在线投票界面和查看结果界面。

第 8 章　PHP 文件编程

学习目标：

本章介绍与 PHP 文件操作相关的知识。通过本章的学习，可使学生掌握常用的文件操作方法：文件的打开与关闭、文件的读取与写入、文件的复制与删除、文件的定位、目录操作、文件的上传等。能够运用文件编程的相关知识解决实际问题。本章学习要求如表 8-1 所示。

表 8-1　本章学习要求

知 识 要 点	能 力 要 求	相 关 知 识
文件操作	理解文件操作的语法规则，掌握文件操作的各种方法	指针、文件属性
目录操作	理解目录操作的语法规则，掌握目录操作各种方法	遍历、检索
文件上传	理解文件上传的语法规则，掌握文件上传的实现方法	

PHP 提供了较为丰富的文件处理函数，可以对文件和目录进行各种各样的操作，可以将用户提交的数据保存到文件中，可以从文件中读取数据并且在网页上显示，可以向文件中添加数据或修改原有数据。此外，还可以通过预定义的数组获取用户上传的文件并进行相关处理。本章将讲述如何通过 PHP 实现对文件、目录的操作，以及如何上传文件。

8.1　文件操作

对文件的操作主要包括对文件内容的操作和对文件属性的操作。文件内容通常是应用程序比较关注的部分，其中包含了应用程序所需的各种类型数据信息。大部分应用程序对文件的操作都集中在对文件内容的操作上，主要包括读、写、创建和删除等。

8.1.1　检查文件是否存在

在对某个文件进行操作之前，首先应该检查该文件是否存在。在 PHP 中，可以通过调用函数 file_exists() 来检查一个文件或目录是否存在，其语法格式如下：

```
bool file_exists(string filename)
```

其中，filename 表示要检查的文件或目录的路径。若由 filename 指定的文件或目录存在，则返回 true，否则返回 false。

【例 8-1】　检查一个文件或目录是否存在。

程序代码如下：

```
<?php
    $path=$_SERVER["SCRIPT_FILENAME"];
    $n=strrpos($path,"/");
```

```
$dir=substr($path,0,$n);
$file=substr($path,$n+1);
printf("<p>目录% s % s.<br/>\n",$dir,file_exists($dir) ? "存在":"不存在");
printf("文件% s % s. <p>\n",$file,file_exists($file) ? "存在":"不存在");
printf("<p>目录../web% s.<br>\n",file_exists("../web") ? "存在":"不存在");
printf ("文件./readme.txt% s.<p>\n",file_exists("./readme.txt") ? "存在":"不
    存在");
?>
```

在浏览器中打开网页,对指定文件或目录是否存在进行测试,结果如图 8-1 所示。

图 8-1　检查目录或文件是否存在

8.1.2　打开和关闭文件

只要对某个文件执行操作,都必须先打开该文件,在完成文件操作后,必须关闭该文件。在 PHP 中,可以使用 fopen()函数打开文件,使用 fclose()函数关闭文件。

1. 打开文件

使用 fopen()函数以特定模式打开文件。其一般形式如下:

```
resource fopen(string filename,string mode [,bool use_include_path [,resource
    zcontext]])
```

其中,参数 filename 指定要打开的文件名,参数 mode 指定以何种模式打开文件。具体参数说明如表 8-2 所示。如果打开文件失败,函数将返回 false。若打开文件成功,则函数返回当前打开的文件句柄(指针)。

若参数 filename 以"http://"开始,则文件通过 Internet 采用 HTTP 或 FTP 打开;否则文件在本地文件系统内打开。若模式带有"+",则是更新模式,它允许同时读写;若字符出现在模式的最后部分,则该文件被认为是二进制文件。

若指明一个 HTTP URL 时,用写模式打开文件时会产生错误;而 FTP 会用写模式上载一个 FTP 文件。

另外,打开压缩文件是用 gzopen()函数。其一般形式如下:

```
int gzopen(string filename,string mode);
```

函数 gzopen()与函数 fopen()相似,只是函数 gzopen()用在压缩文件上(以函数"gz"开

始的库函数,用于对压缩文件的操作)。

表 8-2　mode 参数的可能值

参数值	操作方式	说　明
r	只读	以只读模式打开文件,并将文件内部指针指向文件开头
r+	只读	以可读可写方式打开文件,并将文件内部指针指向文件开头
w	只写	以写方式打开文件,并将原文件内容清空,将文件内部指针指向文件开头;若指定的文件不存在,则创建一个名为 filename 的新文件
w+	只写	以可读可写方式打开文件,并将原文内容清空,将文件内部指针指向文件开头;若指定的文件不存在,则创建一个名为 filename 的新文件
a	追加	以只写模式打开文件,并将文件内部指针指向文件末尾;若指定的文件不存在,则创建一个名为 filename 的新文件
a+	追加	以可读可写方式打开文件,并将文件内部指针指向文件末尾;若指定的文件不存在,则创建一个名为 filename 的新文件
x	谨慎写	创建并以只写并打开文件,并将文件内部指针指向文件开头;如果此名字的文件已经存在,返回一个错误
x+	谨慎写	创建并以可读可写打开文件,并将文件内部指针指向文件开头;如果此名字的文件已经存在,返回一个错误
b	二进制	二进制模式用于与其他模式进行连接。如果文件系统能够区分二进制文件和文本文件,可能会使用它。Windows 系统可以区分,而 UNIX 则不区分。推荐一直使用这个选项,以便获得最大程度的可移植性。二进制模式是默认的模式
t	文本	用于与其他模式的结合。这个模式只是 Windows 系统下一个选项。它不是推荐选项,除非曾经在代码中使用了 b 选项

2. 知道何时读完文件

使用 feof()函数检测是否已到达文件末尾。函数 feof()的唯一参数是文件指针。如果该文件指针指向了文件末尾,它将返回 true。

用法:

```
$fp=fopen("a.txt",r);
while(!feof($fp))
```

3. 关闭文件

fclose()函数用于在 PHP 中关闭一个由 fopen()函数打开的文件。其一般形式如下:

```
int fclose(int file_handle);
```

其中,参数 file_handle 就是使用 fopen()函数打开指定文件时返回的文件句柄。如果文件关闭成功,函数 fclose()返回 true(1),否则返回 false(0)。

【例 8-2】　一个关于文件打开并关闭,将文件内容显示在网页上的例子。

```
<?php
    $file=fopen("welcome.txt","w");              //以写方式打开文件句柄
    $content="How are you!";
    fwrite($file, $content);                      //写入内容,务必确保有写权限
    fclose($file);
```

```
        $contents=file_get_contents("welcome.txt");    //读取文件内容
        echo $contents;                                //将文件内容显示在网页上
    ?>
```

其运行结果如图 8-2 所示。

图 8-2　文件打开关闭

注意：打开一个文件并完成操作后应使用相应的文件关闭函数将其关闭。也就是在一个程序中打开函数与关闭函数必须都出现。

8.1.3　读取和写入文件

要读取或写入一个本地文件，首先要以特定模式（只读、只写或可读可写等）打开该文件。应用程序获得对该文件的控制后，就可以对文件进行读写操作了。在文件操作完成后，应及时关闭该文件以释放资源。

1. 读取文件

在 PHP 中，用于读取文件的一组函数是 fgetc()、fgets()、fgetss()和 fread()，它们的一般形式如下：

```
string fgetc(int file_handle);
string fgets(int file_handle,int length);
string fgetss(int file_handle,int length);
string fread (int file_handle,int length);
```

其中，参数 file_handle 指定文件句柄。

fgetc()函数从一个已经打开的文件中读取一个单字符。如果出错，则返回 false(0)。

fgets()函数返回从文件中读取的字符串，读取长度将根据 length-1 尽可能地读取字符，至行结束或文章结束。如果出错，则返回 false(0)。

fgetss()函数与 fgets()函数相类似，只是在返回字符串时，fgetss()函数会试着去除 HTML 或 PHP 代码。如果出错，则返回 false(0)。

fread()函数返回从指定文件中读取的字符串，当字符串长度等于参数 length 或文件结束时，读取结束。若读取失败，则返回 false(0)。

注意：这些函数都是从文件内部指针指向的当前位置开始读取。如果要从文件的指定位置进行数据读取，则必须使用 fseek()函数修改文件内部指针的当前位置使其指向当前要操作的部分。

【例 8-3】 读取文件内容，并将文件内容显示。

```php
<?php
    $file="data.txt";
    $handle=fopen($file,"w+");                      //以写方式打开文件
    $content="How are you!";
    fwrite($handle, $content);                      //写入内容，务必确保有写权限
    fseek($handle, 0);
    $file_read=fread($handle,filesize($file));      //通过文件指针读取文件内容
    fclose($handle);
    print"读取到的文件内容是: $file_read";
?>
```

运行结果如图 8-3 所示。

图 8-3 读取文件内容并显示

【例 8-4】 文件读取的几种方法。

```php
<?php
    $filename="data.txt";                   //一次性读取整个文件
    $handle=fopen ($filename,"r");          //打开一个只读文件
    $length=filesize ($filename);           //计算文件的大小
    $content=fread ($handle,$length);       //读取文件内容
    fclose ($handle);
    echo $content;
    print"是采用文件读取的 fread 方法.<br>";

    $handle=fopen ($filename,"r+");         //传统读取文件的方法
    $content="";
        while(!feof($handle))               //使用 feof()判断文件是否结束
    {
        $content=fread($handle,1024);
    }
    fclose ($handle);
    echo $content;
    print"是采用 fread 的循环读取方法。<br>";
```

```php
$handle=fopen ($filename,"r");          //更便捷的方法
$content="";
do{
$data=fread($handle,1024);
    if(strlen($data)===0)               //当没有数据时,跳出循环
        break;
    $content=$data;
}while(1);
fclose($handle);
echo $content;
print"是采用另一种 fread 的循环的读取方法。<br>";

$handle=fopen ($filename,"rt");         //使用"t"将"\n"替换为"\r\n"
$content="";
while (!feof($handle))
{
    $content .=fgets($handle,4096); //使用 fgets()的方法
}
fclose($handle);
echo $content."是采用 fgets()函数的读取方法。<br>";

$handle=fopen ($filename,"r");
$content="";
while(($c=fgetc($handle))!=FALSE)   //使用 fgetc()逐字节读取文件内容
{
    $content .=$c;
}
fclose($handle);
echo $content."是采用 fgetc()函数的读取方法。<br>";
?>
```

该程序运行结果如图 8-4 所示。

图 8-4 文件读取的几种方法

上面几个函数主要用于从文件的当前位置读取指定长度的字符串。如果仅仅想要获得全部或者部分内容,可以使用 file_get_contents()函数。

其一般形式如下:

```
string file_get_contents(path,include_path,context,start,max_length)
```

使用 file_get_contents()函数可以将整个文件读入一个字符串中。这也是一个首选方法。使用这个函数可以避免文件的打开、锁定、关闭等操作。如果操作系统支持,该函数还会使用内存映射技术来增强性能。

file_get_contents()函数可以读取本地文件,也可以读取远程主机文件的内容。这和使用 fopen()函数打开一个本地或远程文件连接的情况是一样的,以下是一个示例。

【例 8-5】 file_get_contents()函数的文件读取示例。

```php
<?php
    echo file_get_contents("index.html");            //读取一个本地文件
    echo file_get_contents("http://www.taodoor.com/index.php");
    //读取一个远程文件
?>
```

运行结果如图 8-5 所示。

图 8-5　文件读取

如果想把整个文件读入一个数组中,就可以使用与数组的相关函数对文件内容进行处理。PHP 使用 file()函数把整个文件进行分割,并读入一个数组中。数组中的每个元素就是文件中相应的行,包括换行符在内。

【例 8-6】 将文件读入数组示例。

```php
<?php
    $lines=file("http://www.baidu.com/");     //将一个文件读入数组
    //这里通过 HTTP 从 URL 中取得 HTML 源文件
    foreach ($lines as $line_num=>$line)
    {
        echo "Line # <b>{$line_num}</b>:".htmlspecialchars ($line)."<br>\n";
    }     //在数组中循环,显示 HTML 的源文件并加上行号
?>
```

程序运行结果如图 8-6 所示。

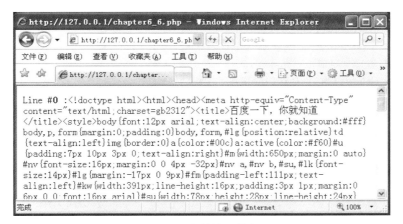

图 8-6　文件读入数组

2. 写入文件

在 PHP 中,用于写入文件的是 fputs()函数和 fwrite()函数。

fputs()函数的一般形式如下:

```
int fputs(int file_handle,string output);
```

fputs()函数将数据写入一个已经打开的文件。如果写入成功,则返回 true(1);否则返回 false(0)。

fwrite()函数的一般形式如下:

```
int fwrite(int file_handle,string string,int[length]);
```

fwrite()函数将字符串 string 写入由文件句柄 file_handle 指定的文件。若可选参数 length,则当字符串 string 结束或写入长度达到 length 时写入结束。fwrite()函数返回写入的字符数,出现错误时,则返回 false(0)。

其实 fputs()函数与 fwrite()函数的功能与用法是一样的,因此也有 fputs()函数是 fwrite()函数的别名函数这样的说法。

对压缩文件进行写入的函数是 gzputs()和 gzwrite(),用法与以上介绍的两个文件写入函数一致。

注意:这些函数都是从文件内部指针指向的当前位置开始写入。如果要写入到文件的指定位置,则必须使用 fseek()函数修改文件内部指针的当前位置,使其指向当前要操作的部分。使用 w 模式打开的文件,其文件内部指针的初始位置指向文件起始部分,打开后写入将产生覆盖效果。使用 a 模式打开的文件,其文件内部指针的初始位置指向文件末尾部分,打开后直接写将产生追加效果。

【例 8-7】 文件写入示例。

```php
<?php
    //题目:把 somecontent 内容写入 data.txt 文件中,写入成功,显示文件内容,写入不成功,
    //给出相应提示
    $filename="data.txt";
```

```php
    if(file_exists("data.txt")) {
        unlink($filename);
        echo "原有文件 data.txt 删除成功!<br/>";
    } else echo "以前不存在 data.txt!\n";
    $somecontent="已添加这些内容到 data.txt 文件!<br/>";
    if($fp=fopen($filename,"w+")) {
    if(fwrite($fp, $somecontent))
        echo "新文件".$filename."写入成功!<br/>";   //将$somecontent 写入打开的文件中
        $contents=file_get_contents("data.txt");    //读取文件内容
        echo $contents;
    } else echo "文件".$filename."不可写";
    fclose($fp);                                    //关闭文件
?>
```

该例运行结果如图 8-7 所示。

图 8-7　写入文件内容

【例 8-8】　覆盖写入文件示例。

```php
<?php
    $file_name="data.txt";
    $fp=fopen($file_name,"w");  //此模式将原文件内容清空,将文件内部指针指向文件开头
    fwrite($fp,"what do you want to write?");   //先把文件剪切为 0 字节大小, 然后写入
    print"数据成功写入文件";
    fclose($fp);
?>
```

运行结果如图 8-8 所示。

【例 8-9】　追加写入文件示例。

```php
<?php
    $file_name="append.txt";
    if(file_exists($file_name)) {
        unlink($file_name);
    }
    $fp=fopen($file_name,"x");
    fwrite($fp,"These are some contents!");
    print "这是原文件内容: <br>";
```

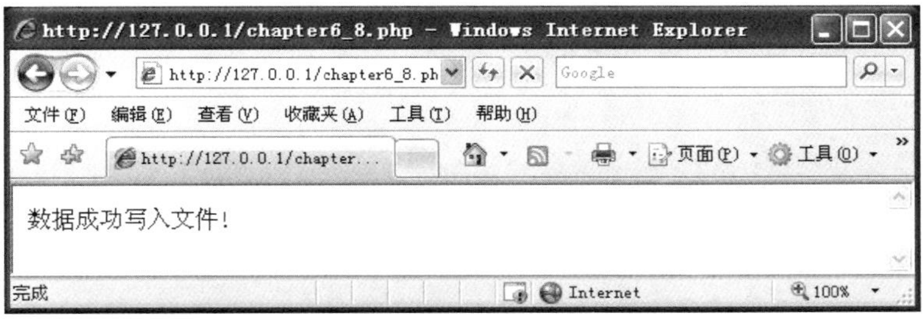

图 8-8　覆盖写入文件

```
$contents=file_get_contents($file_name);
print "$contents <br>";
$fp=fopen($file_name,"a");                      //将文件内部指针指向文件末尾
fwrite($fp,"These are some new contents!\n");   //把数据追加到文件最后
$contents=file_get_contents($file_name);
print "这是追加后文件内容：<br>$contents<br>";
fclose($fp);
print"数据成功追加到文件！";
?>
```

运行结果如图 8-9 所示。

图 8-9　文件内容追加

8.1.4　文件定位

在读取或写入文件时，经常要设置或检查文件指针的位置。在 PHP 中，可以使用以下 4 个函数来移动或检测文件指针的位置。

（1）fseek()函数。在文件中定位文件指针，语法格式如下：

```
int fseek(resource handle,int offset[,int whence])
```

此函数在与 handle 关联的文件中设定文件指针位置。新位置从文件头开始以字节数度量，是以指定位置加上 offset。参数 whence 有如下取值。

① seek_set：设定位置等于 offset 字节。

② seek_cur：设定位置为当前位置加上 offset。如没有指定参数 whence 默认值为

seek_set。

③ seek_end：设定位置为文件尾加上 offset。要移动到文件尾之前的位置，需给 offset 传递一个负数。

若定位文件指针成功，则返回 0，否则返回－1。

（2）rewind()函数。文件指针设置到文件开头，其语法格式如下：

```
bool rewind(resource handle)
```

此函数将 handle 的文件位置指针设为文件流的开头。如成功则返回 true，失败返回 false。文件指针必须合法，并且指向由 fopen()成功打开的文件。

（3）ftell()函数。返回文件指针读/写的位置，其语法格式如下：

```
int ftell(resource handle)
```

此函数返回有参数 handle 指定的文件指针的位置，也就是文件流中的偏移量。如出错，则返回 false。

文件指针必须是有效的，并且必须指向一个通过 fopen()成功打开的文件。

（4）feof()函数。测试文件指针是否到了文件结束的位置，其语法格式如下：

```
bool feof(resource handle)
```

若文件指针到 eof 或者出错则返回 true，否则返回一个错误（包括 socket 超时），在其他情况下则返回 false。

8.1.5　文件属性检查

在 PHP 中，可以通过以下函数获取文件的各种属性。

（1）fileatime()函数。取得文件上次访问时间，其语法格式如下：

```
int fileatime(string filename)
```

此函数返回文件上次访问的时间，如出错则返回 false。

（2）filectime()函数。取得文件的创建时间，其语法格式如下：

```
int filectime(string filename)
```

此函数返回文件的创建时间，如出错则返回 false。

（3）filemtime()。取得文件修改时间，其语法格式如下：

```
int filemtime(string filename)
```

此函数返回文件上次被修改的时间，出错则返回 false。

（4）filesize()函数。取得文件大小，其语法格式如下：

```
int filesize(string filename)
```

此函数返回文件大小的字节数，出错时返回 false。

（5）filetype()函数。取得文件的类型，其语法格式如下：

```
string filetype()
```

此函数返回文件的类型,可能的值有 fifo、char、dir、block、link 和 unknown。若出错则返回 false。

注意:(1)、(2)、(3)函数的时间都以 UNIX 时间戳的方式返回,可用于 date()函数。

8.1.6 复制、删除、重命名文件

1. 复制文件

在 PHP 中,使用 copy()函数复制文件。

其一般形式如下:

```
int copy(string oldfilename,string newfilename);
```

copy()函数的作用是把由源参数 oldfilename 说明的文件复制到由目的参数 newfilename 说明的文件中。如果复制成功,copy()函数返回 true(1);否则返回 false(0)。

【例 8-10】 一个关于文件复制的例子。

```php
<?php
    $file="li.txt";
    $newfile="li_new.txt";              //前提:这个文件父文件夹必须能写
    $fp=fopen ("li.txt", "w");
    if (file_exists($file)==false) {
        die ("不存在小李文件,无法复制");
    }
    $result=copy($file, $newfile);
    if ($result==true) {
        echo "文件复制成功!";
        fclose($fp);
    }
?>
```

运行结果如图 8-10 所示。

图 8-10　文件复制

2. 删除文件

在 PHP 中,使用 unlink()函数删除文件。

其一般形式如下:

```
int unlink(string filename);
```

unlink()函数将永久地删除文件,因此,在用 unlink()函数删除文件之前一定要三思而

后行。若删除成功,返回 true(1),否则返回 false(0)。

删除文件失败的原因有很多,常见的有文件不存在、文件的权限错误、文件被锁定、是一个目录而非普通文件等。

注意:unlink()函数只能删除文件,而不能删除目录。

【**例 8-11**】 删除文件示例。

```php
<?php
    $file="test.txt";
    $result=@unlink ($file);
    if ($result==true) echo "文件已删除!";
    else echo "要删除的文件不存在!";
?>
```

运行结果如图 8-11 所示。

图 8-11　文件删除

3. 重命名文件

在 PHP 中,使用 rename()函数来重命名文件。

其一般形式如下:

```php
int rename(string oldname,string newname);
```

rename()函数将原名为 oldname 的文件改名为 newname。若修改成功,则返回 true(1),否则返回 false(0)。

此函数也可用于重命名目录。

【**例 8-12**】 重命名文件示例。

```php
<?php
    $file='lili.txt';
    if (file_exists($file)) {
        rename('lili.txt','zhouli.txt');
        echo "重命名成功";
    }
    else echo "文件不存在,或已有此文件名,无法重命名!";
?>
```

若已存在文件 lili.txt,则运行结果如图 8-12 所示。

图 8-12　重命名文件

8.2　目录操作

目录(也称文件夹)主要用于协助人们按层次分类别的管理计算机中的文件。现代计算机操作系统中主要采用层次的树状目录结构,每个目录可以包含若干文件和子目录。从根目录或主目录向下到各个分支最后到达一个文件所经过的一系列目录名以及这个文件自身的文件名组成文件的路径名。操作系统中的任何文件都可以由路径名独一无二的标识。

在操作系统中,目录作为一种特殊的文件存在,它没有扩展名。操作系统主要提供以下目录操作:创建、删除、复制和检索。PHP 对这些操作提供了强大的支持。

8.2.1　创建目录

在 PHP 中,使用 mkdir()函数创建一个新的目录。

其一般形式如下:

```
bool mkdir(string $pathname[,int $mode])
```

其中,参数 $pathname 用于指定目录名。可选参数 $mode 指定新建目录的权限值,默认为 Web 服务器中定义的默认权限。

【例 8-13】　创建目录示例。

```
<?php
    $dirname="dir1";
    if (is_dir($dirname))                    //判断目录使用 is_dir()函数
        echo "已存在 dir1 目录。<br>";
    else {
        mkdir("dir1");                       //建立一个目录,使用服务器的默认权限值
        print "创建目录 dir1 成功。<br>";
    }
?>
```

程序运行结果如图 8-13 所示。

8.2.2　读取目录

若要通过脚本从一个目录中读取条目,可以通过调用 readdir()函数来实现,其语法如下:

图 8-13　创建目录

```
string readdir(resource dir_handle)
```

其中,参数 dir_handle 指定目录句柄的 resource,该目录句柄由 opendir()函数打开。

readdir()函数返回目录中的下一个文件的文件名。文件名按照在文件系统中的排列顺序返回。如果调用成功则返回文件名,失败则返回 false。

要获取一个目录中包含的文件和目录的另一种方法,可以通过 scandir()函数列出指定路径中的文件和目录。scandir()函数的用法如下:

```
array scandir(string directory[,int sorting_order[,resource context]])
```

其中,参数 directory 指定要被浏览的目录;sorting_order 指定排序方式,默认的排序顺序按字母升序排列,若将该参数设置为 1,则排序顺序按字母降序排列。

若调用成功则函数返回一个数组,该数组包含有 directory 中的文件和目录;若失败则返回 false,若 directory 不是一个目录,则返回布尔值 false 并生成一条 E_WRANING 级错误。

【例 8-14】 列出特定目录中的所有子目录及文件。

```
<?php
    $dirname="dir3";
    if ($handle=opendir($dirname)) {
        echo "$dirname";
        echo "目录中的所有子目录及文件如下: <br>";
        while (false!==($file=readdir($handle))){
            if($file!='.' and $file!='..')
                echo "$file;<br>";
        }
        closedir($handle);
    }
?>
```

运行结果如图 8-14 所示。

8.2.3　复制、删除和移动目录

复制、删除和移动目录是目录操作的基本内容之一。但是,在 PHP 中并没有给出特定的函数来对目录进行复制或移动,这就需要用户自己编写函数来实现这些功能。

1. 复制目录

与删除非空目录的情况相似,要复制一个包含多级子目录的目录,将涉及文件复制、目

图 8-14　列出特定目录内的所有目录及文件

录建立等操作。

　　首先对源目录进行遍历,如果遇到的是普通文件,可以直接用 copy() 函数进行复制,如果遇到一个目录,则必须先建立该目录,然后对其下的文件或子目录进行复制。如此递归进行,直至整个目录复制完毕。

　　2. 删除目录

　　在 PHP 中,使用 rmdir() 函数删除一个空目录。

　　其一般形式如下:

```
rmdir(dir,context)
```

　　使用 rmdir() 函数删除的目录必须为空目录,也就是内部不包含任何文件和子目录。如果执行成功,则返回 true,如果失败,则返回 false。

　　本函数可以和 unlink() 函数共同使用,用于删除一个不确定的文件。

　　【例 8-15】　删除某个特定空目录示例。

```php
<?php
    $dir="dir5";
    if (is_dir($dir)==false) {
        exit("目录不存在!");
    }
    $handle=opendir($dir);
    $havefile=false;
    while (($file=readdir($handle))!==false){
        if ($file!="." && $file!="..") {
            $havefile=true;
            break;
        }
    }
    closedir($handle);
    if ($havefile==true)
        echo '目录不为空,不可删除!';
    else {
        rmdir($dir);
        echo '目录已经删除!';
    }
?>
```

程序运行结果如图 8-15 所示。

图 8-15　删除特定空目录

通常,如果一个目录是非空的,使用 rmdir() 函数将不能进行删除,必须先将其中的文件删除。对于该目录中的子目录来说,情形也是一样的。因此要想一次删除整个目录,可以使用递归删除的方法来解决。

如果要删除的目录不含子目录,则遍历目录,删除其中的所有文件,最后再删除该目录。如果要删除的目录包含子目录,就按照上面的方法进行递归删除操作。

使用递归方法删除目录十分方便。在实际应用中,可能还需判定给定的目录是否已经被删除,因此可以将上面程序作相应改动。例如返回状态值,或者在无法删除时终止返回等。

3. 移动目录

要移动一个文件,表面上看是将文件从一个目录复制到另一个目录中,然后再删除原来目录中的文件。实际上这也是一个重命名的过程,即将文件名的路径名改变。这可以使用重命名的方法来实现。

8.2.4　遍历和检索目录

1. 遍历目录

要取得一个目录下的文件和子目录,可以使用两种基本方法:遍历目录和检索目录。

要遍历一个指定目录,可以使用 opendir()、readdir()、closedir() 等函数,这和读取文件的操作类似。

opendir()、readdir()、closedir() 函数的一般形式分别如下:

```
int opendir(string directory);
string readdir(int directory_handle);
int closedir(int directory_handle);
```

opendir() 函数打开一个指定目录,并返回一个目录句柄。参数 directory 指定目录路径。如果打开失败则返回 FALSE,同时产生一个 E_WARNING 级别的错误信息。可以在opendir() 前面加上符号@来抑制错误信息的输出。打开目录失败的主要原因可能是该目录不存在或者无访问权限。

readdir() 函数返回由目录句柄 directory_handle 指定的目录下的一个文件名,并将目录内部指针(类似文件内部指针)向后移动一位指向下一个文件。当指针位于目录的结尾时,调用 readdir() 函数将返回 FALSE。要重置目录内部指针到开始处,可使用 rewinddir() 函数,该函数接收一个目录句柄。

closedir()函数将关闭一个打开的目录。参数 directory_handle 指定目录句柄。

2. 检索目录

也可以使用检索目录的方法获取目录的内容。glob()函数可用于指定目录的检索,该函数最终返回一个包含检索结果的数组。其一般形式如下:

```
array glob(string $pattern[,int $flags])
```

其中,参数 $pattern 用于指定要检索的目录信息,可以使用"*"或"?"等通配符,就像在 Shell 中使用"dir"等命令一样简单。参数 $flags 是一个与检索模式相关的参数,可以使用如表 8-3 所示有效值。

表 8-3　目录检索

目 录 检 索 模 式	说　　　明
GLOB_MARK	在每个返回的项目中加一个斜线
GLOB_NOSORT	按照文件在目录中出现的原始顺序返回(不排序)
GLOB_NOCHECK	如果没有文件匹配则返回用于搜索的模式
GLOB_NOESCAPE	反斜线不转义元字符
GLOB_BRACE	扩充"{a,b,c}"来匹配"a"、"b"、"c"
GLOB_ONLYDIR	仅返回与模式匹配的目录项

【例 8-16】　检索目录示例。

```
<form action="?action=list" >
    <input type="text" name="path" /><span style="color:red">请输入要列出目录或
        文件的路径!比如: d:/,则列出 D 盘所有目录及文件</span>
    <br />
    <input type="submit" value=" 浏 览 " />
</form>

<?php
    define('root', dirname(__FILE__) . '/');
    $action=empty($_GET['action']) ? '' : $_GET['action'];

    $path=empty($_GET['path']) ? $_SERVER['DOCUMENT_ROOT'] :$_GET['path'];
    $rs=@opendir($path);
    if (!$rs){
        $path=$_SERVER['DOCUMENT_ROOT'];
        $rs=@opendir($path);
        echo("输入的目录无法打开!则打开当前文件所在的目录!<br />");
    }
?>
用户要浏览的目录是<span style="color:red;font-weight:bold;"><?=$path?>
</span><br /><br />
<?
    while (false !==($files=readdir($rs))){
        if ($files==='.' || $files==='..') continue;
```

```
        $file=$path . '/' . $files;
        if (is_file($file)) $filelist[]=$files;
        else $dirlist[]=$files;
        clearstatcache();
    }
    @closedir($rs);

    echo '目录列表: <br />';
    if (empty($dirlist)){
        echo "<br /><span style='color:red;'>没有下级目录了</span><br />";
    } else {
        foreach($dirlist as $v){
            echo "┣ <a href=?path=".urlencode($path.'/'.$v).">".$v."</a><br />";
        }
    }

    echo "<br />文件列表: <br />";
    if (empty($filelist)) {
        echo "<br /><span style='color:red;'>该目录没有文件</span><br />";
    } else {
        foreach($filelist as $v){
            echo "┣ ".$v." <br />";
        }
    }
?>
```

运行结果如图 8-16 所示。

图 8-16　检索目录

8.3 文件上传

目前，大多数都提网站供了网络硬盘功能。在这些文件操作的网站中，文件上传是一种非常普遍的应用。

PHP 可以接收来自几乎所有类型浏览器上传的文件。本章主要介绍文件上传的原理以及 PHP 中对文件上传的支持和实现。

8.3.1 文件上传的原理

文件的上传是文件下载的逆过程，是在服务器和客户机之间进行文件交换的主要方法，其本质是通过网络进行文件传输。下载主要是指将文件从服务器端通过网络传输到客户端的过程，而上传则是指将文件从客户端通过网络传输到服务器端的过程。

在文件上传过程中，客户端首先打开要上传的文件，并每次读取文件的其中一部分，将其封装在网络数据包中，通过网络将网络数据包传输到服务器端，如此反复进行直到文件被读取完毕并传输。服务器端在第一次接收到上传文件的网络数据包时，则首先建立一个文件，并将每次接收到数据包中的内容写入到此文件的对应位置直到文件上传完毕。至此，在客户端与服务器端就完成了一个文件的上传。

8.3.2 文件上传的实现

在 PHP 中，通常使用 move_uploaded_file()实现文件的上传。其一般形式如下：

```
bool move_uploaded_file(string filename, string destination)
```

函数 move_uploaded_file()检查并确保由 filename 指定的文件是合法的上传文件（即通过 PHP 的 HTTP POST 上传机制所上传的）。如果文件合法，则将其移动为由 destination 指定的文件。如果 filename 不是合法的上传文件或出于某种原因无法移动，move_uploaded_file()不执行任何操作，并返回 FALSE。此外还将发出一条警告。

最基本的文件上传方式是使用 HTML 表单进行提交。可以在表单中使用＜inputtype＝file＞的 HTML 标签来支持文件上传操作。在＜form＞标签中必须指明 enctype＝multipart/form-data 和 method＝POST 的属性值，它们指定表单编码数据的方式，以及发送数据的方法。否则，文件上传的操作将不会实现。下面是一个典型的支持文件上传的表单示例。

【例 8-17】 文件上传表单示例。

```
<form enctype="multipart/form-data" action="upload.php" method="post">
    <input type="hidden" name="max_file_size" value="100000">
    <input name="userfile" type="file">
    <input type="submit" value="上传文件">
</form>
```

运行结果如图 8-17 所示。上述代码中，隐藏域的 MAX_FILE_SIZE 为允许接收文件的最大尺寸（单位为字节）。MAX_FILE_SIZE 的值只是对浏览器的一个建议，它可以被简

图 8-17　文件上传表单

单地绕过。实际上,php.ini 中设置的文件上传的最大值 upload_max_filesize 是不会失效的。但是最好还是在表单中加上 MAX_FILE_SIZE,因为它可以避免用户正上传时才发现该文件太大的问题。

文件上传后,首先被存储于服务器的临时目录中,PHP 将获得一个 $_FILE 的全局变量。上传后的文件信息将保存在此变量中。假设文件上传字段的名称为 upfile。

（1）$_FILES['upfile']['name']：客户端机器文件的原名称。

（2）$_FILES['upfile']['type']：文件的 MIME 类型,需要浏览器提供该信息的支持,例如 image/gif。

（3）$_FILES['upfile']['size']：已上传文件的大小,单位为字节。

（4）$_FILES['upfile']['tmp_name']：文件被上传后在服务器端储存的临时文件名。

（5）$_FILES['upfile']['error']：伴随文件上传时产生的错误代码,如表 8-4 所示。

表 8-4　文件上传的错误代码

常　量	值	说　明
UPLOAD_ERR_OK	0	文件上传成功
UPLOAD_ERR_INI_SIZE	1	上传的文件超过了 php.ini 中 upload_max_filesize 选项限制的值
UPLOAD_ERR_FORM_SIZE	2	上传文件的大小超过了 HTML 表单中 MAX_FILE_SIZE 选项指定的值
UPLOAD_ERR_PARTIAL	3	只有部分文件被上传
UPLOAD_ERR_NO_FILE	4	没有文件被上传

接收上传文件的 PHP 脚本 upload.php,在文件上传后进行判断,以决定接下来要对该文件进行哪些操作。例如,可以通过 $_FILES['upfile']['size'] 变量来忽略尺寸太大或太小的文件;也可以通过 $_FILES['upfile']['type'] 变量来过滤文件类型和某种标准不相符合的文件;还可以通过 $_FILES['upfile']['error'] 变量判断文件上传的错误类型。

如果上传后的文件通过了判断,则将其从临时目录中复制到指定的位置存放。这时可以使用 copy() 函数,但 PHP 提供了专门用于上传文件复制的函数 move_uploaded_file()。该函数仅用于上传文件。以下是 upload.php 的源代码。

【例 8-18】　文件上传示例。

```
<!DOCTYPE HTML PUBLIC "-//W3C//DTD HTML 4.01 Transitional//EN" "http://www.w3.
```

```
        org/TR/html4/loose.dtd">
<html>
<head>
    <meta http-equiv="Content-Type" content="text/html; charset=gb2312">
    <title>上传附件</title>
    <style type="text/css">
        <!--
            body {
                margin-left: 0px;
                margin-top: 0px;
                margin-right: 0px;
                margin-bottom: 0px;
            }
            body,td,th {
                font-size: 12px;
            }
        -->
    </style>
</head>

<body>
    <?
        $MAX_FILE_SIZE = 50000000;
        if($_POST['Submit'])
        {
            $updir = "../file/";
            if($_FILES["file"]["name"])
            {
                $filename=$_FILES["file"]["name"];
                $type=$_FILES["file"]["type"];
                $size=$_FILES["file"]["size"];
                $tmp_name=$_FILES["file"]["tmp_name"]; //获取临时文件名
                $datename = gmdate("YmdHis",time()+8*3600);
                $ext=".".end(explode(".",$filename));
                if($size>$MAX_FILE_SIZE)
                {
                    echo "<script>alert('文件大于 500KB!');window.history.back();
                        </script>";
                    exit;
                }
                if($type!="image/pjpeg" && $type!="image/jpeg" && $type!="image/
                    gif" && $type!="application/msword" && $type!="application/x-
                    zip-compressed"&& $type=="application/octet-stream")
                {
                    echo "<script>alert('该附件类型受限!');window.history.back(
                        );</script>";exit;
                }
```

```
            if(move_uploaded_file($tmp_name,$updir.$datename.$ext))
            {
                echo"<script>alert('上传成功!');</script>";
            }
            $fileurl =$datename.$ext;
            require_once("config.php");
            $e_time =gmdate("Y-m-d H:i:s",time( )+8*3600);
            mysql_query("INSERT INTO `".$DB_PREFIX."attachments` (`path`,
                `rtime`) VALUES ('$fileurl','$e_time')");
            echo mysql_error( );
            $fileurl ="file/".$fileurl;
        }
        else
        {
            echo"<script>alert('附件不能为空');
            window.history.back( );
            </script>";
            exit;
        }
    ?>
    文件路径:<input name="url" type="text" value="<?=$fileurl ?>" size="40"
        onFocus="alert('复制成功');window.clipboardData.setData('text',url.
        createTextRange( ).text)">   <input type="button" name="Submit"
        value="继续传" onClick="javascript:window.location='upfile.php'">
<? }
else { ?>
    <form action="" method="post" enctype="multipart/form-data" name="form1">
        上传附件:
        <input type="file" name="file">
        <input type="submit" name="Submit" value="上传">
    </form>
<? }?>
</body>
</html>
```

该程序运行结果如图 8-18 所示。

图 8-18   文件上传

8.4 本章小结

本章主要讲了文件操作,如文件的打开、关闭、复制、删除、重命名,目录的处理和文件上传。本章讲的都是一些文件的简单操作和相关函数,不过许多复杂的操作可以由多个简单的操作来完成,所以记住这些简单的文件操作就可以了。文件上传方面,还有许多附加的问题,如果读者有兴趣可以参考其他书目。

实训 8

实训 8-1:文件上传

【实训目的】

利用 PHP 实现文件的上传和目录的处理。

【实训环境】

(1)硬件:普通计算机。

(2)软件:Windows 系统平台、PHP 5.2.13、Apache 2.2.4。

【实训内容】

1. 在服务器端创建上传目录

首先判断服务器端是否存在 upload 目录,如果不存在,则创建 upload。

(1)打开 Dreamweaver,新建一个 PHP 动态网页,另存为 upload.php。

(2)选中"插入"|"PHP 对象"|"代码块"选项,插入 PHP 代码块。

(3)在代码块中输入 PHP 代码:

```php
$dirname="upload";                      //上传目录为 upload
if (is_dir($dirname))                   //判断目录是否存在
    echo "目录 upload 已存在。<br>";
else {
    mkdir("upload");                    //建立一个目录
    print "创建目录 upload 成功。<br>";
}
```

2. 设计上传文件页面

利用 Dreamweaver 设计上传文件页面,包含文件浏览和上传功能。

(1)打开 upload.php 文件。

(2)选中"插入"|"表单"|"表单"选项,在页面中插入一个表单,表单的动作设置为 upload2.php,编码类型设置为 multipart/form-data,方法设置为 post。

(3)选中"插入"|"表单"|"文件域"选项,在表单中插入一个文件域,文件域名称设置为 file。

(4)选中"插入"|"表单"|"按钮"选项,在表单中插入一个按钮,按钮名称设置为"上传",动作设置为"提交表单"。

3. 设计文件上传后的处理页面

利用 Dreamweaver 设计文件上传后的处理页面,包含文件类型和大小的判断,文件移动。

(1) 打开 Dreamweaver,新建一个 PHP 类型的文件,另存为 upload2.php。

(2) 选中"插入"|"PHP 对象"|"代码块"选项,插入 PHP 代码块。

(3) 在代码块中输入 PHP 代码:

```php
$MAX_FILE_SIZE=50000000;
$updir="upload/";
if ($_FILES["file"]["name"]) {
    $filename=$_FILES["file"]["name"];
    $type=$_FILES["file"]["type"];
    $size=$_FILES["file"]["size"];
    $tmp_name=$_FILES["file"]["tmp_name"];   //获取临时文件名
    $ext=".".end(explode(".",$filename));
    if($size>$MAX_FILE_SIZE) { echo"<script>alert('文件大于500K!');window.
        history.back();</script>"; exit;
    }
    if ($type!="image/pjpeg" && $type!="image/jpeg" && $type!="image/gif"&&
        $type!="application/msword" && $type!="application/x-zip-compressed"&&
        $type=="application/octet-stream") {
            echo"<script>alert('该附件类型受限!');window.history.back();
            </script>";exit;
    }
    if (move_uploaded_file($tmp_name,$updir.$filename))
        echo"<script>alert('上传成功!');</script>";
}
```

4. 测试文件上传功能

在浏览器的地址栏中输入"http://127.0.0.1/upload.php",显示文件上传页面,单击"浏览"按钮选择要上传的文件,单击"上传"按钮,选中的文件会上传到服务器上 upload 目录中。

实训 8-2:目录操作

【实训目的】

PHP 文件目录操作(遍历目录、遍历目录下的所有文件)。

【实训环境】

(1) 硬件:普通计算机。

(2) 软件:Windows 系统平台、PHP 5.2.13、Apache 2.2.4。

【实训内容】

1. 遍历目录

```php
$dirname="phpMyAdmin";
$dir=opendir($dirname);
```

```
    while($fileName=readdir($dir)){              //遍历开始
        $file=$dirname.'/'.$fileName;            //提取地址
        if ($fileName!="." && $fileName!=".."){  //去掉"."和".."
            if (is_dir($file)){                  //判断是文件还是目录
                echo $dirname."是目录"
            }else {
                echo $dirname."是文件"
            }
        }
    }
closedir($dir);
```

2. 递归遍历目录下所有文件

```
RedFs("C");
function RedFs($dirname){
    $dirHandle=@opendir($dirname);
    while(($file=readdir($dirHandle))!==false){
        $arr=array('..','.');                    //此处可以修改内容为 array('..','.');
                                                 //文件夹命名可以包含点
        if (is_file($dirname."/".$file)){
            echo "文件名为: ".$file."<br/>";
        }
        else if (in_array($file,$arr)){
            continue;
        }
        else{
            echo $file."<br>";
            RedFs($dirname."/".$file);
        }
    }
    closedir($dirHandle);
}


//closedir($dirHandle);
//opendir()函数参数为目录路径;
//readdir()函数的参数为目录引用句柄;
//rewinddir()把指针移动到目录的开始;
//closedir()只要是资源类型一定要关闭
```

实训 8-3：文件下载

【实训目的】

现在有许多站点下载文件都提供了统计功能,本文讨论的是如何使用 PHP 实现此功能,对于想隐藏下载文件路径,避免用户直接使用 URL 下载的编程者,本文也具有一定的参考价值。

【实训环境】

（1）硬件：普通计算机。

（2）软件：Linux＋Apache＋PHP＋MySQL。

【实训内容】

1. 数据库结构

数据库中创建一个表，存储文件信息，包括文件编码、名称、下载路径、统计，相应的 SQL 文件内容如下：

```
CREATE DATABASE dl_db;
CREATE TABLE dl_file (
    id varchar(6),
    name varchar(50),
    url varchar(200),
    count bigint(10));
INSERT INTO dl_file VALUES('000001', 'test', 'test.zip', 0);
INSERT INTO dl_file VALUES('000002', 'tif', 'download/123.tif', 0);
```

2. PHP 编程

（1）函数文件。函数文件包括数据库连接初始化函数和提示信息显示函数。

dl_func.php3:

```
<?
    file://初始化数据库连接的程序
    function dl_dbconnect(){
        error_reporting(1+4); file:              //禁掉 warning 性错误
        $dl_in=0;
        $dl_in=mysql_connect("localhost:3306","root","123456");
        if(!dl_in) {:                            //如果连接失败，退出
            file   echo "数据库无法连接";
            exit;
        }
        mysql_select_db("dl_db",$dl_in);
        return $dl_in;
    }
    file:                                        //显示提示信息的函数
    function infopage($strInfo){
        echo "<script language='Javascript'>";
        echo "window.alert('$strInfo');";
        echo "history.back();";
        echo "</script>";
    }
?>
```

（2）下载连接页面。下载连接页面从数据库读取下载文件信息并显示。

filelist.php3:

```
<html>
<head>
<title>文件下载</title>
<script language="Javascript">
    function newopen(url){
        window.open(url,"_self");
        return;
    }
</script>
</head>
<?
    require("dl_func.php3");
    $dl_in=dl_dbconnect();
    $strQuery="select * from dl_file order by id";
    $dl_res=mysql_query($strQuery,$dl_in);
    while($arr_dlfile=mysql_fetch_array($dl_res)){
        echo "<a href=\"Javascript:newopen('filedown.php3?id=$arr_dlfile[id]')
            \">";
        echo "$arr_dlfile[name]";
        echo " ";
        echo "(下载次数:$arr_dlfile[count])";
        echo "";
    }
    mysql_close($dl_in);
?>
</html>
```

（3）下载页面。当文件存在时，下载页面转到要下载的文件，如果发生错误，则显示提示信息。

```
filedown.php3:
<?
    require("dl_func.php3");
    $dl_in=dl_dbconnect();
    $strQuery="select url from dl_file where id='$id'";
    $dl_res=mysql_query($strQuery,$dl_in);
    if(!($arrfile=mysql_fetch_array($dl_res))){          //选择结果为空
        file:
        infopage("错误的 id 号");
        exit;
    }else{
        $arr_temp=split("/",$arrfile[url]);
        $filename=$arr_temp[sizeof($arr_temp)-1];
        if(strlen(trim($filename))==0){                  //文件名称为空
            infopage("错误的文件");
            exit;
```

```
        }else{
            $strQuery="update dl_file set count=count+1 where id='$id'";
            mysql_query($strQuery,$dl_in);
            header("Content-type: application/file");
            header("Content-Disposition: attachment; filename=$filename");
                            //文件保存对话框中的默认文件名
            header("location:$arrfile[url]");
            file://echo "this is test for echo-download";
        }
    }
    mysql_close($dl_in);
?>
```

实现的原理是,filelist.php3 显示所有文件的连接,然后根据传递的 ID 来得到文件的名称和路径,通过重新定位下载文件。以上程序笔者测试过,运行正常。文件的 URL 可以是本地的,也可以是其他服务器上的。

如果文件内容存储在数据库中,或者文件没有在 HTTP 和 FTP 的路径下,解决的方法可以利用将文件的内容 echo 出来取代 header("location:[url]"),由于读取文件方法相对简单,这里不再赘述。

习题 8

1. 如何检测一个文件或目录是否存在?
2. 将数据写入文件有哪两种模式?
3. rename()函数除了重命名文件或目录外,还有什么功能?
4. 如何删除一个文件? 如何创建一个目录?
5. 如何获取或更改当前目录?
6. 若要列出一个目录中的所有文件和目录,有哪种方式?
7. 如何获取上传的文件? 如何将上传的文件移动到指定位置?

第9章 PHP 与 MySQL

学习目标：

本章介绍如何通过 PHP 编程结合 Dreamweaver 可视化编辑来实现 PHP 数据库访问，包括对 PHP 网页中进行数据操作的相关方法。通过本章的学习，可掌握在 PHP 网页中创建数据库链接、查询记录、添加记录、更新记录、删除记录，以及访问其他数据库等数据操作方法，能够运用本章介绍的方法进行 PHP 程序开发。本章学习要求如表 9-1 所示。

表 9-1　本章学习要求

知 识 要 点	能 力 要 求	相 关 知 识
MySQL 数据库链接	掌握 PHP 网页中数据库链接的编程实现和数据库面板快速实现两种方法	PHP 网页数据库链接
PHP 网页数据记录操作	掌握 PHP 网页中用编程和 Dreamweaver 数据库面板两种方式实现数据操作的方法	PHP 网页数据操作

动态网页应用中的数据操作行为，大都需要一定的数据库技术来支撑。MySQL 是以一个客户-服务器结构的实现，它由一个服务器端程序 MySQL 和很多不同的客户程序和库组成，足够快和灵活以允许存储记录文件和图像。

在 PHP 程序开发过程中，如何将 PHP 技术与 MySQL 数据库技术有机结合，设计开发出符合用户数据操作要求的动态网页呢？如何在 PHP 网页中实现 MySQL 数据库链接以及数据查询、修改、删除等呢？以上问题在本章知识的学习中都会找到合适的答案。

9.1　MySQL 基本语法

结构化查询语言（SQL）是用于查询关系数据库的标准语言，它包括若干关键字和一致的语法，便于数据库原件（如表、索引、字段等）的建立和操纵。本节课是学习 MySQL 的基础，MySQL 也是基于 SQL 的语法进行操作的，学习本节课后，用户会知道如何用 SQL 语句来进行数据库的相关操作，这对学习 PHP 有很大的帮助。

9.1.1　基础概念

数据库由数据库表构成，表又是由列、行及值等构成，相关的基本概念如下。

（1）列。表中的每一列都有唯一的名称，包含不同的数据。此外，每一个都有一个相关的数据类型。

（2）行。表中的每一行代表一条记录。每一行具有相同的格式，因而具有相同的属性。行也称为记录。

（3）值。每一行有对应于每一列的单个值组成。每个值必须与该列定义的数据类型相同。

（4）键。表中的标志列称为键或主键。通常，数据库由多个表组成，可以使用键作为表格之间的引用。

（5）查询。使用 SELECT 语句对数据库进行探究。查询语句的语法格式如下：

```
SELECT 字段 1,字段 2,字段 3, FROM 表名 WHERE 查询条件;
```

例如：

```
SELECT name FROM user WHERE id='1';
```

该语句的作用就是查询 user 表中 id 为 1 的 name 值。

注意：字段之间用"，"隔开。

（6）更新。利用 UPDATE 命令修改表里的现有数据。更新语句的语法格式如下：

```
UPDATE 表名 SET 字段 1='字段值',字段 2='字段值',WHERE 条件;
```

例如：

```
UPDATE user SET name='张三' WHERE name='李四';
```

的作用就是把 user 表中 name 为"李四"的记录改为"张三"。

（7）插入。在表中插入数据。插入语句的语法格式如下：

```
INSERT INTO 表名(字段 1,字段 2,字段 3) VALUES('value1','value2','value3');
```

例如：

```
INSERT INTO user('name','sex','age')VALUES('张三','男','13');
```

的作用就是在 user 表中插入一条"张三"的记录。

注意：INSERT 语句里的字段列表次序并不一定要与表定义中的字段次序相同，但是插入值的次序要与字段列表的次序相同。除此之外，可以不用为列指定 null，因为大部分在默认情况下允许列中出现 null 值。

（8）删除。就是把表中某条记录删掉。删除语句的语法格式如下：

```
DELETE FROM 表名 WHERE 条件;
```

例如：

```
DELETE FROM user WHERE name='李四';
```

的作用就是把表 user 中 name 为"李四"的记录删掉。

如果想了解更多的 SQL 语法，可以参考相关的书籍。

9.1.2　数据查询

SQL 中有很多种操作，其中查询是经常使用的，具体的应用如下。

1. 查询表中所有的列

例如，要查询表 book 中的所有书籍的信息，可在 SQL 查询分析器中输入如下命令：

```
SELECT * FROM book
```

2. 查询表中指定的列

例如,要查询所有书籍的名称和价格,可输入下面的 SQL 语句:

SELECT book_name,price FROM book

可以重新排列列的次序,在 SELECT 后的列名的顺序决定了显示结果中的列序。如果想把价格放在前面,则上面的 SQL 语句应该写成

SELECT price,book_name FROM book

3. 使用单引号加入字符串

例如,要查询所有书籍的名称和价格,并在价格前面显示字符串"价格为:",可输入下面的 SQL 语句:

SELECT book_name,'价格为:',price FROM book

4. 使用别名

例如,查询所有书籍的名称和价格,并在标题栏种显示"书名"和"价格"字样,而不是显示 book_name 和 price,可输入下面的 SQL 语句:

SELECT book_name AS 书名,price AS 价格 FROM book

或者

SELECT book_name 书名,price 价格 FROM book

或者

SELECT '书名'=book_name,'价格'=price FROM book

5. 查询特定的记录

例如,要查询书名为"Windows 2008 网络管理"的信息,则可以输入以下 SQL 语句:

SELECT * FROM book WHERE book_name='Windows 2008 网络管理'

6. 对查询结果进行排序

例如,依照价格高低来显示所有书籍的信息,输入以下 SQL 语句:

SELECT * FROM book ORDER BY price DESC

7. 多表查询

输入下面的 SQL 语句:

SELECT book.book_name,authors.author_name FROM book,authors WHERE book.author_id=authors.author_id

8. 消除重复的行

例如,查询所有书籍所属的出版社,输入以下 SQL 语句:

SELECT DISTINCT publisher FROM book

9. 数据插入和删除

在表 authors 中插入一条记录,即新增一个作者,输入以下 SQL 语句:

```
INSERT authors(author_id,author_name) VALUES(3,'张英魁')
```

表示加入了一条记录。使用 SELECT 语句查询 authors 表，可看到新增加的记录。输入以下 SQL 语句：

```
SELECT * FROM authors
```

例如，删除 book 表中书名为"Windows 2008 看图速成"的记录，可以输入以下 SQL 语句：

```
DELETE book WHERE book_name='Windows 2008看图速成'
```

下面的例子即为删除 authors 表中的所有数据：

```
TRUNCATE TABLE authors
```

9.1.3 创建表和表关联

在 SQL 里，常常需要对多个表关联起来进行查询，MySQL 创建关联表可以理解为是两个表之间有个外键关系，但这两个表必须满足 3 个条件。

（1）两个表必须是 InnoDB 数据引擎。

（2）使用在外键关系的域必须为索引型（Index）。

（3）使用在外键关系的域必须与数据类型相似。

下面是一个简单的多表关联的例子，分别建两个表来说明关联方法。

```
CREATE TABLE IF NOT EXISTS 'books'(
    'book_id' smallint(6) NOT NULL auto_increment COMMENT '书籍编号',
    'book_name' char(20) NOT NULL COMMENT '书名',
    'book_pic' char(200) NOT NULL COMMENT '封面',
    'book_author' char(20) NOT NULL COMMENT '作者',
    'book_pub' char(40) NOT NULL COMMENT '出版社',
    'book_sort' char(6) NOT NULL COMMENT '分类',
    'book_owner' char(6) default NULL COMMENT '所有者',
    'book_borrower' char(7) default NULL COMMENT '借阅者',
    'book_borrower_time' date default NULL COMMENT '借阅时间',
    PRIMARY KEY ('book_id'),
    INDEX (book_borrower))
ENGINE=InnoDB CHARACTER SET utf8 COLLATE utf8_general_ci AUTO_INCREMENT=5 ;
CREATE TABLE IF NOT EXISTS 'parts' (
    'part_id' smallint(6) NOT NULL COMMENT '成员编号',
    'part_name' varchar(6) NOT NULL COMMENT '成员名',
    'part_mail' varchar(50) NOT NULL COMMENT '邮箱',
    'part_pass' varchar(20) NOT NULL COMMENT '密码',
    PRIMARY KEY ('part_id'),
    FOREIGN KEY(part_name) REFERENCES books(book_borrower) on delete cascade on
        update cascade)
```

分析一下 books 表和 parts 表，创建它们的关联，例子用了 books 表的 book_borrower

字段创建表时索引并选择 InnoDB 为表引擎。而 parts 表即以 part_name 字段为外键,关联到 books 表的 book_borrower 字段。注意两个字段分别是 char 和 varchar,都是字符串类型。on delete cascade 意思为当 books 表有相关记录删除时,parts 表也会跟着删除相关联的记录。方法很简单,用户学会使用即可。

9.2　连接数据库

如果希望在 PHP 动态网页中访问服务器上的数据库,至少需要创建一个数据库连接。连接数据库是在 PHP 动态网页中访问数据库的必要条件。没有数据库连接,应用程序就不知道哪里可以找到数据库,也不知道如何连接到数据库。

9.2.1　编程实现 MySQL 数据库连接

数据库连接分为非持久连接和持久连接两种类型,前者在 PHP 代码结束时自动关闭,后者则不会被关闭。下面介绍如何通过调用 PHP 函数连接到 MySQL 服务器、关闭 MySQL 连接。

1. 创建非持久连接

使用 mysql_connect()函数可以建立一个到 MySQL 服务器的非持久连接,语法格式如下:

```
resource mysql_connect ([string $server [,string $username [,string $password
    [, bool $new_link [,int $client _flags]]]]])
```

其中,参数 server 用于指定要连接的 MySQL 服务器,可以包括端口号,如 hostname:port。参数 username 和 password 分别用于指定用户账户和密码。参数 new_link 用于指定是否建立新连接。如果用同样的参数第二次调用 sql_connect()函数,不会建立新连接,而是返回已经打开的连接标识。参数 client_flag 可以是以下常量的组合。

(1)　MYSQL_CLIENT_COMPRESS:使用压缩的通信协议。

(2)　MYSQL_CLIENT_IGNORE_SPACE:允许在函数名后面留空格位。

(3)　MYSQL_CLIENT_INTERACTIVE:允许设置断开连接之前等待的时间。

当没有提供可选参数时,mysql_connect()函数将使用以下默认值。

(1)　server＝"localhost:3306"。

(2)　username＝服务器进程所有者的用户名。

(3)　password＝空密码。

如果成功则返回一个 MySQL 连接标识符,如果失败则返回 false。

使用 mysql_connect()函数时,应注意以下几点。

(1)　如果希望使用 TCP/IP 连接,可以用 127.0.0.1 来代替 localhost。

(2)　在函数名前加上@可以一直失败时产生的错误信息。

(3)　一旦 PHP 代码结束,到 MySQL 服务器的连接就会被关闭,除非在此之前已经调用 mysql_close()函数关闭了连接。这种连接也成为非持久连接。

2. 创建持久连接

使用 mysql_pconnect()函数可以打开一个到 MySQL 服务器的持久连接,语法格式如下：

```
resource mysql_pconnect ([string $server [,string $username [,string $password [,
    bool $new_link [,int $client _flags]]]]])
```

其中，各个参数与 mysql_connect()函数相同。

mysql_pconnect()函数与 mysql_connect()函数非常相似，但有以下两个主要区别。

（1）连接时，本函数首先尝试寻找一个在同一个主机上用同样的用户名和密码已经打开的持久连接，如果找到，则返回此连接标识而不打开新连接。

（2）当脚本执行完毕后，到 SQL 服务器的持久连接并不会被关闭，此连接将保持打开以备后用。Mysql_close()函数不会关闭由 mysql_pconnect()函数建立的连接。这种连接成为持久连接，它仅能用于模块版本的 PHP。

注意：当使用持久连接时，需要对 Apache 和 MySQL 的配置进行调整，以免超出 MySQL 所允许的连接数目。

3. 选择数据库

使用 mysql_select_db()函数从 MySQL 服务器上选择一个数据库，语法格式如下：

```
bool mysql_select_db [ string $database_name [,resourse $link_identifier]]
```

其中，参数 database_name 用于指定数据库名称。link_identifier 用于指定连接标识符。如果未指定该参数，则使用上一个打开的连接。没有打开的连接，本函数将无参数调用 mysql_connect()函数尝试打开一个并使用之。

mysql_select_db()函数设定与指定的连接标识符多关联的服务器上的当前激活数据库。随后每次调用 mysql_query()函数都会作用于活动数据库。

4. 关闭 MySQL 连接

使用 mysql_close()函数可以关闭 MySQL 连接，语法格式如下：

```
bool mysql_close ([resource link_identifier])
```

其中，参数 link_identifier 用于指定连接标识符。mysql_close()函数用于关闭指定的连接标识所关联的到 MySQL 服务器的连接。如果没有指定参数 link_identifier，则关闭上一个打开的连接。如果成功则返回 true，失败则返回 false。

通常不需要使用 mysql_close()，因为已打开的非持久连接会在脚本执行完毕后自动关闭。mysql_close()函数不会关闭由 mysql_pconnect()函数建立的持久连接。

在这部分中要用到的几个数据库表分别有"专业表""学生表""课程表"，SQL 语句如下。

（1）选择数据库。

```
USE student_info;
```

（2）向专业表插入记录。

```
INSERT INTO majors (m_id,m_name)
VALUES('001','计算机应用技术'),('002','计算机网络技术'),('003', '电子商务'),
    ('004','电气工程及其自动化');
```

（3）向学生表插入记录。

```
INSERT INTO students(id,s_id,s_name,gender,birthdate,m_id,class,is_cy)
    VALUES
    (NULL,'070101','常万军','男','1986-3-11','001','0701','1'),
    (NULL,'070102','王果','男','1989-6-2','001','0701','0'),
    (NULL,'070103','刘国华','男','1988-11-5','001','0701','1'),
    (NULL,'070201','岑俊杰','男','1989-6-4','002','0702','1'),
    (NULL,'070201','苏强林','男','1988-9-3','002','0702','0'),
    (NULL,'070202','宋荔荔','女','1986-2-15','002','0702','1'),
    (NULL,'070203','郭冰倩','女','1989-8-13','002','0702','0'),
    (NULL,'070204','王向明','男','1990-4-15','002','0702','0'),
    (NULL,'070301','张伟光','男','1989-1-5','003','0703','1'),
    (NULL,'070302','鲁立民','男','1989-4-8','003','0703','1'),
    (NULL,'070303','马娜娜','女','1989-9-12','003','0703','0'),
    (NULL,'070304','张国强','男','1988-10-8','003','0703','0'),
    (NULL,'070401','方洪建','男','1988-12-8','004','0704','1'),
    (NULL,'070402','陶永秋','女','1989-6-21','004','0704','1'),
    (NULL,'070403','陈大力','男','1986-9-16','004','0704','0'),
    (NULL,'070404','刘玉侠','女','1989-3-12','004','0704','1');
--向课程表中插入记录
INSERT INTO courses(c_id,c_name) VALUES(NULL,'计算机应用基础'),(NULL,'高等数学'),
    (NULL,'英语'), (NULL,'数据库应用基础');
```

将上述文件保存在 PHP 站点的 chapter9 文件夹中并执行，分别向 3 个表中添加记录。以下例题将在这 3 个表的基础上进行讲解。

【例 9-1】 通过 PHP 编程连接到 MySQL 数据库。网页运行结果如图 9-1 所示。

图 9-1 链接数据库示例

设计步骤如下。

（1）在 Dreamweaver 中打开 PHP 站点，然后在站点根目录下创建一个文件夹并命名为 chapter7。

（2）在文件夹 chapter7 中新建一个 PHP 动态网页并保存为 page9-01.php，然后将文件标题设置为"连接到 MySQL 数据库实例"。

（3）切换到代码视图，在<body>标签下面输入以下 PHP 代码：

```
<?
    $link=mysql_connect("localhost", "root", "cwj")
        or die("不能创建到 MySQL 服务器的连接: " . mysql_error());
    print ("<p>已成功连接到 MySQL 服务器。</p>\n");
    mysql_select_db("student_info", $link)
        or die ("不能选择数据库 student_info: ". mysql_error());
    print ("<p>当前活动数据库为 student_info。</p>\n");
    mysql_close($link);
?>
```

（4）在浏览器中查看 PHP 动态网页的运行结果。

9.2.2　在 Dreamweaver 中创建 MySQL 连接

在 Dreamweaver CS6 中，可以使用数据库面板创建 MySQL 数据库连接，操作方法如下。

（1）在 Dreamweaver CS6 中打开一个 PHP 页，然后选中"窗口"|"数据库"选项，以打开数据库面板。

（2）在数据库面板上单击 ⊞ 按钮，并从弹出菜单中选中"MySQL 连接"选项，如图 9-2 所示。

（3）在"MySQL 连接"对话框中，通过设置以下各个选项为当前 PHP 动态网站创建数据库连接。设置此对话框之前，应确保已启动 MySQL 服务器。

① 输入新连接的名称，例如 student。不要在该名称中使用任何空格或者特殊字符。

② 在"MySQL 服务器"框中，指定承载 MySQL 的计算机，可以输入 IP 地址或服务器名称。如果 MySQL 与 PHP 运行在同一台计算机上，则可输入"localhost"。

③ 输入 MySQL 用户名和密码。

④ 在"数据库"框中输入要连接的数据库名称，或者单击"选取"按钮并从 MySQL 数据库列表中选择要连接的数据库，如图 9-3 所示。

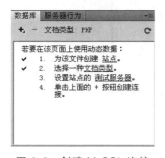

图 9-2　创建 MySQL 连接

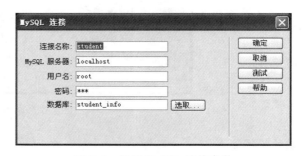

图 9-3　设置 MySQL 连接参数

（4）单击"测试"按钮。此时 Dreamweaver 尝试连接到数据库，如果连接成功，则会显示"成功创建连接脚本"。如果连接失败，请检查服务器名称、用户名和密码。如果连接仍然失败，请检查 Dreamweaver 以处理 PHP 动态网页的文件夹设置。

（5）单击"确定"按钮，新连接便出现在"数据库"面板上，如图 9-4 所示。

从"文件"面板可以看出，创建第一个连接时，将在站点根目录下创建一个 Connection 文件夹，并在该文件夹中生成一个 PHP 文件，文件名与连接名称相同，如图 9-5 所示。

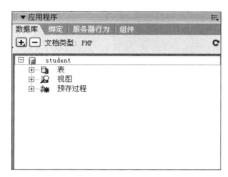

图 9-4　"数据库"面板上的连接　　　　图 9-5　保存 MySQL 连接参数的 PHP 文件

Connection 文件夹中的 PHP 文件及数据库连接文件。在此文件中，首先通过 4 个变量保存数据库连接参数，包括 MySQL 服务器名称、要连接的数据库名称、用户名及密码，然后头脑各国调用 mysql_pconnect() 函数创建一个持久连接。

在数据库连接文件中，通过调用 trigger_error() 函数生成一个用户级别的错误警告信息。该函数的语法格式如下：

```
bool trigger_error (string error_msg [ ,int error_type])
```

其中，error_msg 参数指定该错误的文本信息，限制在 1024 个字符以内。

9.2.3　数据库连接的应用与管理

若要在 PHP 页中引用数据库连接标识符和其他连接参数，可以在"数据库"面板上右击该连接，从弹出的快捷菜单中选中"插入代码"选项，此时将生成以下 PHP 代码：

```php
<?php
    require_once ('../connection/student.php');
?>
```

其中，require_once() 函数在脚本执行期间包含并运行指定文件。此行为与 require() 函数类似，所不同的是，如果该文件中的代码已经被包含了，则不会再次包含。require_once() 函数用于在脚本执行期间同一个文件有可能被包含超过一次的情况下，要确保它只被包含一次，以免出现函数重定义、变量重新赋值等问题。

除了上述方式引用数据库连接之外，当在 Dreamweaver 中通过可视化方式创建访问 MySQL 数据库 PHP 页时，已有的数据库连接将会出现在有关对话框的"链接"列表框中，而在完成对话框设置之后，也会在当前文档中自动生成上述 require_once 语句。

利用"数据库"面板可以对数据库连接进行管理，主要包括以下操作。

（1）编辑连接。右击一个连接，从弹出的快捷菜单中选中"编辑连接"选项，然后在"连接"对话框中修改连接参数，但不能更改连接名称。

（2）重制连接。右击一个连接，从弹出的快捷菜单中选中"重制连接"选项，然后在"连接"对话框中修改连接参数,也可以更改连接名称。

(3) 删除连接。选择一个连接并单击━按钮,或者右击该连接,从弹出的快捷菜单中选中"删除连接"选项。

(4) 测试连接。选择一个连接,从弹出菜单中选中"测试连接"选项。若连接成功,则会显示"成功创建连接脚本",否则将显示失败信息。

9.3　查询记录

打开到某个 MySQL 数据库的连接后,便开始了与该数据库的会话,此时可以通过执行 SQL 查询语句返回结果记录集。下面介绍如何使用 SQL 语句从数据库检索数据并通过 PHP 显示获取的数据。

9.3.1　通过编程实现查询记录

在 PHP 中,可以通过编程方式向 MySQL 服务器发送 SELECT 查询语句并返回一个结果标识符,根据该标识符可以从结果集中获取行并得到一个数字数组或关联数组,结果记录节的各个列值就存储在相应的数组元素中。

1. 执行 MySQL 查询

使用 mysql_query()函数可以向 MySQL 服务器发送一条查询语句,语法格式如下:

```
resource mysql_query (string query[, resource link_identifier])
```

其中,参数 query 用于指定要执行的查询语句,该语句不应以";"结束。参数 link_identifier 用于指定连接标识符。如果没有指定该参数,则使用上一个打开的连接。mysql_query()函数向与指定的连续标识符关联的服务器中的当前活动数据库发送一条查询语句,查询结果会被缓存。当发送 SELECT、SHOW、EXPLAIN 或 DESCRIBE 等语句时,mysql_query()函数返回一个资源标识符,如果查询执行不正确则返回 false。对于其他类型的 SQL 语句,mysql_query()函数在执行成功时返回 true,出错时返回 false。非 false 的返回值意味着查询是合法的并能够被服务器执行。这并不说明任何有关影响到的或返回的行数,很有可能执行成功了一条查询但并未影响到或并未返回任何行。

使用 mysql_query()函数时,应注意以下几点。

(1) 没有权限访问查询语句中的引用的表时,mysql_query()函数也会返回 false。

(2) 假定查询成功,可以调用 mysql_num_rows()函数来查看对应于 SELECT 语句返回了多少行,或者调用 mysql_affected_rows()函数来查看对应于 DELETE、INSERT、REPLACE 或 UPDATE 语句影响到了多少行。

(3) 对于 SELECT、SHOW、EXPLAIN 或 DESCRIBE 语句,mysql_query()函数将返回一个新的结果标识符,可以将其传递给 mysql_fetch_array()函数或其他处理结果表的函数。处理完结果集后可以通过调用 mysql_free_result()函数来释放与之关联的资源,尽管脚本执行完毕后会自动释放内存。

2. 从结果集中获取行作为枚举数组

使用 mysql_fetch_row()函数可以从结果集中取得一行并作为枚举数组,语法格式如下：

```
array mysql_fetch_row(resource result)
```

其中，参数 result 指定结果标识符。

本函数返回根据所取得的行生成的数组，如果没有更多行则返回 false。

mysql_fetch_row()函数从与指定结果标识符关联的结果集中取得一行数据并作为数组返回，每个结果的列存储在一个数组元素中，下标索引从 0 开始。依次调用 mysql_fetch_row()可以返回结果集中的下一行，如果没有更多行则返回 false。

3. 获取结果集的行数和列数

为了在 PHP 页中显示一个结果集的内容，通常需要获取该结果集包含的行数和列数。这可以调用以下两个函数来实现。

（1）使用 mysql_num_rows()函数可以取得结果集中包含的函数，语法格式如下：

```
int mysql_num_rows(resource result)
```

其中，参数 result 用于指定结果标识符。

mysql_num_rows()函数返回指定结果集中包含的行数。

此函数仅对 SELECT 语句有效。若要取得通过 INSERT、UPDATE、DELETE 查询语句影响到的行的数目，则应当调用 mysql_affected_rows()函数。

（2）使用 mysql_num_fields()函数可以取得结果集中包含的字段数目，语法格式如下：

```
int mysql_num_fields(resource result)
```

其中，参数 result 用于指定结果标识符。

mysql_num_fields()函数返回结果集中包含的列数。

4. 获取列信息

使用 mysql_fetch_field()函数可以从结果集中取得列信息并作为对象返回，语法格式如下：

```
object mysql_fetch_field (resource result [, int field_offset ])
```

其中，参数 result 用于指定结果标识符。参数 field_offset 用于指定列的索引值。

mysql_fetch_field()函数返回一个包含列信息的对象，可以用来从某个查询结果中取得字段的信息。如果没有指定字段偏移量，则提取下一个尚未被 mysql_fetch_field()函数取得的字段。

对象的属性如下。

（1）name：表示列名。

（2）table：表示该列所在的表名。

（3）max_length：表示该列的最大长度。

（4）not_null：如果该列不能为 NULL，则为−1。

（5）primary_key：如果该列是主键，则为−1。

（6）unique_key：如果该列是唯一键，则为−1。

（7）multiple_key：如果该列是非唯一键，则为−1。

(8) numeric：如果该列是 numeric，则为−1。

(9) blob：如果该列是 blob，则为−1。

(10) type：该列的类型。

(11) unsigned：如果该列是无符号数，则为−1。

(12) zerofill：如果该列是 zero_filled，则为−1。

【例 9-2】 本例用来说明如何利用编程方式创建一个记录集并通过表格形式显示该记录集的内容。

设计步骤如下。

(1) 在 Dreamweaver 中打开 PHP 站点。在文件夹 chapter7 中创建一个 PHP 动态网页并保存为 student.inc.php，这个文件作为包含文件使用，在本章中将多次用到。

(2) 切换到代码视图，把所有原代码删除，然后输入以下 PHP 代码：

```php
<?php
    $student=mysql_connect("localhost", "root", "cwj") or die("不能创建到 MySQL
        服务器的连接:" . mysql_error());
    mysql_select_db("student_info", $student) or die("不能选择数据库 student_
        info:". mysql_error());
    mysql_query ("SET NAMES gb2312");
    function show_result($sql,$student,$caption,$width){
        $result=mysql_query($sql,$student) or die ("不能执行查询语句:".mysql_error());
        $col_num=mysql_num_fields($result);
        $row_num=mysql_num_rows($result);
        if ($row_num==0) die ("未找到任何记录");
        printf("<table border=\"1\"width=\"%d\">\n",$width);
        printf("<caption>%s (每页显示%d 条记录)</caption>\n",$caption,$row_num);
        printf("<tr >\n");
        //显示字段名
        for ($i=0;$i<$col_num;$i++){
            printf("<th>%s</th>\n",mysql_field_name($result,$i));
        }
        printf("</tr>\n");
        //显示当前记录的每个字段
        for ($i=0;$i<$row_num;$i++){
            $row=mysql_fetch_array($result);
            printf("</tr>\n");
            for ($j=0;$j<$col_num;$j++) printf("<td>%s</td>\n",$row[$j]);
            printf("</tr>\n");
        }
        printf("</table>\n");
        mysql_free_result ($result);
    }
?>
```

(3) 文件夹 chapter7 中创建一个 PHP 动态网页并保存为 page9-02.php，然后把标题设置为"创建并显示记录集实例"。

(4) 切换到代码视图，在文件开头输入以下 PHP 代码：

```php
<?php
```

```
    require_once ("student.inc.php");
?>
```

（5）在＜body＞标记后输入以下 PHP 代码：

```
<?php
    $sql="select * from majors";
    $caption="学生个人信息";
    $width=368;
    show_result($sql,$student,$caption,$width);
?>
```

（6）在浏览器中查看 PHP 动态网页的运行结果。

9.3.2 在 Dreamweaver 中创建记录集

在 Dreamweaver 中，使用简单"记录集"对话框或高级"记录集"对话框来定义记录集而不需要编写 PHP 代码。在简单"记录集"对话框中不用编写 SQL 语句即可创建记录集，在高级"记录集"对话框中可以通过编写 SQL 语句来创建记录集，以实现比较复杂的查询。

1．用简单记录集对话框创建记录

在 Dreamweaver 中，使用简单记录集很容易定义记录集，而无须手动输入 SQL 语句。在简单"记录集"对话框中设置有关选项后，Dreamweaver 会自动生成创建记录集的 PHP 代码。但是，使用简单"记录集"对话框创建记录集时只能从一个表中检索数据，而且在查询条件和排序规则中都只能包含一个字段。

使用简单"记录集"对话框创建记录集的操作方法如下。

（1）在文档窗口中，打开要使用的记录集的 PHP 动态网页。

（2）选中"窗口"|"绑定"选项，以显示"绑定"面板。

（3）在"绑定"面板中单击 ➕ 按钮，然后从弹出菜单中选中"记录集（查询）"选项，如图 9-6 所示。

图 9-6　选择创建记录集的菜单命令

（4）此时将出现如图 9-7 所示的简单"记录集"对话框。若出现了高级"记录集"对话框,可通过单击"简单"按钮切换到简单"记录集"对话框。

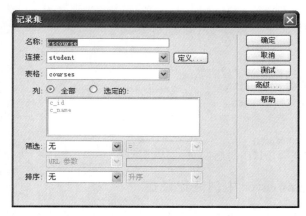

图 9-7   "记录集"对话框

（5）在"记录集"对话框中,对以下选项进行设置。

① 在"名称"文本框中,输入记录集的名称。通常在记录集名称前添加前缀 rs（如 rscourse）,以便将其与代码中的其他对象名称区分开。

② 从"连接"列表框中选取一个连接。如果列表中未出现连接,可单击"定义"按钮创建一个新的连接。

③ 从"表"列表框中选取为记录及提供数据的数据表。该列表框显示指定数据库中的所有表。

④ 若要使记录集只包括数据库表中的部分字段,可选中"已选定"单选按钮,然后按住 Ctrl 键并单击列表中的字段,以选择所需的字段。

（6）若要只包括表中的某些记录,可按照下列步骤完成"过滤器"部分。

① 在第一个列表框中选取数据库表中的字段,以将其与定义的测试值进行比较。

② 在第二个列表框中选取一个运算符（如＝、＜、＞、＞＝、＜＝等）,以将每个记录中的选定值与测试值进行比较。

③ 在第三个列表框中选取一中测试值类型,包括 URL 参数、表单变量、Cookie、阶段变量、应用程序变量及输入的值。

④ 在文本框中输入测试值。例如,若选了表单变量,则应在此文本框中输入表单控件的名称。

通过以上操作,将在 SELECT 语句添加一个 WHERE 子句,如果某记录中的指定字段值符合筛选条件,则将该记录包括在此记录集内。

（7）若要对记录进行排序,可选取要作为排序依据的列,然后指定是按升序还是按降序记录进行排序。这将在 SELECT 语句中添加一个 ORDER BY 子句。

（8）单击"测试"按钮,连接到数据库并创建数据源实例。此时出现显示返回数据的表格。每行包含一条记录,而每列表示该记录中的一个域。单击"确定"按钮,关闭数据源。

（9）单击"确定"按钮。新定义的记录集即会出现在"绑定"面板中。若要修改记录集定义,在"绑定"面板中双击记录集名称即可。

【例 9-3】   利用"简单记录集"对话框创建记录集并通过动态表格来显示该记录集

内容。

设计步骤如下。

（1）在 Dreamweaver 中打开 PHP 站点。在文件夹 chapter7 中创建一个 PHP 动态网页并保存为 page9-03.php，然后把标题设置为"利用简单'记录集'对话框创建记录集示例"。

（2）利用"数据库"面板创建一个数据库链接并命名为 student，然后打开相应的数据库链接文件 student.php，在 PHP 代码末尾中添加以下语句：

```
mysql_query ("SET NAMES gh2312");
```

（3）利用简单"记录集"对话框定义一个记录集并命名为 rsCourse，用于 course 表中检索全部数据，设置简单"记录集"对话框："名称"是 rsCourse，"连接"是 student，"表格"是 courses，"列"选择"全部""筛选""排序"选无，单击"确定"按钮。

（4）选中"插入"|"数据对象"|"动态数据"|"动态表格"选项，以打开"动态表格"对话框，然后对以下选项进行设置，记录集是 rsCourse，选择选项"所有记录"，边框为 1，单击"确定"按钮。

从"记录集"列表框中选择记录集 rsCourse。

① 双击"显示"，可选择下列选项之一：若要分页显示记录集，可单击上方的单选按钮并在文中设置每页显示的记录目录；如要在一个页面上显示所有记录，请选择"所有记录"，在本例中选择了后者。

② 根据需要，对表格的边框、单元格边距和单元格间距进行设置。

完成上述设置后，单击"确定"按钮。此时，一个动态表格插入文档中。

（5）利用 Dreamweaver 表格设置工具对表格属性进行设置。

（6）切换到代码视图查看由 DW 生成的 PHP 代码，然后在浏览器中查看 PHP 动态网页的运行结果。

2. 利用高级"记录集"对话框创建记录集

如前所示，使用简单"记录集"对话框创建记录集只能从一个表中检索数据，而且在筛选条件和排序准则中都只能包含一个字段。若要创建功能更强的查询，则应当使用高级"记录集"对话框来完成。使用高级"记录集"对话框创建记录集时，可以自己动手编写 SQL 语句，也可以使用图形化的"数据库项"树来协助创建 SQL 语句。由于在高级"记录集"对话框中可以手动输入所需要的 SQL 语句，所以可以通过使用各种各样的字句来创建比较复杂的数据库查询。

使用高级"记录集"对话框创建记录集的操作方法如下。

（1）在文档窗口中打开要使用记录集的 PHP 页。

（2）在"绑定"面板中单击 ✚ 按钮并选中"记录集（查询）"选项。若出现了简单"记录集"对话框，可单击"高级"按钮，以切换到高级"记录集"对话框，如图 9-8 所示。在高级"记录集"对话框中，对以下选项进行设置。

① 在"名称"文本框中输入记录集的名称。

② 从"链接"列表框中选中一个数据库链接。若没有可用链接，可单击"定义"按钮，以创建新的数据库链接。

③ 在 SQL 文本区域中输入一个 SQL 语句，或者使用对话框底部的图形化"数据库项"

树丛所选的数据集生成一个 SQL 语句。

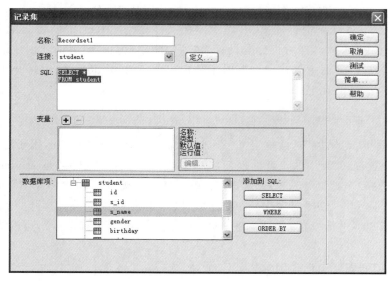

图 9-8　高级"记录集"对话框

（3）若要用"数据库项"树生成 SQL 语句，可执行以下操作。

① 确保 SQL 文本区域为空。

② 展开树分支直到所需要的数据库对象，例如数据表中的列。

③ 选取该数据库对象并单击数右侧的按钮之一。

（4）若 SQL 语句包含变量，可在"变量"区域中定义它们的值。

（5）单击"测试"按钮，以链接到数据库并创建一个记录集实例。若 SQL 语句包含变量，则在单击"测试"按钮前，应确保变量的默认值列中包含有效的测试值。如果成功，将以表格形式显示记录集内的数据。表格的每一行包含一条记录，每一列表示该记录中的一个字段。单击"确定"按钮，清除该记录集。

（6）单击"确定"按钮，将该记录集添加到绑定面板的可用内容源列表中。

9.3.3　分页显示记录集

如果记录集包含的记录比较多，往往通过设置在一页中显示的记录数来分页显示记录集，以缩短页面下载时间，并通过记录导航条件在不同页之间移动。下面介绍如何通过编程方式或 Dreamweaver 服务器行为来实现记录集的分页显示。

1. 通过编程实现分页显示

对于 MySQL 数据库，分页显示记录集可以通过在 SELECT 语句中添加 LIMIT 子句指定要显示的起始记录和终止记录来实现，在一个页面中显示的记录构成一个记录组。通过添加记录集导航条可以在不同记录组之间移动，也可以通过记录计数器来显示总页数、当前页号及记录总数等信息。下面结合一个具体例子说明如何通过编辑方式实现记录集的分页显示。

【例 9-4】 通过编程方式实现记录集的分页显示，在表格下方显示当前页的位置信息并提供多种导航方式，结果如图 9-9 和图 9-10 所示。

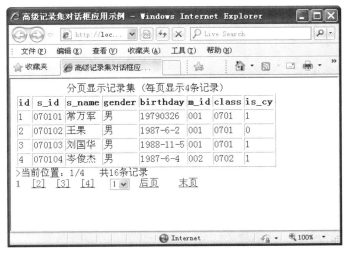

图 9-9　单击页码连接

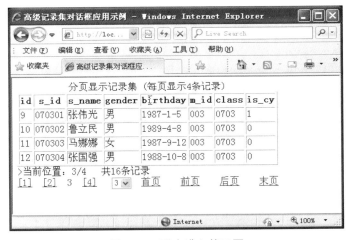

图 9-10　现在进入第三页

设计步骤如下。

（1）在 Dreamweaver 中打开 PHP 站点。打开文件夹 chapter7 中的 student.inc.php 文件。

（2）在 student.inc.php 文件中，定义一个用于显示记录集导航条的函数，源代码如下：

```
function paging($cur_page,$sql,$student,$page_size,$caption,$width){
    $row_count=mysql_num_rows(mysql_query($sql,$student));
    $page_count=ceil($row_count/$page_size);
    $page_index=isset($_GET["page"])? $_GET["page"]:1;
    if(!is_numeric($page_index)or($page_index <1)) $page_index=1;
    if($page_index <1) $page_index=1;
    if($page_index>$page_count) $page_index=$page_count;
    $start_row=($page_index-1) * $page_size;
```

```php
    $sql_limit=sprintf("% s limit % d,% d",$sql,$start_row,$page_size);
    show_result($sql_limit,$student,$caption,$width);
    //以下代码用于生成记录集导航条
    printf("<form name=\"form1\"action=\"\"method=\"get\">\n");
    printf("当前位置: % d/% d   共% d条记录<br/>\n", $page_index,
        $page_count,$row_count);
    //显示页码链接
    for ($i=1;$i<=$page_count;$i++){
        if($i!=$page_index) {
            printf("<a href=% s?page=% d>[% d]</a> \n",$cur_page,$i,$i);
        } else
            printf("<b><font color=\"red\">% d</font></b> \n",$i);
    }
    //显示下拉式列表框并为其设置 onchange 事件处理程序
    printf(" <select name=\"page\"onchange=\"from1.submit();\">\n");
    for ($i=1;$i<=$page_count;$i++)
    printf("<option % s>% d</option>\n",($i==$page_index?"selected":""),$i);
    printf("</select> \n");
    //显示"首页""前页""后页""末页"链接
    if($page_index>1){
        printf("<a href=% s?page=% d>首页</a>   \n",$cur_page,1);
        printf("<a href=% s?page=% d>前页</a>   \n",$cur_page,$page_
            index-1);
    }
    if($page_index<$page_count){
        printf("<a href=% s?page=% d>后页</a>   \n",$cur_page,$page_
        index+1);
        printf("<a href=% s?page=% d>末页</a>   \n",$cur_page,$page_
            count);
    }
    printf("</form>\n");
}
```

（3）在文件夹 chapter7 中创建一个 PHP 动态网页并保存为 page9-04.php,然后把标题设置为"高级记录集对话框应用示例"。

（4）切换到代码视图,在文件开头输入以下 PHP 代码:

```php
<?php require_once ("student.inc.php");?>
```

（5）在<body>标记之后输入以下 PHP 代码:

```php
<?php
    $page_size=4;
    $sql="select * from student";
    paging($PHP_SELF,$sql,$student,$page_size,"分页显示记录集",368);
?>
```

（6）在浏览器中查看网页，并对记录集导航条功能进行测试。

2. 在 Dreamweaver 中快速实现记录集分页显示

Dreamweaver 提供了一些服务器行为，用于快速实现各种标准的数据库操作。要实现记录集分页显示，主要用到以下几种服务器行为：使用"重复区域"服务器行为或"动态表格"服务器行为创建一个动态表格，用于显示记录集内的多条记录；使用"记录集导航条"服务器创建文本或图像形式的导航链接，以便在不同记录组之间切换；使用"记录导航状态"服务器行为创建记录集计数器，以显示总记录数目和当前页显示的记录号范围。

【例 9-5】 利用相关服务器行为快速实现记录集的分页显示，以表格形式显示记录集内容，并提供记录集计数器和图像形式的导航链接，结果如图 9-11 和图 9-12 所示。

图 9-11 在第一页上单击"后页"链接

图 9-12 现在进入了第二页

设计步骤如下。

（1）在 Dreamweaver 中打开 PHP 站点。在文件夹 chapter7 中创建一个 PHP 动态网页并保存为 page9-05.php，然后把标题设置为"利用服务器行为快速实现记录集分页显示"。

（2）利用简单"记录集"对话框创建一个记录集并命名为 rsStudent，从 students 表中检索学生记录,设置简单"记录集"对话框的情形如图 9-13 所示。

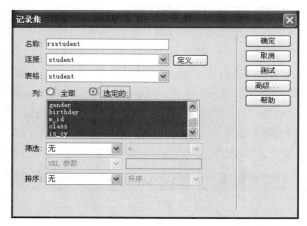

图 9-13　设置简单"记录集"对话框选项

（3）在页面中添加一个动态表格,用于记录集内容。在如图 9-14 所示的"动态表格"对话框中设置每页显示 3 条记录,并利用表格工具对动态表格的属性进行设置。

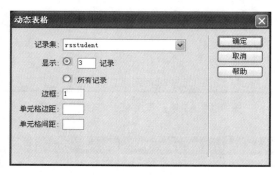

图 9-14　设置"动态表格"对话框选项

（4）把插入点放在动态表格的左边,选中"插入"|"数据对象"|"显示记录计数"|"记录集导航状态"选项,然后在"记录集导航状态"对话框中选择记录集 rsStudent,并单击"确定"按钮,如图 9-15 所示。

（5）把插入点放在动态表格右边,选中"插入"|"数据对象"|"记录集分页"|"记录集导航条"选项,在如图 9-16 所示的"记录集导航状态"对话框中选择记录集 rsStudent,并指定以图像方式显示记录集导航条,然后单击"确定"按钮。

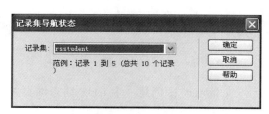

图 9-15　为记录集导航状态设置记录集

图 9-16　为记录集导航条设置记录集和显示方式

（6）此时在动态表格下方添加了一个由图像链接组成的导航条，这些图像链接分别应用了不同的服务器行为，例如 图像就应用了"如果不是最后一页则显示"服务器行为。把这些图像链接的替换文字分别设置成为"首页""前页""后页""末页"。至此，页面设计已完成。

（7）切换到代码视图阅读 PHP 代码，然后在浏览器中对记录集导航条进行测试。

9.3.4　创建搜索页和结果页

为了给动态网站添加搜索功能，通常需要创建搜索页和结果页。在搜索页中，访问者通过 HTML 表单输入搜索参数并将这些参数传递给服务器上的结果页，由结果页依据搜索参数，链接到数据库并根据搜索参数对数据库进行查询，创建记录集并显示其内容。在某些情况下，也可以把搜索页和结果页合并在一起。

1. 通过编程实现搜索页和结果页

下面结合一个例子来说明如何通过编程方式在 PHP 页中实现数据库记录的搜索。在这个例子中，搜索页和结果页合二为一。

【例 9-6】　创建一个 PHP 动态网页，用于实现学生信息的模糊查询，即可以输入学生姓名或姓名中的一部分进行搜索，运行结果如图 9-17 所示。

图 9-17　学生记录的模糊查询

设计步骤如下。

（1）在 Dreamweaver 中打开 PHP 站点。在文件夹 chapter7 中创建一个 PHP 动态网页并保存为 page9-06.php，然后把标题设置为"按姓名查询学生记录"。

（2）在该页中插入一个表单，method 属性保留默认值 POST，输入提示文字"插入一个 Spry 验证文本域"，把文本框命名为 txtStudentName，并设置未输入内容时的错误信息，然后把文本框的初始值设置为以下 PHP 代码：

```php
<?php
    if (isset ($_POST["txtStudentName"])) echo $_POST["txtStudentName"];
?>
```

在文本框右边添加一个提交按钮并命名为 btuSearch,把标签设置为"查找"。

(3) 切换到代码视图,在文件开头输入以下 PHP 代码:

```php
<?php
    require_once ("student.inc.php");
?>
```

(4) 在表单结束标记</from>之后输入以下 PHP 代码:

```php
<?php
    $sqls="select student.s_id as 学号,student.s_name as 姓名,student.gender as
        性别,student.birthday as 出生日期 ,majors.m_name as 专业,student.class as
        班级 from student,majors where student.m_id=majors.m_id ";
    $sqlss=" select student.s _name, majors.m _name from student, majors where
        student.m_id=majors.m_id";
    $txt=$_POST["txtStudentName"];
    $sql=sprintf("% s and locate('% s',s_name)>0",$sqls,$txt);
    //show_result($sqls,$student,"搜索结果",368);
    if (isset($_POST["btnSearch"]))
        show_result($sql,$student,"搜索结果",368);
?>
```

(5) 在浏览器中打开网页,并对搜索功能进行测试。

2. 在 Dreamweaver 中快速生成搜索页和结果页

在 Dreamweaver 中创建显示搜索结果的 PHP 动态网页时,需要获取搜索参数的值并根据其值来构建筛选条件,以生成包含搜索结果的记录集。

根据搜索参数的数目,可以分为以下两种情况来处理。

(1) 若只传递了一个搜索参数,则可以用简单记录对话框来创建带有筛选条件的记录集。

(2) 若传递了两个或更多搜索参数,则必须使用高级记录集来创建记录集,而且还需要设置一些变量,变量的数目与搜索参数的数目相等。

【例 9-7】 创建一个按专业查询学生记录的 PHP 页,当从下拉式列表框中选中一个专业并单击"查找"按钮时,以表格形式列出该专业的学生信息,如图 9-18 所示。

设计步骤如下。

(1) 在 Dreamweaver 中打开 PHP 站点,在文件夹 chapter7 中创建一个 PHP 动态页并保存为 page9-07.php,然后把文档标题设置为"按专业查询学生记录"。

(2) 利用简单"记录集"对话框创建一个记录集并命名为 rsMajor,从专业表提取全部信息,设置简单"记录集"对话框:"名称"是 rsMajor,"连接"是 student,"表格"是 majors,"列"选择"全部","筛选""排序"选"无",最后单击"确定"按钮。

(3) 利用简单"记录集"对话框创建一个记录集并命名为 rsStudent,从学生表检索学号、姓名、性别、出生日期等字段,并为该记录集设置一个筛选结果,把专业编号字段的值与从列表框选择的值进行比较,设置简单"记录集"对话框:"名称"是 sStudent,"连接"是 student,"表格"是 student,"列"选中"选定的","筛选",选中"m_id"→"="→"表单变量"→"1stMajorId","排序"选"无",最后单击"确定"按钮。

(4) 在该页中插入一个表单,method 属性保留其默认值 POST;输入提示文字,插入一

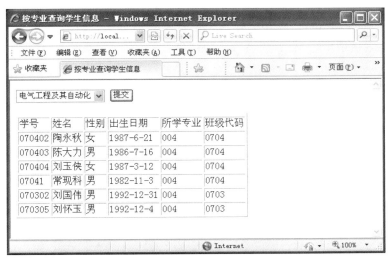

图 9-18　按专业查询学生信息

个列表框并命名为 1stMajorId,插入一个"提交"按钮并把其标签文字设置为"查找"。

（5）把列表框 1stMajorId 绑定到记录集 rsMajor,具体方法是,在文档窗口选择该列表框,在属性检查器上单击"动态"按钮以打开"动态列表/菜单"对话框;然后在"来自记录集的选项"列表框中选择 rsMajor 记录集,从"值"和"标签"列表框中分别选中 m_id 和 mr_name 列,在"选取值等于"文本框中输入以下 PHP 代码:

```php
<?php
    $_POST['1stMajorId']
?>
```

（6）在表单下方插入一个动态表格,用于显示记录集 rsStudent 的内容,设置"动态表格"对话框的的内容:"记录集"是 rsStudent,"显示"是"所有记录","边框"为 1。

（7）在文档窗口中选择动态表格,选中"插入"|"数据对象"|"显示区域"|"如果记录集不为空则显示"选项,并在随后出现的对话框中选取记录集 rsStudent,然后单击"确定"按钮。

（8）在浏览器中打开网页,并对其查询功能进行测试。

至此,页面设计已经完成。

9.3.5　创建主页和详细页

主页和详细页是一种比较常用的页面集合,它由主页和详细页组成。通过两个明细级别来显示从数据库中检索的信息。在主页上显示出通过查询返回的所有记录部分信息列表,而且每条记录都包含一个超级链接,当单击主页上的超级链接时打开详细页并传递一个或多个 URL 参数,在详细页中读取 URL 参数并根据这些参数的值执行数据库查询,以检索所选记录的更多详细信息并显示出来。

在 Dreamweaver 中,可以通过添加相关的服务器行为来快速生成主页或详细页,主要包括以下步骤:创建主页并创建到详细页的链接;为链接创建 URL 参数;创建详细页并根据获取的参数查找请求的记录;在详细页上显示搜索到的记录。

【例9-8】 在 Dreamweaver 中创建一个主页和详细页集合,在主页中以表格形式列出学生信息,当在表格中单击"查看成绩"链接时,将打开详细页,在此页上列出所选学生的课程成绩,如图9-19和图9-20所示。

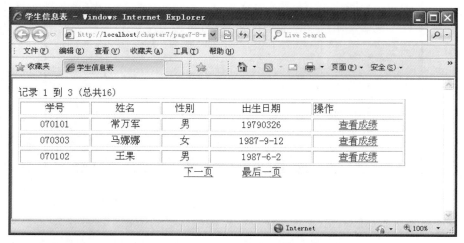

图 9-19　在主页上单击到详细页的链接

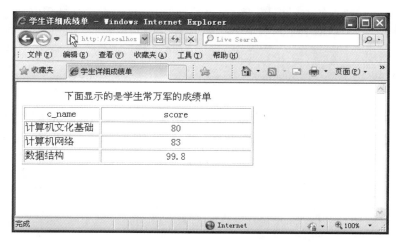

图 9-20　在详细页上列出学生成绩

设计步骤如下。

(1) 在 Dreamweaver 中打开 PHP 站点,在文件夹 chapter7 中创建一个 PHP 动态网页并保存为 page9-8-main.php,然后把标题设置为"学生信息表"。

(2) 利用简单记录集对话框创建一个记录集并命名为 rsStudent,设置记录集的情形如图9-21所示。创建一个动态表格来显示该记录集,设置此表格的情形如图9-22所示。

(3) 在动态表格上方插入一个记录集导航状态,设置相关对话框的情形如图9-23所示;在这个动态表格下方插入一个记录集导航条,设置相关对话框的情形:"记录集"是 rsStudent,"显示方式"选"文本"。

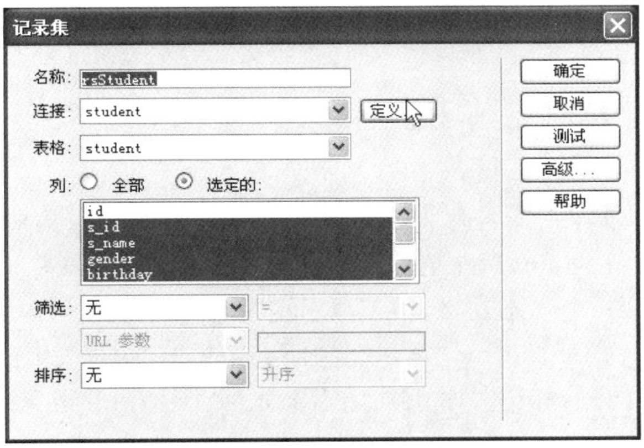

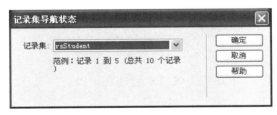

图 9-21　创建记录集 rsStudent

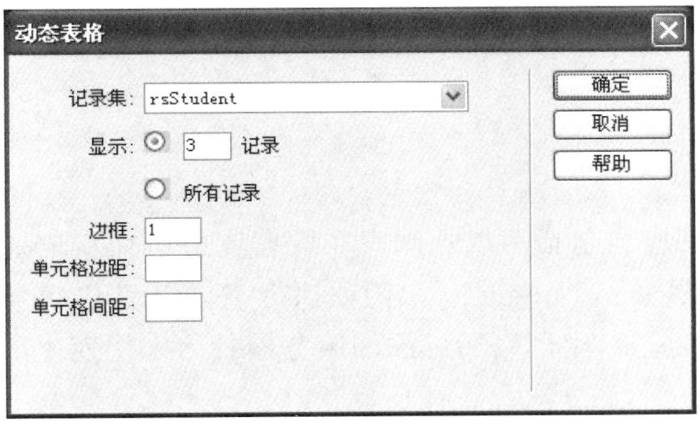

图 9-22　设置动态表格选项

图 9-23　设置记录集导航状态

（4）在动态表格右侧增加一列，在该列的第 1 行和第 2 行分别输入"操作"和"查看成绩"，选择"查看成绩"并在属性检查器的"链接"框中输入以下 URL 并附加两个参数：

```
page 9-8-detail.php?sid=<?php echo $row_rsStudent['student_id'];?>& sname=
    <?php echo $row_rsStudent['s_name'];?>
```

由此在主页上创建了到详细页 page9-8-detail.php 的链接，当单击该链接时会通过 sid 和 sname 参数把学生的学号和姓名传递到此详细页。

（5）在文件夹 chapter7 中创建一个 PHP 动态网页保存为 page9-8-detail.php，然后把文档标题设置为"查看成绩"。

（6）利用高级"记录集"对话框创建一个记录集并命名为 reResult，从学生表、课程表、

成绩表中检索选定学生成绩数据,所使用的 SQL 语句如下:

```
SELECT student.s_name,courses.c_name,result.score FROM courses inner JOIN result
    ON courses.c_id=result.c_id inner JOIN student ON result.s_id=student.s_id
    WHERE result.s_id=sid
```

上述 SQL 语句中包含一个名为 sid 变量,因此应在高级记录集对话框的"变量"域增加一个变量,该变量的名称为 sid,默认值和运行值分别为 070101 和 $\_GET['sid']$。

(7) 在该页上插入一个动态表格,用于显示记录集 reResult 的内容,设置"动态表格"对话框的情形,"记录集"为 rsStudent,"显示"为"所有记录","边框"为 1。

(8) 在动态表格的开始标记<table>之后添加一个<caption>标记,用于设置动态查询的标题,代码如下:

```
<caption>下面显示的是学生<?php echo $row_reResult['s_name'];?>的成绩单</caption>
```

(9) 保存所有文件,然后在浏览器中对主/详细页进行测试。

9.4 添加记录

PHP 动态网站通常应当包括可以让用户在数据库中添加新记录的页面。当编写 PHP 动态网页时,可以通过调用 mysql_query()函数执行 INSERT 语句来完成添加记录的任务,如果正在使用 Dreamweaver,则可以通过添加服务器行为来快速生成添加新记录的页面。

9.4.1 通过编程实现添加记录

通过编写 PHP 代码实现添加记录时,有以下编程要点。

(1) 链接到 MySQL 服务器并选择要访问的数据库。

(2) 向 MySQL 服务器发送一个 SET NAMES gb2312 语句,保证中文字符得到正确处理。

(3) 通过预定义数组 $\_POST$ 获取用户通过表单提交的数据,并将这些表单数据应用于 INSERT INTO 语句中。

(4) 向 MySQL 服务器发送一条 INSERT INTO 语句,从而实现新记录的添加。

添加新记录后,可通过调用 mysql_affect()函数获取被插入的记录行数,语法格式如下:

```
Int mysql_affected_rows([resource link_identifier])
```

其中,参数 link_identifier 表示 MySQL 的链接标识符。如果没有指定该参数,默认使用最后由 mysql_connect()打开的链接。

mysql_affected_rows()函数取得最近一次与链接标识符 link_identifier 关联的 INSERT、UPDATE 或 DELETE 查询语句所影响的记录行数。

若执行成功,则返回受影响的行的数目;若最近一次查询失败,则返回−1。若最近一次操作是没有任何条件(WHERE)的 DELETE 查询语句,则表中所有的记录都会被删除,但在 4.1.2 版之前本函数返回值都为 0。

当执行 UPDATE 查询语句时,MySQL 并不会对原值与新值相等的列进行更新。这样使得 mysql_affected_rows()函数返回值不一定就是查询条件所符合的记录数,只有真正被更改的记录数才会被返回。

下面通过一个例子来说明如何通过编程方式向数据库中添加新记录。

【例 9-9】 当输入课程名称并单击"添加"按钮时,新课程即出现在课程列表中。

设计步骤如下。

(1)在 Dreamweaver 中打开 PHP 站点,在文件夹 chapter7 中创建一个 PHP 动态网页并保存为 page9-9.php,然后把文档标题设置为"课程录入"。

(2)在该页中插入一个表单,其 method 属性保留默认值 POST;输入提示文字,添加一个 Spry 验证文本域,把文本框命名为 txtCourseName,并设置为输入内容时要显示的错误信息;添加一个提交按钮并命名为 btnAdd,把标签文字设置为"添加"。

(3)切换到代码视图,在文件开头输入以下 PHP 代码:

```php
<?php
    require_once ("student.inc.php");
    if (isset($_POST["btnAdd"])){
        $sql=sprintf("insert into courses(c_name) values ('% s')",$_POST["txtCourseName"]);
        mysql_query($sql,$student) or die("不能添加新记录: ".mysql_error());
    }
?>
```

(4)在</body>标记之前输入以下 PHP 代码:

```php
<?php
    $sql="select c_id as 课程编号,c_name as 课程名称 from courses";
    show_result($sql,$student,"课程信息表",368);
?>
```

(5)在浏览器中打开网页,然后添加新的课程。

9.4.2 快速生成记录添加页

在 Dreamweaver 中,添加记录的页面由两个功能块组成:允许用户输入数据的 HTML 表单和用于更新数据库的"插入记录"服务器行为。既可以使用"插入记录表单向导"通过单个操作添加这两个构造块,也可以使用表单工具和服务器行为面板分别添加它们。

1. 使用向导生成记录添加页面

使用插入记录表单向导可以通过单个操作创建记录添加页面的基本构块,即把 HTML 表单和"插入记录"服务器行为同时添加到页面中。操作方法如下。

(1)在 Dreamweaver 中打开 PHP 动态网页。

(2)选中"插入"|"数据对象"|"插入记录"|"插入记录表单向导"选项。

(3)在如图 9-24 所示的"插入记录表单"对话框中,对以下选项进行设置。

① 在"链接"列表中选择一个数据库链接。若要定义新的数据库链接,可单击"定义"按钮。

② 在"插入到表格"列表框中,选中要向其插入记录的数据库表。

③ 在"插入后,转到"文本框中输入将记录插入表格后要打开的页面,或者单击"浏览"按钮浏览该文件。若将该文本框留空,则插入记录后仍打开当前页。

④ 在"表单字段"列表框中,指定要包括在记录添加页面的 HTML 表单上的表单控件,以及每个表单控件应该更新数据库表中的哪些字段。

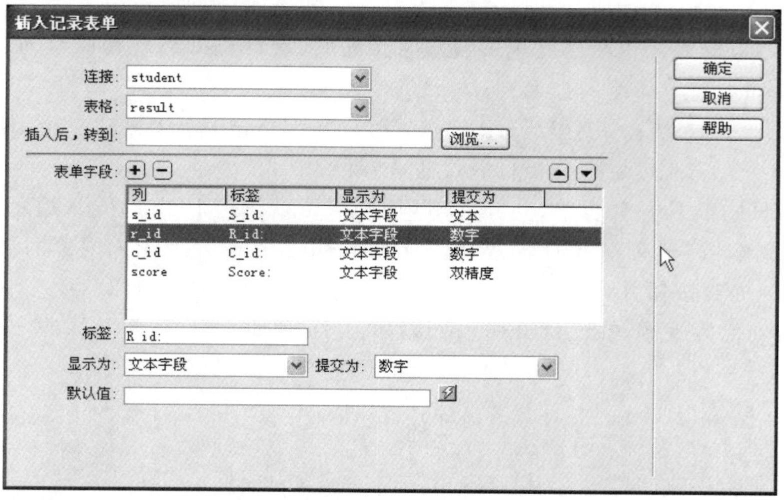

图 9-24　"插入记录表单"对话框

说明:在默认情况下,Dreamweaver 为数据库表中的每个字段创建一个表单控件,如果数据库为创建的每个新记录都自动生成唯一的标识,则应当删除对应于主键字段的表单控件,方法是在列表中将其选中并单击 ➖ 按钮,这消除了用户输入已存在的标识的风险。若要恢复已删除的控件,可单击 ➕ 按钮。

如果需要,也可以更改 HTML 表单上表单控件的顺序,方法是在列表中选中某个表单控件并单击对话框右侧的按钮。

(4) 制定每个数据输入域在 HTML 表单上的显示方式。方法是单击"表单字段"列表中的一行,然后设置以下选项。

① 在"标签文字"框中,输入显示在数据输入域旁边的描述性标签文字。在默认情况下,Dreamweaver 在该标签中显示表字段的名称。

② 在"显示为"列表框中,选择一个表单控件充当数据输入域。可控选择的有"文本域""文本区域""菜单""复选框""单选按钮组""文本"。对于只读项,选择"文本",还可以选择"密码域""文件域""隐藏域"。隐藏域将插入表单的结尾。

③ 在"提交为"列表框中,选择数据库表接收的数据格式。例如,如果表字段只接收数字数据,则选择"数字"。

④ 设置表单控件的属性。根据选择作为数据输入域的表单控件不同,有不同的选项。对于文本域、文本区域和文本,可以输入初始值;对于列表框和单选按钮组,将打开另一个对话框来设置属性;对于复选框,可以选择"已选中"或"未选中"选项。

(5) 单击"确定"按钮。此时,Dreamweaver 将表单和"插入记录"服务器行为添加到页面中。表单控件是在一个基本表格中进行布局的,可以使用 Dreamweaver 页面设计工具自定义该表格。若要编辑服务器行为,可在"服务器行为"面板中双击"插入记录"行为。

注意:记录添加页面一次只能包含一个记录编辑服务器行为,例如,不能将"更新记录"

或"删除记录"服务器行为添加到页面中。

2. 逐块生成记录添加页面

可以使用表单工具和服务器行为面板分别创建记录添加页面的基本构造块。这个过程包括两个步骤，首先将表单添加到页面以允许用户输入数据，然后添加"插入记录"服务器行为以便在数据库中插入记录。

若要在页面中添加表单，执行以下操作。

（1）创建一个 PHP 动态页，并使用 Dreamweaver 设计工具对该页面进行布局。

（2）在文档中插入一个表单，然后对该表单进行命名。

注意：不要指定表单的 action 或 method 属性来指示当用户单击提交按钮时向何处及如何发送记录数据，"插入记录"服务器行为会设置这些属性。

（3）为数据库表中要插入记录的每个字段添加一个表单控件，如文本框、单选按钮及复选框等，然后在表单上添加一个提交按钮。

若要添加"插入记录"服务器行为，执行以下操作。

（4）选中"插入"|"数据对象"|"插入记录"|"插入记录"选项。

（5）当出现"插入记录"对话框时，对以下选项进行设置，如图 9-25 所示。

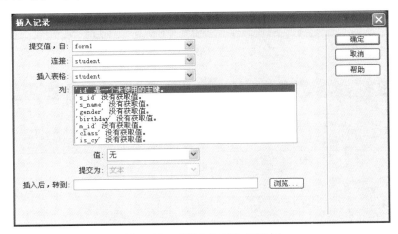

图 9-25　"插入记录"对话框

① 在"连接"列表框中选择一个到数据库的链接。若要定义链接，可单击"定义"按钮。

② 在"插入表格"列表框中，选择要向其中插入记录的数据库表。

③ 在"插入后，转到"文本框中，输入在将记录插入表格后要打开的页，或者单击"浏览"按钮浏览该文件。若使此文本框留空，则插入记录后仍将打开当前页。

④ 在"获取值自"列表框中，选择用于输入数据的表单。

⑤ 从"表单元素"列表中选择将插入记录的表单控件，然后从"列"列表框中选择要向其中插入记录的表字段，再从"提交为"列表框中为该表单控件选择数据类型。数据类型是表字段所需要的数据种类，如文本、数字或布尔型复选框值等。对表单中的每个表单控件重复该过程。

（6）完成以上设置后，单击"确定"按钮。

此时，Dreamweaver 将"插入记录"服务器行为添加到页面，该页面允许用户通过填写 HTML 表单并单击提交按钮向数据库表中添加记录。若要修改"插入记录"服务器行为，可在"服务器行为"面板上双击该服务器行为。

【例9-10】 利用 Dreamweaver 服务器行为快速创建用于添加记录的 PHP 动态网页，结果如图 9-26 和图 9-27 所示。

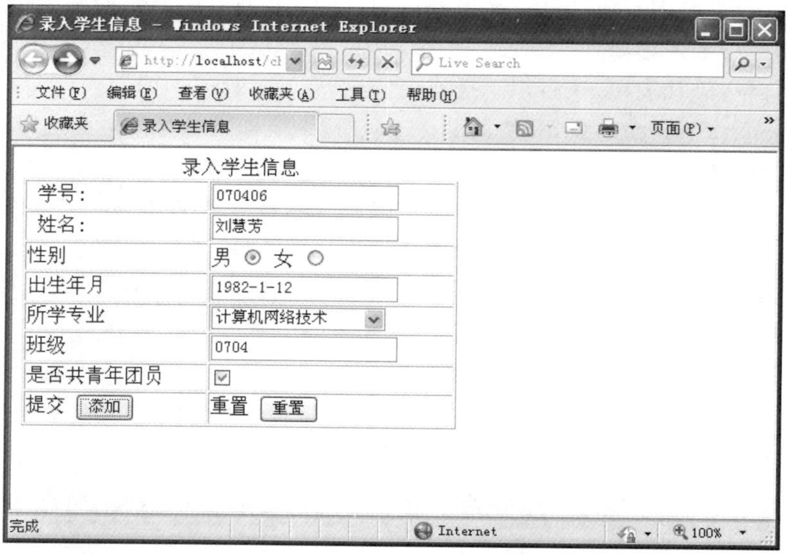

图 9-26　通过表单输入字段值

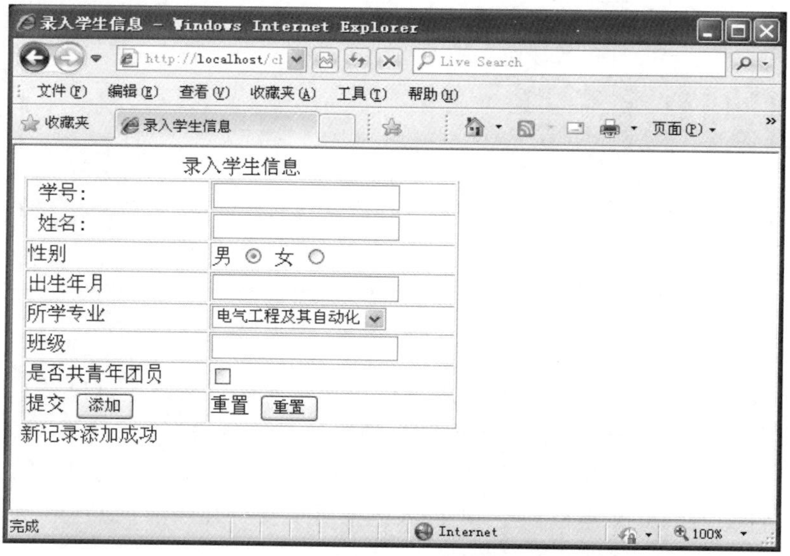

图 9-27　新记录添加成功

设计步骤如下。

（1）在 Dreamweaver 中打开 PHP 站点，在文件夹 chapter7 中创建一个 PHP 动态网页并保存为 page9-10.php，然后把文档标题设置为"录入学生信息"。

（2）创建添加记录表单。在该页上插入一个表单，其 method 属性保留默认值 POST；在表单内插入一个表格，并输入提示文字；然后添加以下表单控件。

① Spry 验证文本域,把文本框命名为 txtStudentId,并设置未输入学号时的出错信息。

② Spry 验证文本域,把文本框命名为 txtStudentName,并设置未输入姓名时的出错信息。

③ 单选按钮组,把所包含的两个单选按钮都命为 radGender,用于表示性别。

④ Spry 验证文本域,把文本框命名为 txtBirthdate,并设置未输入日期时的出错信息;设置数据类型为日期输入格式为"yyyy-mm-dd",并设置日期格式无效时的出错信息。

⑤ 下拉式列表框 1stMjorId,用于表示专业编号。

⑥ Spry 验证文本域,把文本框命名为 txtClass,并设置未输入班级时的出错信息。

⑦ 复选框 chkIsCY,用于表示是否共青团员。

⑧ "提交"按钮 btnAdd,将其标签文字设置为"添加"。

⑨ "重置"按钮。

(3) 利用简单记录集对话框创建一个记录集并命名为 rsMajor,用于从专业表中检索全部专业信息,设置简单记录集对话框:"名称"是 rsMajor,"连接"是 student,"表格"是 majors,"列"选择"全部","筛选""排序"选无,单击"确定"按钮。

(4) 把下拉列表框 1stMajorId 绑定到记录集 rsMajor,设置"动态列表/菜单"对话框:"菜单"1stMajorId 在表单"form1","来自记录集的选项"rsMajor,"值"m_id,"标签"m_name,单击"确定"按钮。

(5) 添加"插入记录"服务器行为。选中"插入"|"数据对象"|"插入记录"|"插入记录"选项,并在随后出现的"插入记录"对话框设置各个列表对应的表单控件,对主键列 id 不选择任何表单控件,设置对话框选项:"自"为 form1,"连接"为 student,"插入表格"为 students,"列"为 student_id Get …,"值"为 FORM. chkIsCY,"提交为"为文本。单击"确定"按钮。

(6) 切换到代码视图,在表单结束标记</form>之后输入以下 PHP 代码块:

```php
<?php
    if (isset ($POST["btnAdd"])&&$Result 1) echo "新记录添加成功";
?>
```

其中,变量 $ Result1 包含了"插入记录"服务器行为执行 mysql_query()函数时的返回值。

(7) 在浏览器中打开网页,并对添加新记录功能进行测试。

9.5 更新记录

记录更新页面是 PHP 动态网站的常用工程模块之一。创建记录更新页面时,需要从数据库表中检索待更新的记录并通过 HTML 表单显示该记录的内容;当修改字段值并单击提交按钮时,向 MySQL 服务器发送更新记录的查询语句,将数据更新保存到数据库中。如果正在使用 Dreamweaver,则可以使用"更新记录"服务器行为快速生成用于更新记录的 PHP 页。

9.5.1 通过编程实现记录更新

通过编写 PHP 代码实现更新记录时,有以下编程要点。

(1) 通过主页和详细页集合实现记录的选择和更新,在主页中通过链接选择要更新的记录,通过 URL 参数项详细页传递要更新记录的标识(如学号),在详细页中获取该记录标识并据此检索要更新的记录集，将各个表单控件绑定到相关的记录字段上。有时也将主页和详细页合并在一起。

（2）当提交表单时，用预定义数组变量 $_POST 获取表单变量的值，把这些值作为字段的新值用于 UPDATE 语句。

（3）创建数据库链接，设置字符集，并通过调用 mysql_query() 函数执行 UPDATE 语句以实现记录更新。

（4）执行 UPDATE 语句后，通过调用 mysql_affected_rows() 函数获取被更新的记录行数。这里需要特别指出的是，如果一行记录中的所有字段值都没有发生变化，则 MySQL 不会执行更新操作。

下面通过一个例子来说明如何通过编程一次修改多条记录。

【例 9-11】 用文本框指定某班和某门课程并单击"显示成绩单"按钮时，列出该班指定课程的成绩，成绩字段显示在文本框中，如图 9-28 所示。当修改成绩并单击"更新"按钮时，将更新保存到数据库中，如图 9-29 所示。

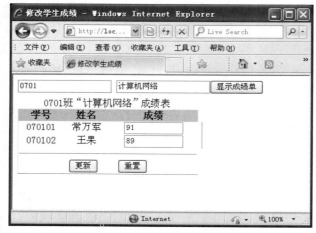

图 9-28　对某班某门课程成绩进行修改

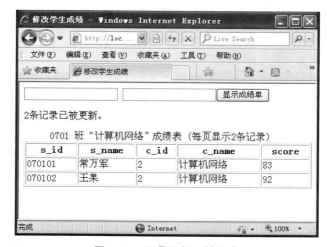

图 9-29　记录更新已被保存

设计步骤如下。

（1）在 Dreamweaver 中打开 PHP 站点，在文件夹 chapter7 中创建一个 php 动态网页并保存为 page9-11.php，然后把文档标题设置为"修改学生成绩"。

（2）在该页插入一个表单并命名为 form1，其 method 属性保留默认属性 POST；输入提示文字，添加两个 Spry 验证文本域，把文本框分别命名为 txtClass 和 txtCourse，把它们的初始化分别设置为以下动态内容：

```php
<?php
    if (isset ($_POST["txtClass"])) echo $_POST["txtClass"];
?>
<?php
    if (isset ($_POST["txtCourse"])) echo $_POST["txtCourse"];
?>
```

（3）添加一个提交按钮并命名为 btnShow，把标签文字设置为"显示成绩单"。

（4）切换到代码视图，在文件开头输入以下 PHP 代码：

```php
<?php
    require_once ("student.inc.php");
    mysql_query ("SET NAMES gb2312");
    $row=NULL;
    $rowNum=0;
    $msg=" ";
    $count=0;
    session_start();
    if(isset($_POST["btnShow"])){
        $class=$_POST["txtClass"];
        $_SESSION["class"]=$class;
        $course=$_POST["txtCourse"];
        $_SESSION["course"]=$course;
        $sql="SELECT r.s_id,s.s_name,r.c_id,c.c_name,r.score FROM result r
            INNER JOIN (student s, courses c) ON (r.s_id=s.s_id AND r.c_id=
            c.c_id)";
        $sql=sprintf("%s WHERE s.class='%s' AND c.c_name='%s'", $sql,$class,
            $course);
        $_SESSION["sql"]=$sql;
        $rs=mysql_query($sql,$student);
        $row=mysql_fetch_assoc($rs);
        $rowNum=mysql_num_rows($rs);
    }
    if(isset($_POST["btnUpdate"])){
        $n=count($_POST["txtResult"]);
        //echo $n;
        for($i=0;$i<$n;$i++){
            $sqlUpdate=sprintf("UPDATE result SET score=%d
                WHERE s_id='%s' AND c_id='%s'", $_POST["txtResult"][$i],
                $_POST["hidStudentID"][$i],$_POST["hidCourseID"] [$i]);
            mysql_query($sqlUpdate) OR die (mysql_error());
```

```php
        $a=mysql_affected_rows($student);
        if($a!=-1&&$a!=0) $count++;
    }
    $msg="{$count}条记录已被更新。";
    }
?>
```

（5）在表单 form1 的结束标记</form>之后输入以下代码：

```php
<?php if(isset($_POST["btnShow"])){
    if($rowNum==0) die ("指定的班级或课程不存在\n");
    if($rowNum>0)
?>
    <form action="" method="post" name="form2" id="form2">
        <table width="300" border="1" rules="none">
            <caption><?php echo $_POST["txtClass"];?>班"<?php echo $_POST
                ["txtCourse"];?>"成绩表</caption>
            <tr bgcolor="#CCCCCC"><th>学号<th>姓名<th>成绩<tr>
            <?php for($i=0;$i<$rowNum;$i++){?>
            <tr align="center">
                <td><?php echo $row["s_id"];?></td><td><?php echo $row["s_
                    name"];?></td>
                <td><input name="txtResult[]"type="text" size="12" value="<?
                    php echo $row["score"];?>"/></td>
                <td><input name="hidStudentID[]"type="hidden" value="<?php echo
                    $row["s_id"];?>"/></td>
                <td><input name="hidCourseID[]"type="hidden" value="<?php echo
                    $row["c_id"];?>"/></td>
            </tr>
                <?php $row=mysql_fetch_assoc($rs);}?>
            <tr align="center">
                <td colspan="3"><hr/><input name="btnUpdate" type="submit"
                    value="更新"/>  <input type="reset" name=
                    "btnReset" value="重置"/></td>
            </tr>
        </table>
    </form>
<?php }
    if(isset($_POST["btnUpdate"])){
        echo"<p>{$msg}</p>\n";
        $sql="SELECT r.s_id 学号,s.s_name 姓名,c.c_name 课程,r.score 成绩 FROM
            result r INNER JOIN(student s,courses c)ON (r.s_id=s.s_id AND r.c_id=
            c.c_id)";
        $sql=sprintf("%s WHERE s.class='%s' AND c.c_name='%s'",$sql,$_SESSION
            ["class"], $_SESSION["course"]);
        $caption=sprintf("%s 班《 %s 》成绩表\n", $_SESSION["class"], $_SESSION
            ["course"]);
        Show_result($_SESSION["sql"],$student,$caption,"468");
    }
?>
```

（6）在浏览器中查看网页，并对查询记录和修改记录功能进行测试。

9.5.2 快速生成记录更新页

在 Dreamweaver 中，可以通过可视化操作快速生成一个记录更新项，不用编写代码或编写少量的代码。一个记录更新页包括以下 3 个构造模块：用于从数据库表中检索记录的过滤记录集；允许用户修改记录数据的 HTML 表单；用于更新数据库表的"更新记录"服务器行为。

既可以使用表单工具和"服务器行为"面板分别添加 HTML 表单和"更新记录"服务器行为，也可以使用"更新记录表单向导"通过单个操作将这些模块添加到页面中。下面结合例子说明如何在 PHP 页中添加"更新记录"服务器行为。

【例 9-12】 创建一个主/详细页集合，在主页中选择要修改的学生记录。在详细页中对选定的学生记录进行更新，如图 9-30 和图 9-31 所示。

图 9-30 选择要修改的学生记录

设计步骤如下。

（1）在 Dreamweaver 中打开 PHP 站点，在文件夹 chapter7 中创建一个 PHP 动态网页并保存到 page9-12-select.php，然后把文档标题设置为"选择要修改学生记录"。

（2）设置简单"记录集"对话框："名称"为 rsStudent，"连接"为 student，"表格"为 student，"列"选择"选定的"，"筛选"为 id，"排序"选无，单击"测试"按钮。

（3）在该页中插入一个动态表格，用于显示记录集 rsStudent 的内容，设置"动态表格"对话框的情形，"记录集"为 rsStudent，"显示"为 10 条记录，"边框"为 1。单击"确定"按钮。

（4）创建到详细页的链接。在动态表格右侧增加一列，在该列的两行中分别输入"操作"和"更新记录"；选择"更新记录"4 个字，在属性检查器的"链接"框中输入以下内容：

```
Page9-14-update.php?sid=<?php echo $row_rsStudent['s_id'];?>
```

图 9-31　对选定的学生记录进行修改

（5）在动态表格上方和下方分别添加一个记录集导航状态："记录集"为 rsStudent 单击"确定"按钮，设置一个记录集导航条："记录集"rsStudent 然后单击"确定"按钮。

（6）在文件夹 chap07 中创建另一个 PHP 动态网页并保存为 page9-12-update.php，把文档标题设置为"修改学生的个人信息"。

（7）在该页中创建两个记录集 rsStudent 和 rsMaior，分别从学生表和专业表中检索全部记录，设置简单"记录集"对话框："名称"是 rsStudent，"连接"是 student，"表格"是 student，"列"选择"全部"，"筛选"是"student_id""＝""URL 参数""sid"，"排序"选择"无"，单击"确定"按钮。"名称"是 rsMajor，"连接"是 student，"表格"是 majors，"列"选择"全部"，"筛选""排序"选择"无"，单击"确定"按钮。

（8）在该页中插入一个表单 form1，其 method 属性保留默认值 POST；在表单中插入一个表格，并输入提示文字；把插入点放在"修改学生"之后，然后插入记录集 rsStudent 的 s_name 字段；添加一些文本框、单选按钮组、下拉式列表框的隐藏域等表单控件。

（9）实现表单控件的动态化。

① 创建动态文本，把插入点放在"学号："右边的单元格内，然后插入记录集 rsStudent 的 s_id 字段。

② 创建动态文本框。把用于显示名字、出生日期、班级、电子邮件地址的文本框绑定于记录集 rsStudent 的对应字段。

③ 创建动态隐藏域。添加一个隐藏域并命名为 hidStudentId，用于存储学号；把这个隐藏域的绑定到记录集 rsStudent 的 st_id 字段。

④ 创建动态单选按钮组。把表示性别的两个单选按钮命名为 radGender，选择其中的一个单选按钮，在属性检查器上单击带闪电符号的"动态"按钮，在"动态单选按钮组"对话框中单击"选取值等于"框右边的闪电按钮，在"动态按钮"对话框中选取记录集 rsStudent 的 gender 字段。

⑤ 创建动态列表框。选择下拉式列表框 1stMajor，在属性检查器上单击"动态"按钮，

在"动态列表/菜单"对话框中设置列表项来自记录集 rsMajor,值和标签分别来自 m_id 和 m_name 字段;单击"选取值等于"框右边的闪电按钮,然后在"动态数据"对话框中选择记录集 rsStudent 的 m_id 字段。

⑥ 创建动态复选框。选择表示是否共青团员的复选框 chkIsCY,在属性检查器上单击"动态"按钮;在"动态复选框"对话框中,在"等于"框中输入 1,单击"选取"框右边的闪电按钮;在随后出现的"动态数据"对话框中选择记录集 rsStudent 的 cy 字段。

(10) 添加"更新记录"服务器行为。选中"插入"|"数据对象"|"更新记录"|"更新记录"选项,然后对"更新记录"对话框的以下选项进行设置,如图 9-32 所示。

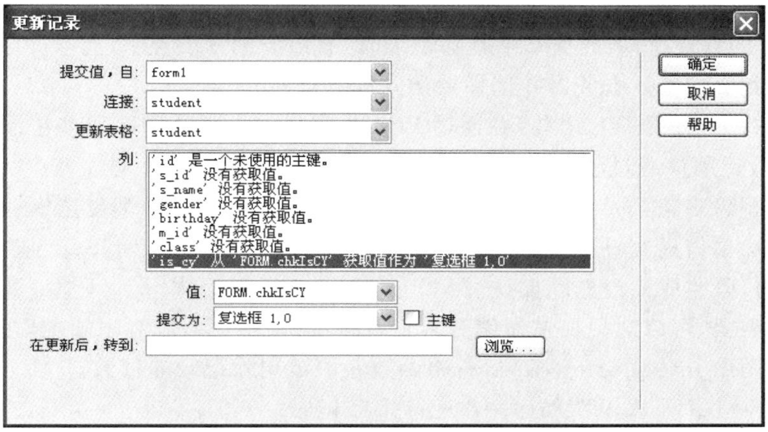

图 9-32　设置更新记录服务器行为

① 对于主键字段 id,不选择任何表单控件与其对应。
② 设置 student_id 字段从隐藏域 hidStudentId 中获取值。
③ 设置其他字段分别从相应的表单控件中获取值。
④ 让"在更新后,转到"框留空,这样更新记录后仍将打开当前页面。

完成"更新记录"对话框选项设置后,单击"确定"按钮。此时,一个"新记录"服务器行为插入当前页面中。若要修改此服务器行为,可在"服务器行为"面板上双击它。

(11) 切换到代码视图,在表单 form1 的结束标记</form>之后输入以下内容:

```
<?php if (isset ($_POST["btnUpdate"])&&mysql_affected_rows($student)==1){?>
       记录已被更新。   <a href="page9-14-select.php">继续
    &raquo;</a>
<?php}?>
```

其中,变量＄Result1 用于保存"更新记录"服务器行为执行 mysql_query()函数时的返回值。

(12) 在浏览器中打开网页 page9-12-select.php,单击某一行中的"更新记录"链接,然后在网页 page9-14-update.php 中对选定的学生记录进行修改。

9.6 删除记录

PHP 动态网站通常应包含用于删除数据库记录的页面。创建记录删除页面时，首先应选择待删除的记录并将所做的选择传递到删除页面，然后通过向 MySQL 服务器发送 DELETE 语句来执行记录删除操作。如果正在使用 Dreamweaver，则可以通过添加"删除记录"服务器行为快速生成记录删除页面。

9.6.1 通过编程实现记录删除

通过编写 PHP 代码从数据库中删除记录时，有以下编程要点。

(1) 链接到 MySQL 服务器并选择要访问的数据库。

(2) 编写一个 DELETE 语句，并通过 WHERE 子句指定要删除哪些记录；通常是列出一个记录列表，让用户通过超链接来选择要删除的记录。

(3) 若要删除多条记录，则可以在记录列表为每行记录添加一个复选框。

(4) 当用户单击提交按钮时，通过调用 mysql_query()函数向 MySQL 服务器发送一个 DELETE 语句，以完成记录删除操作。

(5) 如果需要，可以对提交按钮编写客户端脚本，以便让用户对删除操作进行确认。

(6) 通过调用 mysql_affetced_rows()函数获取被删除记录的行数。

下面通过一个例子来说明如何一次删除多条记录。

【例 9-13】 在表格中通过复选框选择要删除的记录，然后单击"删除"按钮，此时将弹出一个确认框，若单击"确定"按钮，则删除所选定的记录；若单击"取消"按钮，则放弃删除操作。

设计步骤如下。

(1) 在 Dreamweaver 中打开 PHP 站点，在文件夹 chapter7 中创建一个 PHP 动态网页并保存为 page9-13.php，然后把文档标题设置为"删除多条记录"。

(2) 设置简单"记录集"对话框："名称"为 rsStudent，"连接"为 student，"表格"为 students，"列"选择"选定的"，不选择 id，"筛选""排序"选"无"，单击"确定"按钮；插入表单 form1，在表单中插入一个动态表格以显示该记录集，设置显示 5 条记录。

(3) 在动态表格左侧增加一列，在该列第二行插入一个复选框并命名为 chkDelete[]，将其值设置为记录集 rsStudent 的 student_id 列值（即 <?php echo $row_rsStudent['student_id'];?>）。

(4) 在动态表格上方插入一个文本样式的记录集导航条，在记录集导航条所在表格左侧插入一列并插入一个记录集导航状态，设置相应对话框的情形："记录集"为 rsStudent，"显示方式"为文本，单击"确定"按钮。

(5) 在动态表格下方插入一个"input type="button""按钮并命名为 btnSelectAll，将其标签文字设置为"全选"，利用"行为"面板将其 onclick 事件句柄设置为"SelectAll();"；在这个按钮右边插入一个提交按钮并命名为 btnDelete，利用"行为"面板将其 onclick 事件句柄设置为"return Delete()"。

至此，记录删除页布局设计已完成。

（6）切换到代码图，在文件开头编写以下 PHP 代码块：

```php
<?php
    require_once("student.inc.php");
    mysql_query ("SET NAMES gb2312");
    if(isset($_POST["btnDelete"])){
        $selectedID=$_POST["btnDelete"];
        $n=count($selectedID);
        $str="";
        for($i=0;$i<$n;$i++){
            $str="'$selectedID[$i]'";
            $str=substr($str,0,-1);
            $sql=sprintf("DELETE FROM student WHERE s_id IN (%s)",$str);
            $rs=mysql_query($sql,$student) or die (mysql_error());
        }
        header(sprintf("location:%s",$PHP_SELF));
        exit;
    }
?>
```

（7）在</head>标记之前输入 JavaScript 客户端脚本：

```javascript
<script type="text/javascript">
    function SelectAll(){
        for(i=0;i<form1.elements.length;i++){
            if(form1.chkDelete[i].type=="checkbox")
                form1.chkDelete[i].checked="checked";
        }
        if(form1.btnSelectAll.value=="全选")
            form1.btnSelectAll.value=="取消全选";
        else
            form1.btnSelectAll.value=="全选";
    }
    function Delete(){
        for(i=0,j=0;i<form1.elements.length;i++)
            if(form1.elements[i].type=="checkbox" && form1.elements[i].checked) j++;
        if(j==0){
            alert("请选择要删除的记录。");
            return false;
        }
        return confirm("您确实要删除选定的记录吗?");
    }
</script>
```

（8）在浏览器中打开网页，对全选和取消全选以及删除记录功能进行测试。

9.6.2　快速生成记录删除页

在 Dreamweaver 中，可以利用"删除记录"服务器行为快速生成记录删除页面。记录删除页面通常用作主/详细页集合中的详细页。在主页中通过单击链接选择要删除的记录，在记录删除页中从数据库表中检索待删除的记录，以只读方式显示待删除记录。当单击调教按钮时，将删除语句发送给服务器。

若要创建删除记录页，可执行以下操作。

（1）在 Dreamweaver 中创建一个 PHP 动态网页。

（2）创建一个具有筛选条件的记录集，从数据库表中检索要删除的记录，并以只读方式显示该记录集。

（3）创建一个表单，在该表单中添加一个提交按钮和一个隐藏域，并将该隐藏域绑定于数据表的主键字段。

（4）若要插入"删除记录"服务器行为，可执行下列操作之一。

① 选中"插入"|"数据对象"|"删除记录"选项。

② 在"插入"栏的"数据"类别中，单击"删除记录"按钮。

③ 在服务器"行为"面板中单击 **+** 按钮，然后选择"删除记录"命令。

（5）当出现"删除记录"对话框时，对以下选项进行设置："首先检查是否已定义变量"主键值，"连接"为 student，"表格"为 student，"主键列"为 s_id，"主键值"URL 参数为 sid，单击"确定"按钮。

① 在"首先检查是否已定义变量"列表中选中"主值键"。

② 在"链接"列表框中，选中一个数据库链接。

③ 在"表格"列表框中，选中包含要删除的记录的数据库表。

④ 在"主键列"列表框中，选中一个键列在数据库表中标识被记录。"删除记录"服务器行为将在此列搜索匹配值，此列与绑定到页面上的隐藏表单字段的记录集列应包含相同的记录 ID 数据。若该值是一个数字，则选择 Numeric 复选框。

⑤ 在"删除后，转到"文本框中，输入在从数据库表中删除记录后打开的页或单击"浏览"按钮定位到该文件。若将此文本框留空，则删除记录后重新打开当前页。

（6）完成以上设置后，单击"确定"按钮。

此时，Dreamweaver 将"删除记录"服务器行为添加到当前页，该页允许用户通过单击表单上的"提交"按钮从数据库表中删除记录。若要修改"删除记录"服务器行为，在服务器的行为面板上双击此服务器行为即可。

注意：删除页一次只能包含一个记录编辑服务器行为。例如，不能将"插入记录"或"更新记录"服务器行为添加到删除页中。

下面通过一个实例来说明如何利用"删除记录"服务器行为从数据库中删除指定记录。

【例 9-14】 在表格中单击"删除记录"链接时，将弹出一个确认框，单击"确定"按钮，即可删除选定的学生记录，如图 9-33 和图 9-34 所示。

设计步骤如下。

（1）在 Dreamweaver 中打开 PHP 站点，在文件夹 chapter7 中创建一个 PHP 动态网页并保存为 page9-14.php，然后把文档标题设置为"删除记录"。

（2）利用简单"记录集"对话框创建一个记录集并命名为 rsStudent，然后插入一个动态表格，用于显示该记录集的内容。

（3）在动态表格右侧增加一列，在其第一行输入"操作"，在其第二行输出"删除记录"；

图 9-33　选定要删除的记录并加以确认

图 9-34　选定的记录已被删除

选取"删除记录",然后在属性检查器的"链接"框中输入以下内容:

```
Page9-16.php?sid=<?php echo $row_rsStudent['student_id'];?>
```

（4）在动态表格上方插入一个文本样式的记录及导航条,设置每页显示 5 条记录;在该导航条所在表格左侧增加一列,在此单元格中插入记录集导航状态。

（5）在"服务器行为"面板上单击 **+** 按钮,从弹出的快捷菜单中选中"删除记录"选项,然后对"删除记录"对话框的以下选项进行设置"首先检查是否已定义变量"主键值,"连接"为 student,"表格"为 student,"主键列"为 s_id,"主键值"URL 参数为 sid,单击"确定"按钮。

① 在"首先检查是否已定义变量"列表框中选中"主键值"。

② 在"链接"列表框中选中数据库链接 student。

③ 在"表格"和"主键值"列表框中分别选中数据库表 students 和表列 student_id。

④ 在"主键值"列表框中选中"URL 参数",并在右边的文本框中输出 sid。

至此,记录删除页布局设计已完成。

(6) 在浏览器中打开网页,并对记录删除功能进行测试。

9.7 本章小结

本章通过 PHP 与 MySQL 的结合,介绍了 PHP 动态网页开发过程中实现创建数据库连接、查询记录、添加记录、更新记录及删除记录等功能的编程实现技术以及快速实现技术。

实训 9

【实训目的】

PHP 具有十分强大的功能,可能通过编程实现数据库的相关操作。本实验用于训练学生以 PHP 语言编程方法实现动态网页数据操作功能的技术能力。

【实训环境】

(1) 硬件:普通微型计算机。

(2) 软件:Windows 环境、PHP、MySQL、Apache、Dreamweaver。

【实训内容】

编程实现 MySQL 数据库连接、记录集分页显示、创建搜索/结果页、添加记录、删除记录和更新记录功能。具体步骤如下。

(1) 利用 MySQL 数据库系统创建数据库表 student_info,在这个数据库中包含 3 个数据表,分别为"专业表"(majors)、"学生表"(students)、"课程表"(courses),将上述文件保存在 PHP 站点的 chapter7 文件夹中,分别向 3 个表中添加记录。在 PHP 站点下建立文件夹子 chap7。

(2) 记录集分页显示功能。

① 在文件夹 chap7 中创建 student.inc.php 文件,在代码视图的<body>标签下输入例 9-14 第(2)步中的记录集的分页显示源代码。

② 在文件夹 chap7 中创建一个 PHP 动态网页并保存为 page9-1.php,切换到代码视图,在文件开头输入以下 PHP 代码:

```php
<?php
    require_once ("student.inc.php");
?>
```

在<body>标记之后输入例 9-14 第(5)步中的 PHP 代码,即可实现类似图 9-9 和图 9-10 所示的记录集导航条功能页面。

(3) 在文件夹 chap7 中创建一个 PHP 动态网页并保存为 page9-2.php。在该页中插入一个表单,method 属性保留默认值 POST,输入提示文字;插入一个 Spry 验证文本域,把文本框命名为 txtStudentName，并设置未输入内容时的错误信息，然后把文本框的初始值设置如下：

```php
<?php
    if (isset ($_POST["txtStudentName"])) echo $_POST["txtStudentName"];
?>
```

在文本框右边添加一个提交按钮并命名为 btuSearch，把标签设置为"查找"。切换到代码视图，在文件开头部分输入：

```php
<?php
    require_once ("student.inc.php");
?>
```

在表单结束标记</from>之后，输入例 9-6 第（4）步的程序代码，可以得到如图 9-17 所示的运行结果。

（4）在文件夹 chap7 中创建一个 PHP 动态网页并保存为 page9-3.php。在该页中插入一个表单，其 method 属性保留默认值 POST；输入提示文字，添加一个 Spry 验证文本域，把文本框命名为 txtCourseName，并设置为输入内容时要显示的错误信息；添加一个提交按钮并命名为 btnAdd，把标签文字设置为"添加"。切换到代码视图，在文件开头输入例 9-9 第（3）步列的代码块，在</body>标记之前输入代码：

```php
<?php
    $sql="select c_id as 课程编号,c_name as 课程名称 from courses";
    show_result($sql,$student,"课程信息表",368);
?>
```

即可实现课程表中的数据添加功能。

（5）在文件夹 chap7 中创建一个 PHP 动态网页并保存为 page9-4.php，然后把文档标题设置为"删除多条记录"。

① 设置简单"记录集"对话框："名称"为 rsStudent，"连接"为 student，"表格"为 students，"列"选择"选定的"，不选 id，"筛选""排序"选择"无"，单击"确定"按钮；插入表单 form1，在表单中插入一个动态表格以显示该记录集，设置显示 5 条记录。

② 在动态表格左侧增加一列，在该列第 2 行插入一个复选框并命名为 chkDelete[]，将其值设置为记录集 rsStudent 的 student_id 列值（即<?php echo $row_rsStudent['student_id'];?>）。

③ 在动态表格上方插入一个文本样式的记录集导航条，在记录集导航条所在表格左侧插入一列并插入一个记录集导航状态，设置相应对话框的情形："记录集"rsStudent，"显示方式"文本；"记录集"rsStudent，单击"确定"按钮。

④ 在动态表格下方插入一个<input type="button"> 按钮并命名为 btnSelectAll，将其标签文字设置为"全选"，利用"行为"面板将其 onclick 事件句柄设置为"SelectAll();"；在这个按钮右边插入一个"提交"按钮并命名为 btnDelete，利用"行为"面板将其 onclick 事件句柄设置为"return Delete()"。

⑤ 切换到代码图，在文件开头输入例 9-13 第（6）步所列代码，在</head>标记之前输

入例 9-13 第(7)步所列的 JavaScript 客户端脚本。至此,即完成了以编程方式实现记录的删除功能。

(6) 在文件夹 chap7 中创建一个 PHP 动态网页并保存为 page9-5.php,然后把文档标题设置为"修改学生成绩"。在该页插入一个表单并命名为 form1,其 method 属性保留默认属性 POST;输入提示文字,添加两个 Spry 验证文本域,把文本框分别命名为 txtClass 和txtCourse,把它们的初始化分别设置为以下动态内容:

```php
<?php
    if (isset ($_POST["txtClass"])) echo $_POST["txtClass"];
?>
<?php
    if (isset ($_POST["txtCourse"])) echo $_POST["txtCourse"];
?>
```

添加一个"提交"按钮并命名为 btnShow,把标签文字设置为"显示成绩单"。切换到代码视图,在文件开头输入例 9-11 第(4)步所列的代码,在表单 form1 的结束标记</form>之后输入例 9-11 第(5)步所列的代码,即可实现对学生数据记录的查询和修改功能。

习题 9

1. 非持久连接与持久链接有什么区别? 它们分别用什么方法建立?

2. 当在 Dreamweaver 中创建数据库链接时将生成一个 PHP 文件,它包含哪些内容?存放在何处?

3. 为了避免访问 MySQL 数据库时出现乱码现象,应在数据库连接文件中添加什么语句?

4. 使用简单"记录集"对话框创建记录集有什么特点? 使用高级"记录集"对话框呢?

5. 在 Dreamweaver 中创建分页显示记录集的页面,主要包括哪些步骤?

6. 通过编程方式实现添加记录,有哪些要点?

7. 在 Dreamweaver 中创建添加记录的页面,需要添加哪些功能块?

8. 通过编程方式实现记录更新,有哪些要点?

9. 在 Dreamweaver 中创建更新记录的页面,需要添加哪些功能块?

10. 在 Dreamweaver 中,如何实现表单控件的动态化?

11. 通过编程方式实现删除记录,有哪些要点?

12. 在 Dreamweaver 中,如何快速生成记录删除页面?

第 10 章　PHP 的模板引擎 Smarty

学习目标:

本章主要介绍模板引擎的原理以及 Smarty 模板引擎的应用,包括模板引擎原理,Smarty 模板引擎的安装以及配置,Smarty 的基本语法与应用以及 Smarty 的缓存问题。通过本章学习,可掌握 Smarty 模板引擎的基本用法,了解其运行原理。本章学习要求如表 10-1 所示。

表 10-1　本章学习要求

知 识 要 点	能 力 要 求	相 关 知 识
Smarty 模板基础	了解 Smarty 模板的语法基础和使用方法	
模板缓存控制	了解模板缓存技术及使用	
模板运行原理	了解模板的运行原理及自定义一个模板	

10.1　什么是模板引擎

PHP 是一种 HTML 内嵌式的在服务器端执行的脚本语言,所以大部分用 PHP 开发出来的 Web 应用,初始的开发模板都是混合层的数据编程。虽然通过 MVC 设计模式可以把程序应用逻辑与网页呈现逻辑强制性分离,但也只是将应用程序的输入、处理和输出分开,网页呈现逻辑(视图)还会有 HTML 代码和 PHP 程序强耦合在一起。这就要求 PHP 脚本的编写者既是网页设计者,又是 PHP 开发者,但实际情况是,多数 Web 开发人员要么精通网页设计,能够设计出漂亮的网页外观,但是编写的 PHP 代码很糟糕;要么仅熟悉 PHP 编程,能够写出稳健性高的 PHP 代码,但是设计的网页外观很难看。具备两种才能的开发人员很少见。现在已经有很多解决方案,可以将网站的页面设计和 PHP 应用程序几乎完全分离。这些解决方案称为"模板引擎",它们正在逐步消除由于缺乏层次分离而带来的难题。

模板引擎的目的就是要达到上述提到的逻辑分离的功能。它能让程序开发者专注于资料的控制或是功能的达成;而网页设计师则可专注于网页排版,让网页看起来更具有专业感。因此,模板引擎很适合公司的 Web 开发团队使用,使每个人都能发挥其专长。

模板引擎技术的核心比较简单。只要将美工页面(不包含任何的 PHP 代码)指定为模板文件,并将这个模板文件中有活动的内容,例如数据库输出、用户交互等部分,定义成使用特殊"定界符"包含的"变量",然后放在模板文件中相应的位置。当用户浏览时,由 PHP 脚本程序打开该模板文件,并将模板文件中定义的变量进行替换。这样,模板中的特殊变量被替换为不同的动态内容时,就会输出需要的页面。

10.2　Smarty 模板引擎安装

　　Smarty 的安装比较容易,因为它是采用 PHP 的面向对象思想编写的软件,只要在用户的 PHP 脚本中加载 Smarty 类,并创建一个 Smarty 对象,就可以使用 Smarty 模板引擎。像 Smarty 这类使用 PHP 语言编写的软件,在 PHP 的项目中应用时,通常都有两种安装方式。依照官方的方式安装,可以只在 Web 服务器的主机上安装一次,然后提供给该主机下所有设计者开发不同程序时直接引用,而不会重复安装太多的 Smarty 副本。通常这种安装方法是 Smarty 类库放置到 Web 文档根目录之外的某个目录中,再在 PHP 的配置文件中将这个位置包含在 include_path 指令中,但是当某个 PHP 项目在多个 Web 服务器之间迁移时,每个 Web 服务器都必须有同样的 Smarty 类库配置。使用 Smarty 和使用其他类库一样,如果在每个 PHP 项目中都使用独立的 Smarty 类库,只需要将 Smarty 软件放置到项目中的某个目录中,再在程序中包含这个目录中的 Smarty 类文件,就可以使用 Smarty 模板引擎。这样一来,PHP 在多个 Web 服务器之间迁移时都会带着 Smarty 库,就不需要再改变 Web 服务器的配置了。

10.2.1　安装 Smarty

　　通过前面的介绍,选用第二种安装方式比较适合用户,就是在自己的 PHP 项目中包含 Smarty 类库。安装步骤如下。

　　(1) 需要到 Smarty 官方网站下载最新的稳定版本,所有版本的 Smarty 类库都可以在 UNIX 和 Windows 服务器上使用。例如,下载的软件包为 Smarty-2.6.18.tar.gz。

　　(2) 然后解压压缩包,解开后会看到很多文件,其中有个名称为 libs 的文件夹,就是存有 Smarty 类库的文件夹。安装 Smarty 只需要这一个文件夹,其他的文件都没有必要使用。

　　(3) 在 libs 中应该会有 3 个 class.php 文件、1 个 debug.tpl、1 个 plugin 文件夹和 1 个 core 文件夹,直接将 libs 文件夹复制到程序主文件夹下。

　　(4) 在执行的 PHP 脚本中,通过 require() 语句将 libs 目录中的 Smarty.class.php 类文件加载进来,Smarty 类库就可以使用了。

　　上面提供的安装方式适合给程序被带过来移过去的开发者使用,这样就不用再考虑主机有没有安装 Smarty。

10.2.2　初始化 Smarty 类库的默认设置

　　通过前面对 Smarty 类库安装的介绍,调用 require() 方法将 Smarty.class.php 文件包含到执行脚本中,并创建 Smarty 类的对象就可以使用了。但如果需要改变 Smarty 类库中一些成员的默认值,不仅可以直接在 Smarty 源文件中修改,也可以在创建 Smarty 对象以后重新为 Smarty 对象设置新值。Smarty 类中一些需要注意的成员属性如表 10-2 所示。

表 10-2　Smarty 类中的成员属性

Smarty 类	成 员 属 性
$ template_dir	网站中的所有模板文件都需要放置在该属性所指定的目录或子目录中。当包含模板文件时如果不提供，将会到这个模板目录中寻找。默认情况下，目录是"./templates"，也就是说它将会在和 PHP 执行脚本中相同
$ compile_dir	Smarty 编译过的所有模板文件都会被存储到这个属性所指定的目录中。默认目录是"./templates_c"，也就是说它将会在和 PHP 执行脚本相同的目录下寻找编译目录。除了创建此目录外，在 Linux 服务器上还需要修改权限，使 Web 服务器的用户能够对这个目录有写的权限。建议将该属性指定的目录放在 Web 服务器文档根之外的位置
$ left_delimiter	用于模板语言中的左结束符变量，默认是"{"。但这个默认设置会和模板中使用的 JavaScript 代码结构发生冲突，通常需要修改其默认行为。例如"<{"
$ right_delimiter	用于模板语言中的右结束符变量，默认是"}"。但这个默认设置会和模板中使用的 JavaScript 代码结构发生冲突，通常需要修改其默认行为。例如"}>"
$ caching	告诉 Smarty 是否缓存模板的输出。默认情况下，它设为 0 或无效。用户也可以为同一个模板设有多个缓存，当值为 1 或 2 时启动缓存。1：告诉 Smarty 使用当前的 $ cache_lifetime 变量判断缓存是否过期。2：告诉 Smarty 使用生成缓存时 1 的 cache_lifetime 值。用这种方式用户正好可以在获取模板之前设置缓存生存时间，以便较精确地控制缓存何时失效建议在项目开发过程中关闭缓存，将值设计为 0
$ cache_dir	在启动缓存的特性情况下，这个属性所指定的目录中放置 Smarty 缓存的所有模板。默认情况下，它是"./cache"，也就是说用户可以在和 PHP 执行脚本相同的目录下寻找缓存目录。用户也可以用自己的自定义缓存处理函数来控制缓存文件，它将会忽略这项设置。除了创建此目录外，在 Linux 服务器上还需要修改权限，使 Web 服务器的用户能够对这个目录有写的权限。建议将该属性指定的目录放在 Web 服务器文档根之外的位置
$ cache_lifetime	该变量定义模板缓存有效时间段的长度（单位秒）。一旦这个时间失效，则缓存将会重新生成。如果要想实现所有效果，$caching 必须因 $cache_lifetime 需要而设为 true。值为 −1 时，将强迫缓存永不过期。0 值将导致缓存总是重新生成（仅有利于测试，一个更有效的使缓存无效的方法是设置 $caching＝0）

　　如果用户不修改 Smarty 类中的默认行为，也需要创建表 10-1 中介绍的几个 Smarty 路径，因为 Smarty 将会在和 PHP 执行脚本相同的目录下寻找这些配置目录。但为了系统安全，通常建议将这些目录放在 Web 服务器文档根目录之外的位置上，这样就只有通过 Smarty 引擎使用这些目录中的文件了，而不能再通过 Web 服务器在远程访问它们。为了避免重复地配置路径，可以在一个文件里配置这些变量，并在每个需要使用 Smarty 的脚本中包含这个文件即可。Smarty 成员属性的公用文件一般放置到主文件夹下，和 Smarty 类库所在的文件夹 libs 在同一个目录中。下面配置实例以 main.inc.php 为文件命名，具体代码如下：

```php
<?php
    include "./libs/Smarty.class.php";      //包含 Smarty 类库所在的文件
    define('SITE_ROOT', '/usr/demo');        //声明一个常量指定非 Web 服务器的根目录
    $tpl=new Smarty();                       //创建一个 Smarty 类的对象$tpl
```

```
$tpl->template_dir=SITE_ROOT . "/templates/";          //设置所有模板文件存放的目录
$tpl->compile_dir=SITE_ROOT . "/templates_c/";         //设置所有编译过的模板文件存
                                                       //放的目录
$tpl->config_dir=SITE_ROOT . "/configs/";    //设置模板中特殊配置文件存放的目录
$tpl->cache_dir=SITE_ROOT . "/cache/";       //设置存放 Smarty 缓存文件的目录
$tpl->caching=1;                             //设置开启 Smarty 缓存模板功能
$tpl->cache_lifetime=60 * 60 * 24;           //设置模板缓存有效时间段的长度为 1 天
$tpl->left_delimiter='<{';                   //设置模板语言中的左结束符
$tpl->right_delimiter='}>';                  //设置模板语言中的右结束符
?>
```

10.2.3　第一个 Smarty 的简单示例

通过前面的介绍，如果了解了 Smarty 并学会了安装，就可以通过一个简单的示例测试一下，使用 Smarty 模板编写的大型项目也会有同样的目录结构。按照 10.2.2 节的介绍，用户需要创建一个项目的主目录 Project，并将存放 Smarty 类库的文件夹 libs 复制这个目录中，还需要在该目录中分别创建 Smarty 引擎所需要的各个目录。如果需要修改一些 Smarty 类中常用成员属性的默认行为，可以在该目录中编写一个类似 10.2.2 节中介绍的 main.inc.php 文件。

在这个例子中，唯一的动作就是在 PHP 程序中替代模板文件中特定的 Smarty 变量。首先在项目主目录下的 templates 目录中创建一个模板文件，这个模板文件的扩展名是什么都无所谓。注意，在模板中声明了 $ title 和 $ content 两个 Smarty 变量，都放在"{ }"中，它是 Smarty 的默认定界符，但为了在模板中嵌入 CSS 及 JavaScript 的关系，最好是将它换掉，例如将默认定界符修改为"<{ }>"的形式。这些定界符只能在模板文件中使用，并告诉 Smarty 要对定界符所包围的内容完成某些操作。在 templates 目录中创建一个名为 test.tpl 的模板文件，代码如下所示：

```
<html>
<head>
    <meta http-equiv="Content-type" content="text/html; charset=gb2312">
        <title>{ $title }</title>
</head>
<body>
    { $content }
</body>
</html>
```

还要注意，Smarty 这个模板一定要位于 templates 目录或它的子目录内，除非通过 Smarty 类中的 $ template_dir 属性修改了模板目录。另外，模板文件只是一个表现层界面，还需要 PHP 应用程序逻辑，将适当的变量值传入 Smarty 模板。直接在项目的主目录中创建一个名为 index.php 的 PHP 脚本文件，作为 templates 目录中 test.tpl 模板的应用程序逻辑。代码如下所示：

在项目的主目录中创建 index.php

```php
<?php
    require("libs/Smarty.class.php");                       //第 1 步：加载 Smarty 模板引擎
    $smarty=newSmarty();                                    //第 2 步：建立 Smarty 对象
    $smarty->assign("title","测试用的网页标题"); //第 3 步：用 assign()方法将变量置入模板中
    $smarty->assign("content","测试用的网页内容"); //也属于第 3 步，分配其他变量置入模板中
    $smarty->display("test.tpl");                          //利用 Smarty 的 display()方法将网页输出
?>
```

这个示例展示了 Smarty 能够完全分离 Web 应用程序逻辑层和表现层。用户通过浏览器直接访问项目目录中的 index.php 文件，将模板文件 test.tpl 中的变量替换后显示出来看到输出结果以后，再到项目主目录下的 templates_c 目录下，会看到一个文件名比较奇怪的文件（例如％％6D^6D7^6D7C5625％％test.tpl.php）。打开该文件后的代码如下所示：

```
Smarty 编译过的文件(templates_c/%%6D^6D7^6D7C5625%%test.tpl.php)
<?php
    /* Smarty version 2.6.18,created on 2009-03-15 09:19:13 compiled from test.tpl */
?>
<html>
<head>
    <metahttp-equiv="Content-type" content="text/html; charset=gb2312"><title>
        <?php echo $this->_tpl_vars['title']; ?></title>
</head>
<body>
    <?php echo $this->_tpl_vars['content']; ?>
</body>
</html>
```

这就是 Smarty 编译过的文件，是在第一次使用模板文件 test.tpl 时由 Smarty 引擎自动创建的，它将用户在模板中由特殊定界符声明的变量转换成了 PHP 的语法来执行。下次再读取同样的内容时，Smarty 就会直接抓取这个文件来执行，直到模板文件 test.tpl 有改动时，该文件内容才会跟着更新。

10.2.4　Smarty 在应用程序逻辑层的使用

Smarty 模板引擎的应用和用户前面介绍的自定义模板相似，它需要在 PHP 的应用程序逻辑和页面模板中配合使用，才能完全分离表现层和逻辑层。在 PHP 程序中，需要以下5 个步骤使用 Smarty。

第 1 步，加载 Smarty 模板引擎，例如：

```
require("Smarty.class.php");
```

第 2 步，建立 Smarty 对象，例如：

```
$smarty=newSmarty();
```

第 3 步，修改 Smarty 的默认行为，例如开启缓存机制、修改模板默认存放目录等。
第 4 步，将程序中动态获取的变量，通过 Smarty 对象中的 assign()方法置入模板中。

第 5 步,利用 Smarty 对象中的 display()方法将模板内容输出。

在这 5 个步骤中,可以将前 3 个步骤定义在一个公共文件中,像前面介绍过的用来初始化 Smarty 对象的文件 main.inc.php。因为前 3 步是 Smarty 在整个 PHP 程序中应用的核心,不论是常数定义、外部程序加载还是共享变量建立等,都是从这里开始的。所以用户通常都是先将前 3 个步骤做好放入一个公共文件中,之后每个 PHP 脚本中只要将这个文件包含进来就可以了,因此在程序流程规划期间,必须好好构思这个公用文件中设置的内容。后面的两个步骤是通过访问 Smarty 对象中的方法完成的,有必要正式地介绍一下 assign()和 display()两个方法。

1. assign()方法

在 PHP 脚本中调用该方法可以为 Smarty 模板文件中的变量赋值。它的使用比较容易,原型如下所示:

```
void assign(string varname,mixed var)          //Smarty 对象中的方法,用来赋值到模板中
```

通过调用 Smarty 对象中的 assign()方法,可以将任何 PHP 所支持的类型数据赋值给模板中的变量,包含数组和对象类型。使用的方式有两种,可以指定一对"名称/数值"或指定包含"名称/数值"的联合数组。如下所示:

```
//指定一对"名称/数值"的使用方式
$smarty->assign("name","Fred");        //将字符串"Fred"赋给模板中的变量{$name}
$smarty->assign("address",$address);      //将变量$address 的值赋给模板中的变量{$address}
//指定包含"名称/数值"的联合数组的使用方式
$smarty->assign(array("city"=>"Lincoln","state"=>"Nebraska"));
                                                      //这种方式很少使用
```

2. display()方法

基于 Smarty 的脚本中必须用到这个方法,而且在一个脚本中只能使用一次,因为它负责获取和显示由 Smarty 引擎引用的模板。该方法的原型如下所示:

```
void display(string template[,string cache_id[,string compile_id]])
                                                  //用来获取和显示 Smarty 模板
```

第一个参数 template 是必选的,需要指定一个合法的模板资源的类型和路径。还可以通过第二个可选参数 cache_id 指定一个缓存标识符的名称,第三个可选参数 compile_id 在维护一个页面的多个缓存时使用。在下面的示例中使用多种方式指定一个合法的模板资源,如下所示:

```
//获取和显示由 Smarty 对象中的$template_dir 属性所指定目录下的模板文件 index.tpl
$smarty->display("index.tpl");
//获取和显示由 Smarty 对象中的$template_dir 变量所指定的目录下子目录 admin 中的模板
//文件 index.tpl
$smarty->display("admin/index.tpl");
//绝对路径,用来使用不在$template_dir 模板目录下的文件
$smarty->display("/usr/local/include/templates/header.tpl");
//绝对路径的另外一种方式,在 Windows 平台下的绝对路径必须使用"file:"前缀
```

```
$smarty->display("file:C:/www/pub/templates/header.tpl");
```

在使用 Smarty 的 PHP 脚本文件中,除了基于 Smarty 的内容需要上面 5 个步骤外,程序的其他逻辑没有改变。例如文件处理、图像处理、数据库连接、MVC 的设计模式等,使用形式都没有发生变化。

Smarty 引擎不仅在 PHP 程序的逻辑层需要使用,在表现层的模板中也会用到 Smarty 语法。但并不只是单纯地在一对特殊的定界符中声明一个变量,然后再通过模板引擎在运行时由 PHP 程序逻辑动态赋值。有时也需要在模板中使用某种迭代,遍历由 PHP 程序动态分配到模板中的数组,或是通过选择结构过滤数据等程序逻辑。这样就会有一些页面设计者抱怨在表现层中集成了某种程度逻辑,因为使用模板引擎的主旨就是为了完全分离表现层和逻辑层,但要想得到十全十美的解决方案是不太可能的。因为页面设计人员通常并不是编程人员,所以 Smarty 的开发者只在引擎中集成了一些简单但非常有效的应用程序逻辑,即使是从没有接触过编程的人员,也可以很快学会。

10.2.5　模板中的注释

每一个 Smarty 模板文件,都是通过 Web 前台语言(XHTML、CSS 和 JavaScript 等)结合 Smarty 引擎的语法共同开发的。除了在模板中多加了一些 Smarty 语法用来处理程序逻辑以外,用到的其他 Web 前台开发语言和原来完全一样,注释也没有变化。如果在模板文件中使用 HTML 或是 JavaScript 等前台语言的注释,用户可以通过浏览网页源代码的方式查看到这些注释内容。Smarty 也在模板中给用户提供了一种注释的语法,包围在定界标记"{ ＊"和"＊ }"之间的都是注释内容,可以包括一行或多行,并且不会在用户浏览页面源代码时查看到,它只是模板内在的注释。以下是一个合法的 Smarty 注释:

```
{* this is a comment *}            //模板注释被"*"包围,它不会在模板文件的最后输出中出现
```

10.2.6　模板中的变量声明

在 Smarty 中,一切以变量为主,所有的呈现逻辑都让模板自行控制。Smarty 有几种不同类型的变量,变量的类型取决于它的前缀是什么符号(或者被什么符号包围),Smarty 的变量可以直接被输出或者作为函数属性和修饰符的参数,或者用于内部的条件表达式等。以下声明几个可以在 Smarty 模板中直接输出的变量:

```
{$Name}                     {* 常规类型的变量,需要调用模板内的 assign 函数分配值 *}
{$Contacts[row].Phone}          {* 数组类型变量,也是调用模板内的 assign 函数分配值 *}
<body bgcolor="{#bgcolor#}">              {* 从配置文件中读取变量的值并输出 *}
```

如果在 Smarty 模板中输出从 PHP 中分配的变量,需要在前面加上"$"并用定界符将它括起来,命名方式和 PHP 的变量命名方式是一模一样的。并且定界标示符号又有点像是 PHP 中的<?php 及 ?>(事实上它们的确会被替换成这个)。

10.2.7　在模板中输出从 PHP 分配的变量

在 Smarty 模板中经常使用的变量有两种:一种是从 PHP 中分配的变量;另一种是从配置文件中读取的变量。但使用最多的还是从 PHP 中分配的变量。但要注意,模板中只

能输出从 PHP 中分配的变量,不能在模板中为这些变量重新赋值。在 PHP 脚本中分配变量给模板,都是通过调用 Smarty 引擎中的 assign() 方法实现的,不仅可以向模板中分配 PHP 标量类型的变量,而且也可以将 PHP 中复合类型的数组和对象变量分配给模板。

在前面的示例中已经介绍了,在 PHP 脚本中调用 Smarty 模板的 assign() 方法,向模板中分配字符串类型的变量,本节主要在模板中输出从 PHP 分配的复合类型变量。在 PHP 的执行脚本中,不管分配什么类型的变量到模板中,都是通过调用 Smarty 模板的 assign() 方法完成的,只是在模板中输出的处理方式不同。需要注意的是,在 Smarty 模板中变量预设是全域的。也就是说用户只要分配一次就可以了,如果分配两次以上,变量内容会以最后分配的为主。就算用户在主模板中加载了外部的子模板,子模板中同样的变量一样也会被替代,这样用户就不用针对子模板再做一次解析的动作。

通常情况下,在模板中通过遍历输出数组中的每个元素,可以通过 Smarty 中提供的 foreach 或 section 语句完成,而本节主要介绍在模板中单独输出数组中的某个元素。索引数组和关联数组在模板中输出方式略有不同,其中索引数组在模板中的访问和在 PHP 脚本中的引用方式一样,而关联数组中的元素在模板中指定的方式是使用"."访问的。在模板中输出数组的示例如下:

输出从 PHP 分配的数组的模板文件 index.php

```php
<?php
    require "libs/Smarty.class.php";          //包含 Smarty 类库
    $smarty=new Smarty();                      //创建 Smarty 类的对象
    $contact=array( 'fax'=>'555-222-9876', 'email'=>'gao@lampbrother.net',
        'phone'=>array(home=>'555-444-3333','cell'=>'555-111-1234'));
                                                //将一个人的联系信息保存在一个关联数组中
    $smarty->assign('contact', $contact);      //将关联数组 $contact 分配到模板中使用
    $contact2=array('555-222-9876', 'gao@lampbrother.net', array('555-444-3333',
        '555-111-1234'));                       //将一个人的联系信息保存在一个索引数组中
    $smarty->assign('contact2', $contact2);    //将索引数组 $contact2 分配到模板中使用
    $contact3=array('fax'=>'555-222-9876',array('first'=>'gao@lampbrother.net',
        'second'=>'feng@lampbrother.net'), 'phone'=>array('555-444-3333','555-
        111-1234'));                            //使用索引和关联数组保存联系信息
    $smarty->assign('contact3', $contact3);    //将混合数组 $contact3 分配到模板中使用
    $smarty->display('index.tpl');             //查找模板替换并输出
```

输出从 PHP 分配的数组的模板文件 index.tpl
访问从 PHP 中分配的关联数组:
电子邮件:{$contact.email}家庭电话:{$contact.phone.home}
访问从 PHP 中分配的索引数组:
电子邮件:{$contact2[1]}家庭电话:{$contact2[2][0]}
访问从 PHP 中分配的索引和关联混合数组:
第一个电子邮件:{$contact3[0].first}家庭电话:{$contact3.phone[0]}

在上面的 PHP 脚本文件 index.php 中,分别向模板文件 index.tpl 中分配了 3 个数组。包含索引数组、关联数组以及两者的混合数组,同时也是混合了一维和二维数的数组。在模板中通过每种数组的不同访问方式,分别输出不同数组中的某个元素,输出结果如下:

访问从 PHP 中分配的关联数组：

电子邮件：gao@lampbrother.net 家庭电话：555-444-3333

访问从 PHP 中分配的索引数组：

电子邮件：gao@lampbrother.net 家庭电话：555-444-3333

访问从 PHP 中分配的索引和关联混合数组：

第一个电子邮件：gao@lampbrother.net 家庭电话：555-444-3333

在 PHP 脚本中创建的对象类型变量也可以分配给模板，并可以在模板中访问对象中的每个成员。在模板中访问对象和直接在 PHP 脚本中访问的方式类似，都是通过"－＞"运算符完成的。在模板文件中输出对象中的成员属性和访问对象中的成员方法，示例如下：

输出从 PHP 中分配的对象 $person 中的成员属性：

姓名：{$person->name}

电话：{$person->phone}

访问从 PHP 中分配的对象 $person 中的成员属性：

调用人的工作方法：{$person->work()}

调用人的学习方法：{$person->study()}

10.2.8　模板变量中的数学运算

在模板中的变量不能为其重新赋值，但是可以参与数学运算，只要在 PHP 脚本中可以执行的数学运算都可以直接应用到模板中。使用的示例如下：

```
{$foo+1}                              {* 在模板中将 PHP 中分配的变量加 1 *}
{$foo * $bar}                         {* 将两个 PHP 中分配的变量在模板中相乘 *}
{$foo->bar-$bar[1] * $baz->foo->bar()-3 * 7}
                                      {* PHP 中分配的复合类型变量也可以参与计算 *}
{if ($foo+$bar.test%$baz * 134232+10+$b+10)}
                                      {* 可以将模板中的数学运算在程序逻辑中应用 *}
```

另外，在 Smarty 模板中可以识别嵌入在"" ""中的变量，只要此变量只包含数字、字母、"_"或"[]"。对于其他的符号（"."等），此变量必须用两个"`"（此符号和"～"在同一个按键上）包住。使用的示例如下所示：

```
{func var="test $foo test"}         {* ""  ""中嵌入标量类型的变量 *}
{func var="test $foo[0] test"}      {* 将索引数组嵌入到模板的""  ""中 *}
{func var="test $foo[bar] test"}    {* 也可以将关联数组嵌入到模板的""  ""中 *}
{func var="test `$foo.bar` test"}   {* 嵌入对象中的成员时将变量使用"`"包住 *}
```

10.2.9　在模板中使用〈$ smarty〉保留变量

〈$ smarty〉保留变量不需要从 PHP 脚本中分配，是可以在模板中直接访问的数组类型变量，通常用于访问一些特殊的模板变量。例如，直接在模板中访问页面请求变量、获取访问模板时的时间邮戳、直接访问 PHP 中的常量、从配置文件中读取变量等。该保留变量中的部分访问介绍如下。

1. 在模板中访问页面请求变量

用户可以在 PHP 脚本中，通过超级全局数组 $\_GET$、$\_POST$、$\_REQUEST$ 获取在客户端以不同方法提交给服务器的数据，也可以通过 $\_COOKIE$ 或 $\_SESSION$ 在多个脚本之间跟踪变量，或是通过 $\_ENV$ 和 $\_SERVER$ 获取系统环境变量。如果在模板中需要这些数组，可以调用 Smarty 对象中的 assign() 方法分配给模板。但在 Smarty 模板中，直接就可以通过{＄smarty}保留变量访问这些页面请求变量。在模板中使用的示例如下：

```
{$smarty.get.page}              {* 类似在 PHP 脚本中访问$_GET["page"] *}
{$smarty.post.page}             {* 类似在 PHP 脚本中访问$_POST["page"] *}
{$smarty.cookies.username}      {* 类似在 PHP 脚本中访问$_COOKIE["username"] *}
{$smarty.session.id}            {* 类似在 PHP 脚本中访问$_SESSION["id"] *}
{$smarty.server.SERVER_NAME}    {* 类似在 PHP 脚本中访问$_SERVER["SERVER_NAME"] *}
{$smarty.env.PATH}              {* 类似在 PHP 脚本中访问$_ENV["PATH"] *}
{$smarty.request.username}      {* 类似在 PHP 脚本中访问$_REQUEST["username"] *}
```

2. 在模板中访问 PHP 中的变量

在 PHP 脚本中有系统常量和自定义常量两种常量，同样这两种常量在 Smarty 模板中也可以被访问，而且不需要从 PHP 中分配，只要通过{＄smarty}保留变量就可以直接输出常量的值。在模板中输出常量的示例如下：

```
{$smarty.const._MY_CONST_VAL}   {* 在模板中输出在 PHP 脚本中用户自定义的常量 *}
{$smarty.const.__FILE__}         {* 在模板中通过保留变量数组直接输出系统常量 *}
```

10.2.10　变量调节器

在 PHP 中提供了非常全面的处理文本函数，用户可以通过这些函数将文本修饰后，再调用 Smarty 对象中的 assign() 方法分配到模板中输出。而用户有可能想在模板中直接对 PHP 分配的变量进行调解，Smarty 开发人员在库中集成了一些这方面的特性，而且允许用户对其进行任意扩展。

在 Smarty 模板中使用变量调解器修饰变量和在 PHP 中调用函数处理文本相似，只是 Smarty 中对变量修饰的语法不同。变量在模板中输出以前如果需要调解，可以在该变量后面跟一个"|"，在后面使用调解的命令。而且对于同一个变量，用户可以使用多个修改器，它们将从左到右按照设定好的顺序被依次组合使用，使用时必须要用"|"作为它们之间的分隔符。语法格式如下：

```
{$var|modifier1|modifier2|modifier3|…}   {* 在模板中的变量后面多个调解器组合使用
                                            的语法 *}
```

另外，变量调节器由赋予的参数值决定其行为，参数由"："分开，有的调解器命令有多个参数。使用变量调节器的命令和调用 PHP 函数有点相似，其实每个调解器命令都对应一个 PHP 函数。每个函数都自占用一个文件，存放在和 Smarty 类库同一个目录下的 plugins 目录中。用户也可以按 Smarty 规则在该目录中添加自定义函数，对变量调解器的命令进行扩展。也可以按照自己的需求，修改原有的变量调解器命令对应的函数。在下面

的示例中使用变量调解器命令 truncate,将变量字符串截取为指定数量的字符。语法格式如下:

```
{$topic|truncate:40:"..."}    {* 截取变量值的字符串长度为 40,并在结尾使用"…"表示省略 *}
```

truncate()函数默认截取字符串的长度为 80 个字符,但可以通过提供的第一个可选参数改变截取的长度,例如上例中指定截取的长度为 40 个字符。还可以指定一个字符串作为第二个可选参数的值,追加到截取后的字符串后面,如"…"。此外,还可以通过第三个可选参数指定到达指定的字符数限制后立即截取,或是还需要考虑单词的边界,这个参数默认为FALSE 值,则截取到达限制后的单词边界。truncate()函数还有一些不足,开发时只考虑了单字节的字符。因为中文字是双字节的,所以直接使用它截取中英文混合的字符串则会出现乱码。解决的办法就是找到源文件,修改该函数的源代码。源文件存放在 Smarty 类库的 plugins 目录中,寻找到声明该函数的文件 modifier.truncate.php,修改后的代码如下:

```php
<?php
    /* 函数的定义和原来相同,只是在函数内部功能上做了一些调整,用来截取中文 */
    function smarty_modifier_truncate($string, $length=80, $etc='…', $break_
        words=false) {
        if ($length==0)                     //如果指定的截取字符串长度为 0
            return '';                      //直接返回空字符串
        if (strlen($string)>$length) {      //如果实际字符串的长度大于指定截取的长度
            $length -=strlen($etc);         //将指定截取的长度减去省略符号字符串的长度
            if (!$break_words)              //如果需要匹配单词边界做下面的处理
                $string=preg_replace('/s+?(S+)?$/', '', SubstrGB($string, 0,
                    $length+1));
            return SubstrGB($string, 0, $length).$etc;      //返回截取后的字符串
        } else                              //如果指定截取的长度小于原字符串的长度
            return $string;                 //直接返回原字符串
    }
    /* 该函数作为上面函数的子功能,$str 字符串,$start 开始的位置,$len 截取长度 */
    function SubstrGB($str,$start,$len) {
        if (strlen($str)>$len) {            //如果字符串的长度大于截取长度
            $strlen=$strart+$len;           //实际截取的长度是开始的位置加上截取长度
        for ($i=0;$i<$strlen;$i++) {        //遍历在截取长度围内的每个字符
        if (ord(substr($str,$i,1))>0xa0){   //如果 ASCII 的值是从汉字的开始
            $tmpstr.=substr($str,$i,2);     //两个字符即一个汉字在一起
            $i++;                           //需要跳过一次遍历
            } else {                        //如果 ASCII 的值是双字节的字
                $tmpstr.=substr($str,$i,1); //次取一个字符的子字符串
            }
        }
        return $tmpstr;                     //返回处理后的字符串
        } else {                            //如果字符串的长度小于截取长度
            return $str;                    //不需要处理直接返回
        }
```

```
        }
    ?>
```

将 modifier.truncate.php 文件修改后保存,就可以在模板中使用 truncate()函数截取包含字符串的变量了。使用同样的办法不仅可以修改任何一个自己不满意的调解器函数,还可以在该目录中添加一些自定义的函数,对 Smarty 的功能进行扩展。但一定要按照 Smarty 引擎提供的接口规则添加,如果添加成功就可以直接在 Smarty 模板中使用。

在下面模板文件 index.tpl 中,同一个变量将被输出多次,但在每次输出前都通过多个不同修饰函数组合调解过。代码如下:

```
{$articleTitle}                          {* 没有被任何修饰函数调用,直接输出变量的值 *}
{$articleTitle|upper|spacify}            {* 调节为全部大写并在每个字母之间插入一个空格 *}
{$articleTitle|lower|spacify|truncate}        {* 全部小写,字母间插入空格,截取 80
                                                  个字符长度 *}
{$articleTitle|lower|truncate:30|spacify}     {* 全部小写,截取 30 个字符,字母间插
                                                  入空格 *}
{$articleTitle|lower|spacify|truncate:30:"..."}  {* 改变修饰顺序,从左到右按指的顺
                                                    序进行调解 *}
```

该示例运行以后输出结果如下:

```
Smokers are Productive, but Death Cuts Efficiency.
S M O K E R S A R E P R O D U CT IVE , B U T D EATH C UT S E F F I C I E N CY.
s m o k e r s a r e p r o d u c t i v e , b u t d e a t h c u t s ⋯
smokersareproductive,but ⋯
s m o k e r s a r e p ⋯
```

10.2.11　模板的控制结构

Smarty 提供了几种可以控制模板内容输出的结构,包括能够按条件判断决定输出内容的 if…elseif…else 结构,也有迭代处理传入数据的 foreach 和 section 结构。本节将介绍这些在 Smarty 模板中使用的控制结构。

1. 条件选择结构 if…elseif…else

Smarty 模板中的{if}语句和 php 中的 if 语句一样灵活易用,并增加了几个特性以适宜模板引擎。Smarty 中{if}必须和{/if}成对出现,当然也可以使用{else}和{elseif}子句。Smarty 模板中在使用这些修饰词时,它们必须和变量或常量用空格隔开。此外,在 PHP 标准代码中,必须把条件语句包围在"()"中,而在 Smarty 中"()"的使用则是可选的。一些常见的选择控制结构用法如下:

```
{if $name eq "Fred"}                     {* 判断变量 $name 的值是否为 Fred *}
    Welcome Sir.                         {* 如果条件成立则输出这个区块的代码 *}
{elseif $name eq "Wilma"}                {* 否则如果变量 $name 的值是否为 Wilma *}
    Welcome Ma'am.                       {* 如果条件成立则输出这个区块的代码 *}
{else}                                   {* 否则从句,在其他条件都不成立时执行 *}
    Welcome, whatever you are.           {* 如果条件成立则输出这个区块的代码 *}
```

```
{/if}                                    { * 是条件控制的关闭标记,if 必须成对出现 * }
{if $name eq "Fred" or $name eq "Wilma"} { * 使用逻辑运算符 or 的一个例子 * }
    …
{/if}                                    { * 如果条件成立则输出这个区块的代码 * }
{if $name=="Fred" || $name=="Wilma"}     { * 是条件控制的关闭标记,if 必须成对出现 * }
    …
{/if}                                    { * 和上面的例子一样,or 和"||"没有区别 * }
{if $name=="Fred" || $name=="Wilma"}     { * 如果条件成立则输出这个区块的代码 * }
    …
{/if}                                    { * 是条件控制的关闭标记,if 必须成对出现 * }
```

2. 重复的区块 foreach

在 Smarty 模板中,用户可以使用 foreach 或 section 两种方式重复一个区块。而在模板中则需要从 PHP 中分配过来的一个数组,这个数组也可以是多维数组。foreach 标记作用与 PHP 中的 foreach 相同,但它们的使用语法大不相同,因为在模板中增加了几个特性以适宜模板引擎。它的语法格式虽然比较简单,但只能用来处理简单数组。在模板中{foreach}必须和{/foreach}成对使用,它有 4 个参数,其中 form 和 item 这两个是必要的。

也可以在模板中嵌套使用 foreach 遍历二维数组,但必须保证嵌套中的 foreach 名称唯一。此外,在使用 foreach 遍历数组时与下标无关,所以在模板中关联数组和索引数组都可以使用 foreach 遍历。考虑一个使用 foreach 遍历数组的示例。假设 PHP 从数据库中读取了一张表的所有记录,并保存在一个声明好的二维数组中,而且需要将这个数组中的数据在网页中显示。用户可以在脚本文件 index.php 中直接声明一个二维数据保存 3 个人的联系信息,并通过 Smarty 引擎分配给模板文件。代码如下:

```php
<?php
    require "libs/Smarty.class.php";        //包含 Smarty 类库
    $smarty=new Smarty();                    //创建 Smarty 类的对象
    $contact=array(                          //声明一个保存 3 个联系人信息的二维数组
        array('name'=>'王某','fax'=>'1234','email'=>'gao@lampbrother.net',
            'phone'=>'4321'),
        array('name'=>'李某','fax'=>'4567','email'=>'luo@lampbrother.net',
            'phone'=>'7654'),
        array('name'=>'张某','fax'=>'8910','email'=>'feng@lampbrother.net',
            'phone'=>'0198')
    );
    $smarty->assign('contact', $contact); //将关联数组$contact 分配到模板中使用
    $smarty->display('index.tpl');            //查找模板替换并输出
?>
```

创建一个模板文件 index.tpl,使用双层 foreach 嵌套遍历从 PHP 中分配的二维数组,并以表格的形式在网页中输出。代码如下:

```
<html>
    <head>
        <title>联系人信息列表</title>
```

```
    </head>
    <body>
        <table border="1" width="80%" align="center">
            <caption><h1>联系人信息</h1></caption>
            <tr>
                <th>姓名</th><th>传真</th><th>电子邮件</th><th>联系电话</th>
            </tr>
            {foreach from=$contact item=row}{* 外层 foreach 遍历数组$contact *}
                <tr>{* 输出表格的行开始标记 *}
                    {foreach from=$row item=col}{* 内层 foreach 遍历数组$row *}
                        <td>{$col}</td>{* 以表格形式输出数组中的每个数据 *}
                    {/foreach}{* 内层 foreach 区块结束标记 *}
                </tr>{* 输出表格的行结束标记 *}
            {/foreach}{* 外层 foreach 区域的结束标记 *}
        </table>
    </body>
</html>
```

在 Smarty 模板中还为 foreach 标记提供了一个扩展标记 foreachelse，这个语句在 from 变量没有值的时候被执行，就是在数组为空时 foreachelse 标记可以生成某个候选结果。在模板中 foreachelse 标记不能独自使用，一定要与 foreach 一起使用。而且 foreachelse 不需要结束标记，它嵌入在 foreach 中，与 elseif 嵌入在 if 语句中很类似。一个使用 foreachelse 的模板示例如下：

```
{foreach key=key item=value from=$array}      {* 使用 foreach 遍历数组$array 中的键和值 *}
    {$key}=>{$item} <br>                     {* 在模板中输出数组$array 中元素的键和值对 *}
{foreachelse}                                 {* foreachelse 在数组$array 没有值的时候被执行 *}
    <p>数组$array 中没有任何值</p>           {* 如果看到这条语句，说明数组中没有任何数据 *}
```

10.3　本章小结

模板引擎的目的，就是要达到把程序应用逻辑（或称商业应用逻辑）与网页呈现（layout）逻辑分离（MVC）的功能。它能让程序开发者专注于资料的控制或是功能的达成；而视觉设计师则可以专注于网页排版，让网页看起来更具有专业感。因此模板引擎很适合公司的网站开发团队使用，使每个人都能发挥其专长。本章通过创建一个自定义的模板引擎，让读者了解模板引擎的工作原理和使用过程。重点介绍了 Smarty 模板引擎的安装、使用、语法、缓存控制，以及 Smarty 模板引擎的一些高级特性等。本章最后通过 Smarty 实现分页的示例，使读者进一步熟悉在 PHP 中使用 Smarty 及 Smarty 缓存的控制。

实训 10

【实训目的】

掌握 PHP Smarty-2.6.16 模板引擎的安装使用方法。

（1）硬件：普通计算机。

（2）软件：Dreamweaver、PHP 运行环境。

【实训内容】

安装 PHP Smarty-2.6.16 模板引擎之前确保有可用的 PHP 的 Web 开发环境，具体安装步骤如下。

（1）在 Smarty 官网下载源码包（可以下载 Smarty-2.6.16.tar.tar 版本）。

（2）解压缩 Smarty-2.6.16.tar.tar 文件夹，重新命名为 Smarty（建议不要放到文档根目录）。

（3）更改已生效的 php.ini 配置文件（写个 PHP 脚本调用 phpinfo( )察看 php.ini 的路径，设置 include_path＝"D:\Apache Software Foundation\Apache2.2\Smarty\libs" 保存后重启 APACHE 服务器（D:\Apache Software Foundation\Apache2.2\Smarty 是用户存放 Smarty 的目录）。

（4）文档根目录 D:\Apache Software Foundation\Apache2.2\下按照下列路径建立文件夹：

```
Smarty\templates                    //模板路径
Smarty\configs                      //模板配置文件路径
```

（5）Smarty 文件 D:\Apache Software Foundation\Apache2.2\Smarty 下按照下列路径建立文件夹：

```
Smarty\templates_c                  //模板编译路径
Smarty\cache                        //模板缓存路径
```

（6）文档根目录中新建 index.php 测试脚本：

```php
<?php
//load Smarty library
    require('Smarty.class.php');
    $smarty=new Smarty;
    $smarty->template_dir='\smarty\templates';
    $smarty->config_dir='\smarty\configs';
    $smarty->cache_dir=D:\Apache Software Foundation\Apache2.2\Smarty\cache';
    $smarty-> compile_dir = ' D:\ApacheSoftware Foundation\Apache2.2\Smarty\
        templates_c';
    $smarty->assign('name','Gao');
    $smarty->display('index.tpl');
?>
```

（7）模板路径中新建 index.tpl 模板：

```html
<html>
    <body>
        Hello, {$name},this is your first script whit Smart!
    </body>
```

```
</html>
```

（8）测试：

显示：Hello, Gao, this is your first script whit Smart!

习题 10

1. 在安装 Smarty 模板时，最后创建存储 Smarty 模板和配置文件的两个目录是什么？

2. Smarty 模板引擎需要在 PHP 的应用程序逻辑和页面模板中配合使用，才能完全分离表现层和逻辑层。在 PHP 程序中哪个步骤执行的编译过程，将模板转换为 PHP 脚本？

3. Smarty 提供了哪几种可以控制模板内容输出的结构？

4. Smarty 模板引擎来在使用缓存时，缓存控制属性有哪些？

5. 在 Smarty 模板中，用户使用 foreach 或 section 两种方式重复一个区块的方法是什么？

第 11 章 新闻管理系统设计

学习目标：

本章主要介绍新闻管理系统设计相关的知识，包括其基本流程、设计思想及具体实现方法。通过本章的学习，可了解完整的系统开发过程，掌握 PHP 动态网站设计方法，完成简单的系统开发。本章学习要求如表 11-1 所示。

表 11-1　本章学习要求

知 识 要 点	能 力 要 求	相 关 知 识
软件开发流程	了解完整的软件开发过程	软件工程
新闻管理系统	了解简单新闻管理系统的开发流程	
PHP 程序编程	掌握具体的新闻管理用 PHP 实现方法	HTML、MySQL

最简单的新闻管理系统主要包括新闻的发布及管理，同时也具有很强的扩展性，像搜狐、新浪、新华网等都属于新闻网站，都使用了新闻管理系统。这些新闻网站都由用户前台浏览界面和后台管理系统及数据库组成，根据不同的需求扩展出不同的功能，例如软件管理、图片管理、网络小说等应用。无论是企业、高校还是政府，其门户网站都需要这样的通知、新闻等栏目的设置，因此新闻管理系统以其广泛的适用性可以作为 PHP 动态网站设计初学者的一个入门程序开发。

11.1　系统的总体规划

新闻管理系统是设计基于 B/S(browser/server)架构，采用 PHP 语言结合 MySQL 数据库的动态网站开发。在系统开始之前首先要进行详细的需求分析，也就是要知道用户的系统需要完成什么样的功能；其次需要模块化的设计思想，通过整体规划，逐步细化程序，从而完成整个系统的设计。虽然程序在设计的过程中会不断改进，但是整体的功能结构一定要完整，一旦程序设计完成，再重新添加功能可能会导致程序和数据库的大量改动，所以在具体的程序实现之前，好的总体设计会起到事半功倍的作用。

11.1.1　系统功能概述

现在常用的新闻管理系统基本功能基本相同，只是对不同的应用产生出了不同的扩展，除了基本的新闻的添加、删除、修改等基本操作外，也可以加入新闻的评论的管理等操作。

前台新闻发布有如下功能。

（1）新闻信息按栏目分类。

（2）首页显示前 6 条新闻。

（3）系统首页可以链接到所有的新闻首页。

后台管理有如下功能。

（1）后台的新闻的添加、修改、删除。

（2）管理员的管理。

根据以上功能描述，可以设计出系统的总体功能模块，如图 11-1 所示。

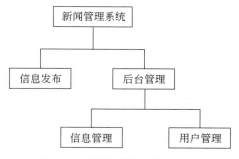

图 11-1 新闻管理系统示意图

11.1.2 系统流程分析

根据上面的分析，设计出新闻管理的工作流程，具体如图 11-2 所示。

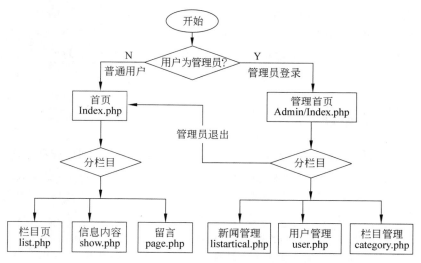

图 11-2 新闻管理系统流程图

11.1.3 系统的文件结构

在网站规划的过程中，好的文件夹规划很重要。如果所有的文件都放在一个文件夹内，或者放置得比较混乱，不仅会造成程序员的思路混乱，也会造成代码的数量级的增加，带来严重后果。

本系统的根文件夹为 CMS。然后建立 admin（新闻管理文件夹，即后台管理模块），data（数据库及文件保存文件夹），images（前台页面美工图片文件夹），include（管理包含文件的文件夹）如图 11-3 所示。

当然，文件夹的划分可以根据代码形式、内容联系、功能模块等形式划分，可以根据不同情况进行划分，也可以混合使用，但是要保证划分的科学、严谨、条理清晰。

图 11-3　文件夹示例图

11.2　数据库设计

11.2.1　数据库需求分析

根据后台管理的需求，数据库中需要新闻内容表 cms_artical、栏目表 cms_categore、管理员表 cms_user、上传的文档、图片等文件表 cms_file，这些基本的数据表如图 11-4 所示。

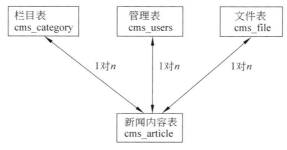

图 11-4　表关系示意图

用户需要明确的是各个表之间的关系，新闻内容表与其他表之间是多对一的关系，其他的表之间没有关系。

11.2.2　数据库表的结构设计

cms_article 是新闻内容表，主要存储新闻的标题、来源、作者、摘要、文章内容、发表日期、点击次数等信息。具体字段如表 11-2 所示。

表 11-2　新闻内容表

字　　段	类　　型	描　　述	空	默　　认
Id	int(11)	文章 ID	否	无
cid	int(11)	所属栏目 ID	否	无
title	varchar(200)	标题	否	无
subtitle	varchar(200)	子标题	是	无
Pic	varchar(200)	缩略图	是	无
source	varchar(200)	来源	是	无
author	varchar(20)	作者	是	无
resume	varchar(500)	摘要	是	无
pubdate	varchar(40)	发表日期	否	无

字　段	类　型	描　述	空	默　认
content	text	文章内容	是	无
hits	int(11)	点击次数	否	0
created_by	int(11)	创建者	否	无
created_date	datetime	创建时间	否	无
delete_session_id	int(11)	删除人 ID	是	无

cms_user 是用户信息表,是用来管理管理员身份的表,主要用来存放管理员的用户名、密码。具体字段如表 11-3 所示。

表 11-3　用户信息表

字　段	类　型	描　述	空	默　认
userid	int(11)	用户 id	否	无
username	varchar(20)	用户名	否	无
password	varchar(32)	密码	否	无

cms_category 是栏目分类表,主要存储栏目名称、描述、父栏目等信息。详细字段如表 11-4 所示。

表 11-4　栏目分类表

字　段	类　型	描　述	空	默　认
Id	int(11)	栏目 ID	否	无
Pid	int(11)	父栏目 ID	否	无
Name	varchar(50)	栏目名称	否	无
description	text	描述	是	无
Seq	int(11)	栏目排序	否	无

cms_file 是文件存储表,主要存储上传的文件信息,包括文件名、上传路径、文件类型、文件大小、上传时间等信息。具体字段如表 11-5 所示。

表 11-5　文件信息表

字　段	类　型	描　述	空	默　认
Id	int(11)	序号	否	无
filename	varchar(200)	文件名	是	NULL
ffilename	varchar(200)	上传前文件名	是	NULL
path	varchar(250)	上传路径	是	NULL
Ext	varchar(10)	文件类型	是	NULL

字　　段	类　　型	描　　述	空	默　　认
size	int(11)	大小	是	NULL
upload_date	datetime	上传时间	是	NULL

在设计表时使用最多的数据类型为文本类型。一般情况下,这里使用的 varchar 的数据类型,字段会根据实际的文本长度自动分配存储空间,对于长度固定的字段可以采用 char 数据类型,提高效率。

11.3　新闻发布设计

在完成数据库及整体设计之后,就需要对各个板块内容进行详细设计。本节对前台的新闻发布的内容进行设计,这部分内容是网站的门面,是用来浏览的页面,所有数据库中的内容都将在此体现。

11.3.1　新闻首页

首页的内容主要包括以下功能。
- 新闻按栏目分类。
- 按栏目显示最新的前 6 条新闻。
- 可以链接到其他页面。

因为设计到前台的显示页面有很多个,为了提高代码的可复用性,需首先设计两个页面: header.php 和 footer.php。所有的页面都可以包含这两个页面,减少代码输入。

在动态网站开发过程中,一个很重要的步骤就是建立数据库的链接,即访问数据库。几乎所有的页面都涉及数据库中数据的读取操作,无论是前台还是后台管理,都可以把数据库的链接操作以及一些常用的、功能相近的程序写入一个文件中,以文件和函数的形式进行包含和调用。

(1) 数据库的连接 config.inc.php 页面放在站点的 include 文件夹下,代码如下:

```php
<?php
    define('ROOT_PATH',dirname(dirname(__FILE__)).'/');   //网站所在根目录(绝对路径)
    define ('DB_TYPE','mysql');
    define ('DB_HOST','localhost');
    define ('DB_USER','root');
    define ('DB_PWD','453600');
    define ('DB_NAME','sqlnews');
    define ('DB_CHARSET','utf8');                          //数据库配置文件
    require_once ROOT_PATH.'include/db_mysql.php';         //数据库操作公用类库
    $db=new db_mysql();
    $db->connect(DB_HOST,DB_USER,DB_PWD,DB_NAME,DB_CHARSET);
?>
```

(2) 数据库操作的公用类库 db_mysql.php 页面放在站点的 include 文件夹下,方便使

用数据库的各种操作,代码略。

(3) 公用函数库 common.function.php 页面放在站点的 include 文件夹下,在数据库的调用过程中可以直接使用函数调用,简化操作。包括主页显示的栏目获取、新闻的内容获取,以及分页函数等内容。

获取某个级别栏目列表,pid 为栏目 ID,代码如下:

```php
function getCategoryList($pid=0){
    global $db;
    return $db->getList("select * from cms_category where pid=".$pid);
}
```

获取所有子结点集合,代码如下:

```php
function getCategoryChildIds($pid=0){
    global $db;
    $str=" ";                          //结点集合
    $strChild=" ";                     //子结点集合
    $list=$db->getList("select id from cms_category where pid=".$pid);
    foreach($list as $ls){
        $strChild=getCategoryChildIds($ls['id']);
        $str .=$str==""?$ls['id']:",".$ls['id'];
        if ($strChild) {
            $str .=$str==""?$strChild:",".$strChild;
        }
    }
    return $str;
}
```

获取文章列表,代码如下:

```php
function getArticleList($str=''){
    global $db;
    $curpage=empty($_GET['page'])?0:($_GET['page']-1);
    //定义默认数据
    $init_array=array(
        'row'=>0,                    //每页显示行数
        'titlelen'=>0,               //标题显示字数
        'keywords'=>0,               //关键字
        'type'=>'',                  //文章类型(image 图片类型…)
        'cid'=>'',                   //栏目 ID
        'order'=>'id',               //排序字段
        'orderway'=>'desc' );        //排序方式(asc desc)
```

用获取的数据覆盖默认数据,代码如下:

```php
$str_array=explode('|',$str);
foreach($str_array as $_str_item){
```

```
    if(!empty($_str_item)){
        $_str_item_array=explode('=',$_str_item);
        if (!empty($_str_item_array[0])&&!empty($_str_item_array[1])){
            $init_array[$_str_item_array[0]]=$_str_item_array[1];
        }
    }
}
```

定义要用到的变量,代码如下:

```
$row=$init_array['row'];
$titlelen=$init_array['titlelen'];
$keywords=$init_array['keywords'];
$type=$init_array['type'];
$cid=$init_array['cid'];
$order=$init_array['order'];
$orderway=$init_array['orderway'];
```

文章标题长度控制,代码如下:

```
if (!empty($titlelen)){
    $title="substring(a.title,1,".$titlelen.") as title";
}
else {
    $title="a.title";
}
```

根据条件数据生成条件语句,代码如下:

```
$where=" ";
if (!empty($cid)){ $where .=" and a.cid in (".$cid.")"; }
else {
    if(isset($_GET['id'])&&!empty($_GET['id'])&&is_numeric($_GET['id'])){
        $where .=" and a.cid in (".$_GET['id'].")";
    }
}
if ($type=='image'){
    $where .=" and a.pic is not null";
}
if (!empty($keywords)) {
    $where .=" and a.title like '".$keywords."%' or a.content like '".$keywords."%'";
}
$sql="select a.id,b.id as cid,".$title.",a.att,a.pic,a.source, a.author,a.
    resume,a.pubdate,a.content,a.hits,a.created_by,a.created_date,b.name from
    cms_article a left outer join cms_category b on a.cid=b.id where a.delete_
    session_id is null ".$where." order by a.".$order." ".$orderway;
global $pageList;
$pageList['pagination_total_number']=$db->getRowsNum($sql);
```

```
$pageList['pagination_perpage']=empty($row)?$pageList['pagination_total_
    number']:$row;
return $db->selectLimit($sql,$pageList['pagination_perpage'],$curpage * $row);
```

获取文章详情,代码如下:

```
function getArticleInfo($id=0){
    global $db;
    if ($id==0){
        if (empty($_GET['id'])){ return false;}
        else {$id=$_GET['id']; }
    }
    return $db->getOneRow("select * from cms_article where id=".$id);
}
```

分页函数,page_url 为分页 URL,page 为页码显示数,代码如下:

```
function getPagination($page_url,$page=8) {
    global $pageList;
    $curpage=empty($_GET['page'])?1:$_GET['page'];    //当前第几页
    $realpages=1;
    if ($pageList['pagination_total_number'] >$pageList['pagination_perpage']){
                                                        //需要分页
        $offset=2;
        $realpages=@ceil($pageList['pagination_total_number']/ $pageList
            ['pagination_perpage']);                    //实际总分页数
        $pages=$realpages;
        if ($page >$pages) {
            $from=1;
            $to=$pages;
        }
        else {
            $from=$curpage -$offset;
            $to=$from +$page -1;
            if ($from <1) {
                $to=$curpage +1 -$from;
                $from=1;
                if($to -$from <$page) {
                    $to=$page;
                }
            }
            elseif ($to >$pages) {
                $from=$pages -$page +1;
                $to=$pages;
            }
        }
        $cms_page='';
```

```
$page_url .=strpos($page_url, '?') ? '&amp;' : '?';
$cms_page=($curpage-$offset >1 && $pages >$page ? '<a href="'.$page_url.
    'page=1" class="first">首页</a>' : ''). ($curpage >1? '<a href="'.
    $page_url.'page='.($curpage -1).'" class="prev">上一页</a>' : '');
for($i=$from; $i <=$to; $i++) {
$cms_page .=$i==$curpage ? '<strong style="color:#ffa000">'.$i.'</strong>' :
    '<a href="'.$page_url.'page='.$i.($i==$pages ? '#' : '').'">'.$i.'</a>';
}
$cms_page .=($to <$pages ? '<a href="'.$page_url.'page='.$pages.'" class=
    "last">...'.$pages.'</a>': '');
$cms_page .=($curpage <$pages ? '<a href="'.$page_url.'page='.($curpage +1).'"
    class="next">下一页</a>' : '');
$cms_page .=($to <$pages ? '<a href="'.$page_url.'page='.$pages.'" class=
    "last">尾页</a>': '');
$cms_page=$cms_page ? '<div class="pages">共  '.$pageList['pagination_
    total_number'].' 条 '.$cms_page.'</div>' : '';
    }
    return $cms_page;
}
```

（4）数据库连接设置成功后，只需要在文件中包含文件，就可以实现连接数据库及调用函数。下面是前台站点都需要用到的 header.php 文件，包括站点名称、信息分类等链接信息，代码如下：

```
<?php
    include_once 'include/config.inc.php';
    include_once 'include/common.function.php';
?>
<head>
    <title>简单的新闻管理系统</title>
    <link href="images/css.css" rel="stylesheet" type="text/css" />
</head>
<body><div class="main">
    <table width="100%" border="0" cellspacing="0" cellpadding="0">
        <tr>
            <td width="44%" height="100" align="center" bgcolor="#182E43" class
                ="tophead">新闻管理系统</td>
            <td align="right" valign="top" bgcolor="#182E43" class="white"
                style="padding-top:5px"><a href="http://#" onClick="this.style.
                behavior='url(#default#homepage)';this.setHomePage('http://#');
                return(false);" style="behavior: url(#default#homepage)" class=
                "white">设为首页 </a> | < a href="javascript: window. external.
                addFavorite('http://#/','新闻管理系统');" class="white">加入收藏 </a
                >|<a href="admin/" class="white">后台管理</a></td>
        </tr>
```

```
    </table>
    <table width="100%" border="0" cellspacing="0" cellpadding="0" class="navBg">
        <tr>
            <td align="center" valign="top">
            <div class="nav"><a href="index.php">首    页</a></div>
            <?php foreach(getCategoryList() as $list){?>
            <div class="nav"><a href="list.php?id=<?php echo $list['id']?>"><?
                php echo $list['name']?></a></div>
            <?php }?>
        </tr>
    </table>
```

（5）接下来是 footer.php 的代码设计，其中可以设置版权信息、联系方式、声明等内容，代码如下：

```
<table width="100%" border="0" class=" bottomBg">
    <tr>
        <td height="70" align="center" class="hui">
            Copyright(C)2010 sql All Rights Reserved
            <br>联系方式:s.ql@163.com</br>
        </td>
    </tr>
</table>
```

（6）最后是首页 index.php 的代码设计，把新闻按分类进行读取显示，每个分类显示最新的前 4 条记录，新闻的显示只显示新闻名称和发布时间，可以根据需要进行调整。代码如下：

```
<?php include_once 'header.php';?>
<style type="text/css"></style>
<table width="100%" border="0" cellspacing="0" cellpadding="0" class="mainBg">
    <tr>
        <td width="100%" height="45" align="center" class="hui">欢迎使用新闻管理
            系统!</td>
    </tr>
    <tr>
        <td valign="top">
            <?php foreach(getCategoryList() as $list){?>
            <table width="96%" border="0" align="center" cellpadding="0"
                cellspacing="0" >
                <tr>
                <td width="82%" height="40" align="left" valign="top" class
                    ="centerTitleBg"><img src="images/sql-7.gif" height=
                    "40" ><?php echo $list['name']?></td>
                <td width="18%" align="right" class="centerTitleBg"><a href
                    ="list.php?id=16"><img src="images/more.gif" width="39"
```

```
                height="7" border="0" ></a></td>
            </tr>
            <tr>
                <td colspan="2" align="left" valign="top" class="hui">
                    <table width="99%" border="0" class="news">
                        <?php foreach(getArticleList("cid=".$list['id'].
                            "|row=6") as $list){?>
                        <tr>
                            <td height="25" align="left"><a href="show.
                                php?id=<?php echo $list['id']?>" target="
                                _blank"><?php echo $list['title']?></a>
                                 </td>
                            <tdwidth="120" align="left"><?php echo $list
                                ['pubdate']?> </td>
                        </tr>
                        <?php }
                        ?>
                    </table>
                </td>
            </tr>
        </table>
    <?php }?>
        </td>
    </tr>
</table>
<?php include_once 'footer.php';?>
```

（7）至此，与首页相关的页面设计已经完成，在浏览器中输入"http://localhost/CMS/index.php"，本系统在信息分类设置中仅设置了通知、新闻两个分类，可以划分更多，也可以由子分类等设置。结果如图 11-5 所示。

11.3.2 新闻的详细页面设置

首页所显示的内容仅有新闻的标题、时间，因此用户还需要浏览新闻的页面以及按分类链接的分类显示的页面。

1. 分类浏览页面

在分类浏览的页面中需要把用户浏览的分类中所有的新闻列举出来，但是如果信息量比较大就需要使用到分页函数（在前面的公共函数中已经完成），把所有的页面按实际情况进行分页，每一页可以显示几条信息。文件名为 list.php，具体代码如下：

```
<?php include_once 'header.php';?>
    <table width="99%" border="0" cellpadding="0" cellspacing="0" class="news">
        <?php foreach(getArticleList("cid=".$_GET['id']."|row=10") as $list){?>
        <tr>
            <td height="30" align="left"><a href="show.php?id=<?php echo
```

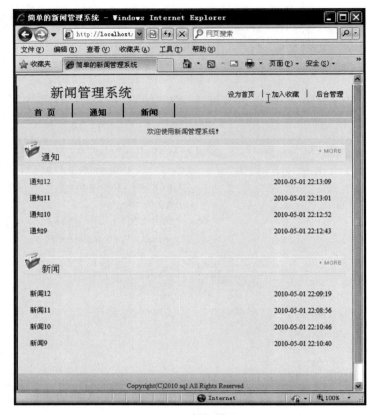

图 11-5　新闻首页

```
                    $list['id']?>" target="_blank"><?php echo $list['title']?>
                </a> </td>
            <td width="120" align="left"><?php echo $list['pubdate']?>
                 </td>
        </tr>
    <?php }?>
    <tr>
        <td height="30" colspan="2" align="center" style="padding-right:
            20px"><?php echo getPagination("list.php?id=".$_GET['id']);?>
            </td>
    </tr>
    </table>
<?php include_once 'footer.php';?>
```

这里设置的每页显示的新闻数量为 10 条，图 11-6 是按新闻分类浏览显示的示意图，其他新闻必须通过翻页获取。

2. 新闻详细内容浏览页面

新闻详细的页面主要是显示新闻的内容，包括标题、作者、时间和内容等信息。文件名为 show.php，具体代码如下：

图 11-6　分类浏览页面

```php
<?php include_once 'header.php';?>
<?php$arc =getArticleInfo( );?>
<head>
    <title><?php echo $arc['title'];?></title>
</head>
<body>
    <table width="990" align="center">
        <tr>
            <th height="40" colspan="2"style="color:#000"><?php echo $arc['
                title'];?> </th>
        </tr>
        <tr>
            <th height="40" style="color:#000"><?php echo $arc['author'];?>
                 </th>
            <th height="40" style="color:#000"><?php echo $arc['pubdate'];?>
                 </th>
        </tr>
        <tr>
            <td align="left"colspan="2"class="white"><?php echo $arc['content'];?>
                </td>
        </tr>
    </table>
```

```php
<?php include_once 'footer.php';?>
```

由于新闻浏览页面的内容不是太多，不需要考虑分页显示的情况，相对来说代码比较简单，其中 getArticleInfo() 为调用公用函数，函数文件在 header.php 的头文件中包含，故可以直接调用。单击某条新闻时，显示结果如图 11-7 所示。

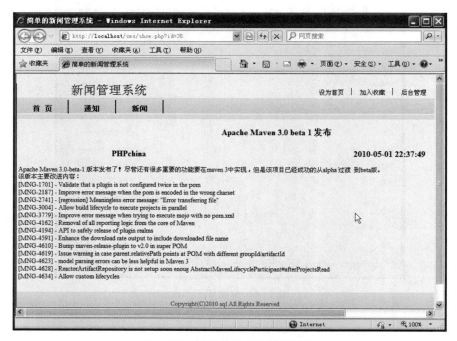

图 11-7　新闻详细内容浏览页面

11.4　后台新闻管理的设计

本节主要介绍新闻的后台管理页面的设计与开发，相对于前台的新闻发布代码比较复杂，涉及用户管理，新闻添加、删除、修改，栏目的添加、修改、删除等操作，在对栏目操作的同时，需要考虑与之关联的新闻信息表的同步。

11.4.1　登录页面设计

在访问后台管理页面之前，需要有一个身份验证，每一次正确的身份认证使用 cookies 记录，好处是每次访问管理页面都会对用户身份进行验证，同时保证用户一旦认证成功，在不清空页面缓存或关闭页面的情况下不需要多次认证。

1. 登录页面设置

登录页面 login.php 比较简单，只需要把用户填写的用户名、密码提交到验证页面进行验证即可。具体代码如下：

```php
<?php
    if(isset($_COOKIE['username'])){
```

```php
        $username =$_COOKIE['username'];
    }
    else{    $username="";}
    $finput=empty($username)?"username":"password";
?>
<html>
<head>
    <meta http-equiv="Content-Type" content="text/html; charset=utf-8" />
    <title>后台登录</title>
    <link href="images/css.css" rel="stylesheet" type="text/css"></style>
    <script type="text/javascript">
        function init(){
            document.getElementById('<?php echo $finput;?>').select();
            document.getElementById('<?php echo $finput;?>').focus();
        }
    </script>
</head>
<body onLoad="init()">
    <form action="login.action.php" method="post">
        <table width="492" border="0" align="center" cellpadding="0" cellspacing="0">
            <tr>
                <td><img src="images/login_img_01.gif" width="492" height="134"
                    /></td>
            </tr>
            <tr>
                <td class="login_gb">
                    <table width="100%" border="0" >
                        <tr>
                            <td width="26%" height="40" align="right" valign="
                                middle" >用户名:</td>
                            <td width="42%" valign="middle" > < input name ="
                                username" type="text" class="form" id="username"
                                value="<?php echo $username;?>" style="width:
                                160px"></td>
                            <td width="32%" rowspan="2" valign="middle"><input
                                name="image" type="image" style="width: 85px;
                                height: 64px; border: 0px" tabindex="4" src="
                                images/login_img_06.gif"/></td>
                        </tr>
                        <tr>
                            <td height="40" align="right" valign="middle"class="
                                font_121">密码:</td>
                            <td valign="middle" > < input name="password" type="
                                password" class="form" id="password" style="
                                width:160px"></td>
                        </tr>
```

```
              </table>
            </td>
          </tr>
        </table>
      </form>
  </body>
</html>
```

当登录后台管理页面时，如果没有进行身份验证，需要将程序跳转到登录页面，在登录页面中填入用户名密码后进入 login.action.php 页面验证，如图 11-8 所示。

图 11-8　登录页面

2. 验证页面设置

验证页面 login.action.php 中进行所填信息完整性验证，如果完整，与数据库中的用户表进行字段逐个比对，用户名、密码完全匹配的情况下，通过验证，页面重定向到管理首页。验证页面 login.action.php 代码如下：

```php
<?php
    session_start ();
    header('Content-Type: text/html; charset=utf-8');
    include_once ("../include/config.inc.php");
    if (isset ($_POST ["username"])) {
        $username=$_POST ["username"];
    }
    else {
        $username="";
    }
    if (isset ($_POST ["password"])) {
        $password=$_POST ["password"];
```

```php
    }
    else{ $password="";
    }
    //记住用户名
    setcookie (username, $username,time()+3600*24*365);
    if (empty($username) ||empty($password)){
        exit("< script > alert ('用户名或密码不能为空！');window.history.go(-1)</
            script>");
    }
    $user_row=$db->getOneRow("select userid from cms_users where username=
        '".$username."' and password='".md5 ($password) ."'");
    if (!empty($user_row)) {
        setcookie (userid, $user_row ['userid']);
        header("Location: index.php");
    }
    else {exit("< script > alert ('用户名或密码不正确！');window.history.go(-1)</
        script>");
    }
?>
```

3. 退出登录页面

在完成管理时，需要退出登录，这时把 Cookie 清空即可。login.out.php 代码如下：

```php
<?php
    session_start();
    if (isset($_COOKIE["userid"])) {
        setcookie("userid", "", time() -3600);
    }
    if (isset($_COOKIE["userflag"])) {
        setcookie("userflag", "", time() -3600);
    }
    echo "< script language='javascript'>parent.window.location.href='login.
        php';</script>";
?>
```

11.4.2　后台管理首页设计

因为后台管理信息时对数据库操作相对复杂，涉及信息、栏目、用户的添加、删除、更新及批量删除等操作，所以主页需要连接的页面比较多，本节采用框架机构进行页面设计。

1. 后台管理首页

管理首页采用 frame 框架结构，包含 3 个框架，主要实现了栏目管理 category.php、新闻管理 article.php、用户管理 user.php 3 个基本模块，在 mainframe 中进行调用。具体代码如下：

```php
<?php require_once ("admin.inc.php");?>
<head>
```

```
    <title><?php echo $config['name'];?>-管理后台</title>
</head>
<frameset rows="40,*" cols="*" frameborder="no" border="0" framespacing="0">
    <frame src="header.php" name="topFrame" id="topFrame" scrolling="no"
        noresize="noresize"/>
    <frameset cols="162,*" frameborder="no" border="0" framespacing="0">
        <frame src="menu.php" name="leftFrame" id="leftFrame" scrolling="yes"
            noresize="noresize"/>
        <frame src="category.php" name="mainFrame" id="mainFrame" scrolling=
            "auto"/>
    </frameset>
</frameset>
<noframes>
    <body></body>
</noframes>
```

3 个框架分别默认连接的是 header.php、menu.php、category.php 这 3 个页面。

2. 首页包含的文件

首先,首页框架 topFrame 中包含的 header.php 文件主要实现管理标题、退出、更改密码等操作。具体代码如下:

```
<?php  include_once 'admin.inc.php';?>
    <head>
        <meta http-equiv="Content-Type" content="text/html; charset=utf-8" />
        <title></title>
        <script type="text/javascript">
            function editPassword(){
                parent.mainFrame.location="user.editpwd.php?act=editpwd&hlink
                    ="+encodeURIComponent(parent.mainFrame.location);
            }
        </script>
    </head>
<body>
    <table width="100%" border="0" cellpadding="0" cellspacing="0" class="page
        _top_bg">
        <!--DWLayoutTable-->
        <tr>
            <td width="281" height="40" align="center" valign="top">新闻管理系统
                后台管理程序  </td>
            <td width="632" align="right" style="padding-right:20px;padding-
                top:0px;font-size:12px"valign="top">用户好:<strong><?php echo $
                _COOKIE['username'];?></strong> ,用户正在使用后台管理  
                <a style="color:#25F" href="../index.php" target="_blank">
                <strong>网站主页</strong></a> <a style="color:#25F" href=
                "javascript:editPassword()"><strong>修改密码</strong></a>
                 <a style="color:#25F" href="login.out.php"><strong>注销系
```

```
            统</strong></a> </td>
          </tr>
        </table>
    </body>
```

左侧框架中为 menu.php 页面，主要是连接栏目管理、新闻管理、用户管理 3 个页面在 mainFrame 主框架中显示。具体代码如下：

```
<html>
<head>
    <link href="images/css.css" rel="stylesheet" type="text/css" />
</head>
<body>
    <table width="100%" height="100%" border="0" cellpadding="0" cellspacing="0" >
        <tr>
            <td valign="top" class="main_left">
            <table width="100%" border="0" cellpadding="0" cellspacing="0" class="
                left_title">
              <tr>
                <td>新闻管理</td>
              </tr>
            </table>
            <table width="100%" border="0" cellpadding="0" cellspacing="0" class="
                left_menu01">
              <tr>
                  <td height="26"> < img src = " images/ico _ 03. gif " width = " 7 "
                      height="7"><a href="category.php" target="mainFrame">
                      栏目管理</a></td>
                  </tr>
                  <tr>
                  <td height="26"><img src="images/ico_03.gif" width="7" height="7">
                      <a href="article.php" target="mainFrame">新闻管理</a></td>
              </tr>
              <tr>
                  <td height="26"><img src="images/ico_03.gif" width="7" height="7">
                      <a href="user.php" target="mainFrame">用户管理</a></td>
              </tr>
            </table>
          </td>
        </tr>
    </table>
</body></html>
```

主框架主要实现了栏目管理 category.php、新闻管理 article.php、用户管理 user.php 3 个基本模块，这几个页面也是对数据的信息进行读取的操作。默认显示的事栏目管理 category.php 页面，具体代码如下：

```
<?php require_once ("admin.inc.php");?>
```

```
<html>
<head>
    <meta http-equiv="Content-Type" content="text/html; charset=utf-8">
    <title></title>
    <link href="images/css.css" rel="stylesheet" type="text/css">
    <script src="../include/js/jquery.js" type="text/javascript"></script>
</head>
<body>
    <table width="100%" border="0" cellpadding="0" cellspacing="0" >
        <tr>
            <td valign="top" style="padding:10px;">
                <table width="100%" border="0" class="table_head">
                    <tr>
                        <td width="39%" height="31">栏目管理</td>
                        <td width="61%" align="right"></td>
                        <td width="61%" align="right"><input type="button" value
                            ="添加顶层栏目"onClick=" location. href = ' category.
                            add.php?act=add'" class="submit1"></td>
                    </tr>
                </table>
                <table width="100%" border="0" class="table_form">
                    <tr>
                        <th>栏目名称</th>
                        <th width="50">文章数</th>
                        <th width="50">排序</th>
                        <th width="200">操作</th>
                    </tr>
                    <?php getCategoryList ( );?>
                </table>
            </td>
        </tr>
    </table>
</body>
</html>
```

  category.php 使用到了 3 个函数，第一个是 java 函数。因为栏目操作会导致本栏目下的所有新闻都会删除，因此当单击"删除"按钮时，需要调用 doAction(a,id)函数，给用户确认信息，防止误操作，然后重定向到 category.action.php 文件进行删除操作。函数如下：

```
function doAction(a,id){
    if (a=='delete'){
        if (confirm('将删除栏目下的所有文章,请确认真的要删除吗?')){
            $.ajax({
                url:'category.action.php',
                type: 'POST',
                data: '&act=delete&id='+id,        //对页面所有 input 元素进行序列化
```

```
        success: function(data){
            if(data) alert(data);
            window.location.href=window.location.href;
        }
    });
    }
  }
}
```

第二个函数为 PHP 函数 getCategoryList(),内容为获取信息列表,并增加对相应信息的添加子栏目、添加文章、修改、删除等操作按钮。具体内容如下:

```php
<?php
function getCategoryList($id=0, $level=0) {
    global $db;
    $category_arr=$db->getList ("SELECT * FROM cms_category WHERE pid=" . $id .
        "order by seq,id");
    for($lev=0; $lev <$level * 2 -1; $lev ++) {
        $level_nbsp .=" "; }
    $level++;
    $level_nbsp . = "< font style= \"font - size: 12px; font - family: wingdings \">".
        $level."</font>";
    foreach ($category_arr as $category) {
        $id=$category ['id'];
        $name=$category ['name'];
        echo "<tr onMouseOver=\"this.className = ' relow '\" onMouseOut = \"this.
            className='row'\" class=\"row\">
            <td height=\"26\" ><a href=\"article.php?id=" . $id . "\">" . $level_nbsp."
                  " . $name . "</a>  (cid: $id)</td>
            <td height=\"26\" align=\"center\" style=\"color:#FF0000\">" .
                getArticleNumOfCategory ($id) . " </td>
            <td height=\"26\" align=\"center\">" . $category ['seq'] . " </td>
            <td height=\"26\" align=\"center\">
                <a href='category.add.php?act=add&pid=" . $id . "'>添加子栏目</a>|
                <a href='article.add.php?act=add&id=" . $id . "'>添加文章</a>|
                <a href='category.add.php?act=edit&id=" . $id . "'>修改</a>|
                <a href=\"javascript:doAction('delete'," . $id . ")\">删除</a></td>
        </tr>";
        getCategoryList ($id, $level);
    }
}?>
```

getCategoryList() 函数中嵌套调用了获取栏目下文章数的函数 getArticleNumOfCategory(),可以得到每个栏目下对应有多少文章。代码如下:

```php
function getArticleNumOfCategory($id) {
    global $db;
```

```
$sql = "SELECT id FROM cms_article WHERE cid=" . $id . " AND delete_session_id IS
    NULL";
return $db->getRowsNum ($sql);
}
```

后台管理首页需要显示的页面已经设计完成，登录成功进入后台管理界面，如图 11-9 所示。

图 11-9　后台管理首页

可以看到，在页面头部显示了欢迎信息、网站主页的连接、修改密码、"注销"按钮。注销页面前面已经讲过，调用的是 login.out.php 文件，修改密码页面放在后面的对数据库的修改内容中讲解。左侧是栏目导航菜单，仅划分了 3 个管理模块，通过导航菜单可以连接到其他的管理页面，也就是本系统要求的 3 个管理内容——栏目管理、新闻管理、用户管理。本系统栏目只添加了通知和新闻两个测试栏目，首页默认加载管理的是栏目管理，当然也可以默认加载其他页面。在栏目管理页面中，可以添加顶层栏目，添加子栏目，可以直接在本栏目下增加文章，对栏目进行修改、删除操作，接下来介绍操作页面设计。

11.4.3　后台数据库的写入操作设计

前面后台管理首页的内容都是涉及数据库的读取，如果要管理信息，那么就需要对数据库进行插入（添加新闻）、更新（修改新闻）、删除（删除新闻）等操作。

1. 管理员密码修改

在后台管理的过程中，由于安全性的考虑，admin 的系统管理员是不可以被其他用户管理到的。也就是说，admin 用户具有整个系统的最高权限，可以修改任何内容，包括修改其他用户，那么系统管理员的密码修改就需要单独的修改页面 user.editpwd.php。具体代码如下：

```
<?php
    require_once ("admin.inc.php");
    $act=$_GET ['act'];
    $hlink=$_GET ['hlink'];              //历史链接
    $users =$db->getOneRow ( "select * from cms_users where userid=" . $_COOKIE
        ['userid'] );?>
<html>
```

```
<head>
    <title></title>
    <link href="images/css.css" rel="stylesheet" type="text/css">
</head>
<body onLoad="document.getElementById('oldpassword').select()">
    <form action="user.action.php" method="post">
        <input type="hidden" name="act" value="<?php echo $act;?>">
        <input type="hidden" name="hlink" value="<?php echo $hlink;?>">
        <table width="100%" align="center" class="table_head">
            <tr>
                <td height="30"><?php echo $actName;?></td>
            </tr>
        </table>
        <table width="100%" align="center" class="table_list">
            <tr class="row">
                <td width="200" align="right" class="table_form">用户名:</td>
                <td height="26" class="table_form"><?php echo $users['username
                    '];?></td>
            </tr>
            <tr class="row">
                <td align="right" class="table_form">原密码:</td>
                <td height="26" class="table_form"><input name="oldpassword"
                    type="password" style="width: 200px"></td>
            </tr>
            <tr class="row">
                <td align="right" class="table_form">新密码:</td>
                <td height="26" class="table_form"><input name="password" type
                    ="password"style="width: 200px"></td>
            </tr>
            <tr class="row">
                <td align="right" class="table_form">重复新密码:</td>
                <td height="26" class="table_form"><input name="password2" type
                    ="password"style="width: 200px"></td>
            </tr>
        </table>
        <table width="100%" align="center" >
            <tr>
                <td height="29" width="300" align="right"><input type="submit"
                    name="button" id="button" value="修改密码"><input type="
                    button" onClick="window.history.go(-1)" value="返回"></td>
            </tr>
        </table>
    </form>
</body>
</html>
```

修改界面如图 11-10 所示。

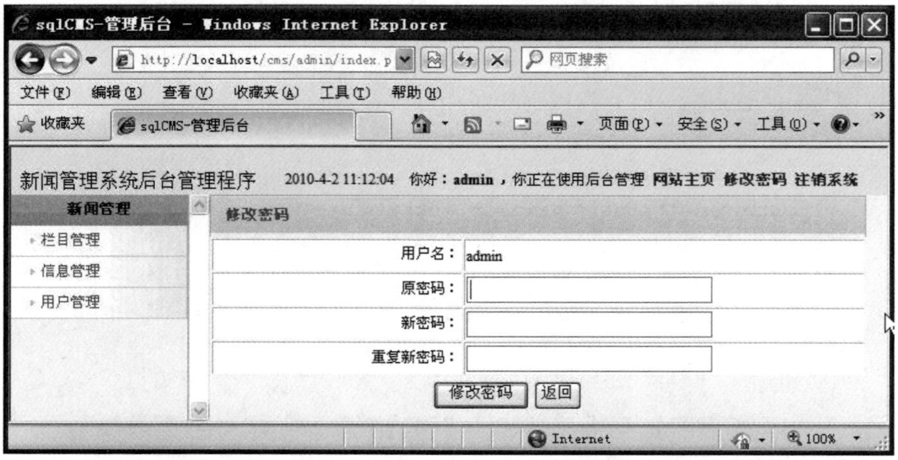

图 11-10 管理员 admin 修改密码页面

2. 用户管理

用户管理页面的主要功能是列出除 admin 管理员用户外所有的用户信息，这些用户可以登录后台进行新闻的管理，但是不可以修改 admin 用户的内容。user.php 具体代码如下：

```php
<?php
    require_once ("admin.inc.php");
    $userlist=$db->getList("select * from cms_users where username<>'admin'
        order by username asc");
?>
<html>
<head>
    <meta http-equiv="Content-Type" content="text/html; charset=utf-8">
    <title></title>
    <link href="images/css.css" rel="stylesheet" type="text/css">
    <script src="../include/js/jquery.js" type="text/javascript" ></script>
</head>
<body>
    <table width="100%" border="0" cellpadding="0" cellspacing="0" >
    <tr><td valign="top" style="padding:10px;">
    <table width="100%" border="0" align="center" cellpadding="0" cellspacing=
        "0" class="table_head">
        <tr>
            <td height="30">账号管理 </td>
            <td width="80"><input name="button" type="button" class="submit" onClick=
                "location.href='user.add.php?act=add'" value="添加用户"></td>
        </tr>
    </table>
    <table width="100%" border="0" align="center" cellpadding="0" cellspacing=
        "0" class="table_form">
        <tr>
```

```
            <th width="40"><input type="checkbox" name="checkbox11" value=
                "checkbox" onClick="checkAll(this,'checkbox')"></th>
            <th width="100">ID</th>
            <th height="26">用户名</th>
            <th width="80" height="26">操作</th>
        </tr>
        <?php foreach ($userlist as $list){ $userid=$list['userid']; ?>
        <tr
            onMouseOver="this.className='relow'" onMouseOut="this.className=
                'row'" class="row"><td align="center" >
            < input type = " checkbox " name = " checkbox " value="<?php echo $list ['
                userid'];?>" onClick="checkDeleteStatus('checkbox')"></td>
            <td align="center" ><?php echo $list['userid'];?></td>
            <td height="26" align="center" ><a href="user.add.php?act=edit&userid=
                <?php echo $list['userid'];?>"><?php echo $list['username'];?></a></td>
            <td height=" 26"  align = " center " > < a  href = " user. add. php? act =
                edit&userid=<?php echo $userid;?>"> < img src = " images/edit.gif"
                alt="修改" border="0"></a><img src="images/del.gif" alt="删除"
                onClick="doAction('delete',<?php echo $list['userid'];?>)" style
                ="cursor:pointer"></td>
        </tr>
        <?php } ?>
    </table>
    <table width="100%" border="0" cellpadding="0" cellspacing="0" class=
        "table_footer">
            <tr>
                <td height="29" style="text-align:left; padding-left:10px">
                    < input type = " button " id = " DeleteCheckboxButton " value = " 删除 "
                    disabled="disabled" onClick="doAction('deleteAll')"></td>
            </tr>
    </table>
</body>
</html>
```

页面使用了几个 Java 函数，具体如下。

以下是对删除的提示并进行删除操作的函数：

```
function doAction(a,id){
    if(a=='deleteAll'){
        if(confirm('请确认是否删除！')){
            $.ajax({
                url:'user.action.php',
                type: 'POST',
                data:'act=delete&userid='+getCheckedIds('checkbox'),
                success: function(data){
                    if(data) alert(data);
                    window.location.href =window.location.href;
                }
            });
        }
    }
```

```
if(a=='delete'){
    if(confirm('请确认是否删除!')){
        $.ajax({
            url:'user.action.php',
            type: 'POST',
            data:'act=delete&userid='+id,
            success: function(data){
                if(data) alert(data);
                window.location.href =window.location.href;
            }
        });
    }
}
```

以下是多选框的全选、取消函数：

```
function checkAll(o,checkBoxName){
    var oc=document.getElementsByName(checkBoxName);
    for(var i=0; i<oc.length; i++) {
        if(o.checked){ oc[i].checked=true; }
            else{oc[i].checked=false;}
    }
    checkDeleteStatus(checkBoxName)
}
```

以下是检查有选择的项（如果有删除则按钮可操作，没有删除则按钮呈灰色）：

```
function checkDeleteStatus(checkBoxName){
    var oc=document.getElementsByName(checkBoxName);
    for(var i=0; i<oc.length; i++) {
        if(oc[i].checked){
            document.getElementById('DeleteCheckboxButton').disabled=false;
            return;
        }
    }
    document.getElementById('DeleteCheckboxButton').disabled=true;
}
```

以下是获取所有被选中项的 ID 组成字符串：

```
function getCheckedIds(checkBoxName){
    var oc=document.getElementsByName(checkBoxName);
    var CheckedIds="";
    for(var i=0; i<oc.length; i++) {
        if (oc[i].checked){
            if(CheckedIds==''){ CheckedIds=oc[i].value;}
                else{CheckedIds +=","+oc[i].value;}
```

```
        }
    }
    return CheckedIds;
}
```

用户管理页面如图 11-11 所示。

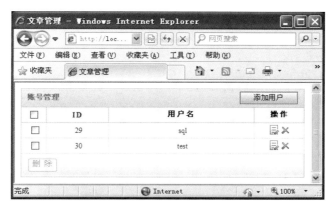

图 11-11　用户管理页面

刚才所列举的几个函数就是对多选框及"删除"按钮的设置,设计 Java 的内容,这里就不详细说明了。当单击"添加用户"按钮时,会调用 user.add.php 页面,并使用 act＝add 的参数进行添加用户;当单击"修改"按钮时,会调用 user.add.php 页面,并使用 act＝edit＆userid＝的参数进行用户的修改。user.add.php 页面会根据不同的参数,选择不同的程序调用。具体代码如下:

```
<?php
    require_once ("admin.inc.php");
    $userid=trim($_GET ['userid'])?trim($_GET ['userid']):0;
    $act=trim($_GET ['act'])?trim($_GET ['act']):'add';
    $actName=$act=='add'?'添加':'修改';
    $users =$db->getOneRow ( "select * from cms_users where userid=" . $userid );
?>
<html>
<head>
    <title></title>
    <link href="images/css.css" rel="stylesheet" type="text/css">
</head>
<body>
    <form action="user.action.php" method="post">
        <input type="hidden" name="act" value="<?php echo $act;?>">
        <table width="100%" border="0" cellpadding="0" cellspacing="0" class="
            form_title">
            <tr>
                <td height="31"><strong><?php echo $actName;?>账号</strong></
                    td>
```

```
            </tr>
        </table>
        <table width="100%" border="0" align="center" class="table_list">
            <tr>
                <td width="200" align="right" class="form_list">用户名:</td>
                <td height="26" class="form_list"><?php if (empty ($users['username
                    '] )) { ?><input name="username" type="text" style="width:
                    200px"><?php } else { echo $users['username']; }?></td>
            </tr>
            <tr>
                <td align="right" class="form_list">密码:</td>
                <td height="26" class="form_list"><input name="password" type=
                    "password" style="width: 200px"></td>
            </tr>
            <tr>
                <td align="right" class="form_list">重复密码:</td>
                <td height="26" class="form_list"><input name="password2" type
                    ="password"    style="width: 200px"></td>
            </tr>
        </table>
        <table width="100%" border="0" align="center" >
            <tr>
                <td height="29" class="form_footer" style="text-align: left">
                    <input type="submit" name="button" id="button" value="<?php
                    echo $actName;?>用户"><input type="button" onClick="window.
                    history.go(-1)" value="返回" /><input type="hidden" name=
                    "userid" value="<?php echo $userid;?>"></td>
            </tr>
        </table>
    </form>
</body>
</html>
```

添加用户界面与修改用户界面类似，仅仅是用户名的位置有所不同，填好用户名、密码提交后，页面会把数据提交给 user.action.php 页面进行处理。添加用户界面如图 11-12 所示。

接下来就是使用 user.action.php 页面对数据库操作，根据传递参数不同做出不同的操作，用户的更新、添加、删除等操作，前面 admin 用户的修改密码的页面 user.editpwd.php 也是把数据提交至 user.action.php 页面进行数据库的更新操作。user.action.php 的具体代码如下：

```php
<?php
    //添加用户代码
    header('Content-Type: text/html; charset=utf-8');
    require_once ("admin.inc.php");
```

图 11-12 添加用户

```php
$act =$_POST ['act'];
if ($act=='add') {
    if(empty($_POST['username'])){
        exit ("<script>alert('用户名不能为空!');window.history.go(-1)</
            script>");
    }
    if(empty($_POST['password'])){
        exit("<script>alert('密码不能为空!');window.history.go(-1)</
            script>");
    }
    if($_POST['password']!=$_POST['password2']){
        exit("<script>alert('两次密码输入不一致!');window.history.go(-1)</
            script>");
    }
    if(check_username($_POST['username'])){
        exit("<script>alert('用户 ".$_POST['username']." 已经存在!');window.
            history.go(-1)</script>");
    }
    $record =array('username'=>$_POST ['username'],'password'=>md5($_POST
        ['password']),'userflag'=>$_POST ['userflag']);
    $id =$db->insert('cms_users',$record);
    header("Location: user.php");
}
//编辑用户代码
if ($act=='edit'){
    $userid =$_POST['userid'];
    if($_POST['password']!=$_POST['password2']){
        exit("<script>alert('两次密码输入不一致!');window.history.go(-1)</
            script>");
    }
        $record =array('userflag'=>$_POST ['userflag']);
    if(!empty($_POST['password'])) $record['password'] = md5($_POST['
```

```php
        password']);
        $db->update('cms_users',$record,'userid='.$userid);
        header("Location: user.php");
    }
    //删除用户代码
    if ($act=='delete') {
        $userid =$_POST['userid'];
        $db->delete('cms_users','userid in('.$userid.')');
        exit();
    }
    //管理员修改密码代码,也可以是其他用户直接修改自己的密码
    if ($act=='editpwd') {
        if(empty($_POST['oldpassword'])||empty($_POST['password'])){
            exit("<script>alert('密码不能为空!');window.history.go(-1)</
                script>");
        }
        if($_POST['password']!=$_POST['password2']){
            exit("<script>alert('新密码两次输入不一致!');window.history.go(-1)</
                script>");
        }
        if(!check_password($_COOKIE['userid'],$_POST ['oldpassword'])){
            exit("<script>alert('原始密码错误!');window.history.go(-1)</
                script>");
        }
        $record =array('password'=>md5($_POST ['password']));
        $db->update ('cms_users',$record,'userid='.$_COOKIE['userid']);
        if (!empty($_POST['hlink'])){
            header("Location: ".$_POST['hlink']);
        }
        else {
            header("Location: article.php");
        }
    }
    //检查用户名密码函数代码
    function check_username($username){
        global $db;
        return $db->getRowsNum("select userid from cms_users where username=
            '".$username."'");
    }
    function check_password($userid,$oldpassword){
        global $db;
        return $db->getRowsNum("select userid from cms_users where userid=
            ".$userid." and password='".md5($oldpassword)."'");
    }
?>
```

3. 栏目管理

前面讲管理首页时，已经把栏目管理页面 category.php 完成了，图 11-13 是栏目管理
页面。

图 11-13　栏目管理页面

与用户管理类似，栏目管理也包括栏目的添加、修改、删除操作，除此之外也可以在某个
栏目下直接添加文章。栏目管理中少了全部删除的功能，因为栏目所包含的文章数量较多，
一旦删除栏目，栏目下的所有新闻将不可用，所以不提供批量删除栏目的功能。添加栏目无
论顶层栏目还是子栏目，都是在 category.add.php 页面中进行，具体代码如下：

```php
<?php
    require_once("admin.inc.php");
    require_once("admin.function.php");
    $act =trim($_GET ['act'])?trim($_GET ['act']):'add';
    $pid =trim($_GET ['pid'])?trim($_GET ['pid']):0;
    $id=trim($_GET ['id'])?trim($_GET ['id']):0;
    $actName =$act =='add'?'添加':'修改';
    $name="";
    $seq=0;
    if($act=='edit'){
        $classify_row =$db->getOneRow("select * from cms_category where id=".$id);
        $pid =$classify_row['pid'];
        $name=$classify_row['name'];
        $seq =$classify_row['seq'];
    }?>
<html>
<head>
    <title></title>
    <link href="images/css.css" rel="stylesheet" type="text/css">
</head>
<body>
    <form action="category.action.php" method="post">
        <input type="hidden" name="act" value="<?php echo $act;?>">
```

```html
<table width="100%" border="0" class="form_title">
    <tr>
        <td width="39%" height="31"><?php echo $actName;?>栏目</td>
        <td width="61%" align="right"></td>
        <td width="61%" align="right"> </td>
    </tr>
</table>
<table width="100%" border="0" align="center" class="table_list">
    <tr class="row">
        <td width="150" align="right" class="form_list">父栏目:</td>
        <td height="26" class="form_list"><select name="pid"><option
            value="0">--顶层栏目--</option><?php getCategorySelect
            ($pid)?></select>  </td>
    </tr>
    <tr class="row">
        <td align="right" class="form_list">栏目名称:</td>
        <td height="26" class="form_list">
        <input name="name" type="text"value="<?php echo $name;?>" style
            ="width: 200px"></td>
    </tr>
    <tr class="row">
        <td align="right" class="form_list">排序:</td>
        <td height="26" class="form_list"><input name="seq" type="text"
            id="seq"style="width: 50px" value="<?php echo $seq;?>">
        </td>
    </tr>
</table>
<table width="100%" border="0" align="center" class="form_title">
    <tr>
        <td height="29" style="text-align: left"><input type="submit"
            name="button" id="button" value="<?php echo $actName;?>栏目">
        <input type="button" onClick="window.history.go(-1)" value=
        "返回" /><input type="hidden" name="cid" value="<?php echo
        $id;?>"></td>
    </tr>
</table>
</form>
</body>
</html>
```

新增、修改栏目的页面和添加用户的页面类似,如图 11-14 所示。

填写完栏目信息以后,将信息提交到 category.action.php 页面,进行数据库的操作,根据提交的参数进行相应的操作,包括添加、修改、删除操作。具体代码如下:

```php
<?php
    //添加栏目
```

图 11-14　栏目添加页面

```php
require_once("admin.inc.php");
$act =$_POST['act'];
if($act=='add'){
    $pid =$_POST['pid'];
    $record=array('pid' =>$_POST ['pid'],'name'=>$_POST ['name'],'seq'=>$_
        POST ['seq'] );
    $id =$db->insert('cms_category',$record);
    header("Location: category.php");
}
//编辑栏目
if ($act=='edit'){
    $pid =$_POST['pid'];
    $id =$_POST['cid'];
    $record=array('pid'=>$_POST ['pid'] 'name'=>$_POST ['name'],'seq'=>$_
        POST ['seq']);
    $db->update('cms_category',$record,'id='.$id);
    header("Location: category.php");
}
//删除栏目
if ($act=='delete'){
    $id =$_POST['id'];
    $ids =getAllCatetoryIds($id);
    $db->delete('cms_category','id in('.$ids.')');
    $db->update('cms_article',array('delete_session_id'=>$_COOKIE['userid
        ']),'cid in('.$ids.')');
    exit(1);
}
//递归调用函数,返回所有子节点 1,2,3,等
function getAllChildCategoryIds($id,&$ids=''){
    global $db;
    $list =$db->getList("select id from cms_category where pid=".$id);
```

```
        foreach($list as $ls){
            $ids =empty($ids)?$ls['id']:$ids .','.$ls['id'];
            getAllChildCategoryIds($ls['id'],$ids);
        }
        return $ids;
    }
    //获得所有栏目的 id 号函数
    function getAllCatetoryIds($id){
        $ids =getAllChildCategoryIds($id);
        return empty($ids)?$id:$id.','.$ids;
        }
    }
?>
```

4. 新闻管理

新闻管理是本系统的管理重点。和栏目管理及用户管理的思想类似,只是由于新闻字段比较多,信息内容比较复杂,需要用到编辑器、上传图片等内容。

首先是新闻管理页面 article.php,列出文章标题、发布人、发布时间、所属栏目等信息,具体代码如下:

```
<?php
    require_once("admin.inc.php");
    require_once "admin.function.php");
    $id=trim $_GET ['id']) ? trim ($_GET ['id'] : 0;
    $keywords =trim($_GET['keywords']);
    $page=$_GET ['page'] ? $_GET ['page'] : 1;
    $page_size=10;
    $where="a.delete_session_id is null";
    if($id){ $where.=" and a.cid=" . $id; }
    if($keywords){
        $where.=" and (a.title like '%".$keywords."% ' or a.content like '%".
            $keywords."%')";
    }
    $sql_string ="select a. * ,b.name as cname,c.username from cms_article a left
        outer join cms_category b on a.cid=b.id left outer join cms_users c on a.
        created_by=c.userid where ".$where." order by a.id desc";
    $total_nums =$db->getRowsNum ( $sql_string );
    $mpurl ="article.php?id=" . $id."&keywords=".$keywords;
    $article_list =$db-> selectLimit ( $sql_string, $page_size,($page - 1)  *
        $page_size );
?>
<html>
<head>
    <title>文章管理</title>
    <link href="images/css.css" rel="stylesheet" type="text/css">
```

```
    <script src="../include/js/jquery.js" type="text/javascript"></script>
</head>
<body>
    <table width="100%" border="0" cellpadding="0" cellspacing="0" >
        <tr>
            <td valign="top" style="padding:10px;">
                <table width="100%" border="0" class="serach">
                    <tr>
                        <td height="40"><form method="get" action="article.php"
                            style="margin:0"><input type="hidden" name="cid"
                            value="<?php echo $id;?>">关键搜索:<input title="输入
                            文章标题或文章内容" name="keywords" type="text" value="
                            <?php echo $keywords;?>" onClick="this.select();">
                            <input type="image"  name="Submit5" src="images/
                            search.gif" style="border:none; height:19px; width:
                            66px"/></form>?</td>
                    </tr>
                </table>
                <table width="100%" border="0"class="table_head">
                    <tr>
                        <td width="200" height="31">文章管理</td>
                            <td align="right"><select name="select" onChange="
                            window.location.href='article.php?id='+this.
                            value"><option value="0">--所有栏目--</option>
                            <?php getCategorySelect($id)?></select><input
                            type="button" value="添加文章" onClick="location.
                            href='article.add.php?act=add&cid=<?php echo
                            $id;?>'" class="submit"></td>
                    </tr>
                </table>
                <table width="100%" border="0" cellpadding="0" cellspacing="0"
                    class="table_form">
                    <tr>
                        <th width="40">
                        <input type="checkbox" name="checkbox11"value="checkbox"
                            onClick="checkAll(this,'checkbox')"></th>
                        <th height="26">文章标题</th>
                        <th width="90" height="26">发布人</th>
                        <th width="150" height="26">发布时间</th>
                        <th width="80">所属栏目</th>
                        <th width="80" height="26">操作</th>
                    </tr>
                        <?php foreach ($article_list as $al) {?>
                        <tr onMouseOver="this.className='relow'" onMouseOut=
                            "this.className='row'" class="row">
```

```php
                    <td align="center"><input type="checkbox" name="
                        checkbox" value="<?php echo $al['id'];?>" onClick
                        ="checkDeleteStatus('checkbox')"></td>
                    <td height="26"><a href="article.add.php?act=
                        edit&id=<?php echo $al['id'];?>&cid=<?php echo
                        $al['cid'];?>"><?php echo $al['title'];?></a></
                        td>
                    <td height="26" align="center"><?php echo $al['username
                        '];?> </td>
                    <td height="26" align="center"><?php echo $al['created_
                        date'];?> </td>
                    <td align="center"><?php echo $al['cname'];?> 
                        </td>
                    <td height="26" align="center"><a href="article.add.
                        php?act=edit&cid=<?php echo $al['cid'];?>&id=<?
                        php echo $al['id'];?>"><img src="images/edit.
                        gif" alt="修改" border="0"></a><img src="images/
                        del.gif" alt="删除" onClick="doAction('delete',<?
                        php echo $al['id'];?>)"style="cursor: pointer">
                        </td>
            </tr>
            <?php    } ?>
        </table>
        <table width="100%" border="0" class="table_footer">
            <tr>
                <td height="29" style="text-align: left; padding-left:
                    10px"><input type="button" id="DeleteCheckboxButton"
                    value="批量删除" disabled="disabled" onClick=
                    "doAction('deleteAll')">转移到<select id="selectCid"
                    name="selectCid" disabled><?php getCategorySelect();?>
                    </select><input id="updateCategoryButton" type="button"
                    value="批量转移" disabled="disabled" onClick="doAction
                    ('moveAll')"><?php echo multi($total_nums, $page_
                    size, $page, $mpurl, 0, 5);?></td>
            </tr>
        </table>
        </td>
    </tr>
    </table>
</body>
</html>
```

新闻管理页面中使用到的调用函数在介绍用户管理页面时已经使用过,这里就省略了。下面是页面中使用到的移动函数:

```
<script type="text/javascript">
```

```
function doAction(a,id){
    if(a=='moveAll'){
        scid=document.getElementById("selectCid").value;
        if(confirm('请确认是否转移!')){
            $.ajax({
                url:'article.action.php',
                type: 'POST',
                data:'act=move&scid='+scid+'&id='+getCheckedIds('checkbox'),
                success: function (data) { window. location. href = window. location.
                    href;}
            });
        }
    }
}
</script>
```

新闻管理页面运行情况如图 11-15 所示。

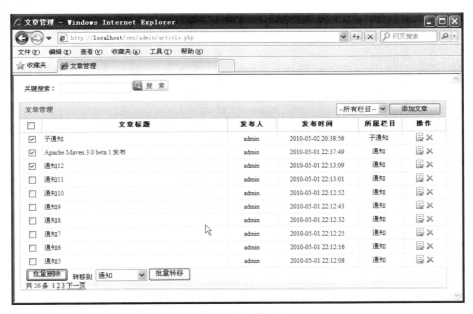

图 11-15 新闻管理页面

新闻添加删除都是在 article.add.php 页面中完成,具体代码如下:

```
<?php
    include("admin.inc.php");
    include("../include/fckeditor/fckeditor.php");
    $cid=trim($_GET['cid'])?trim($_GET['cid']):0;
    $id=trim($_GET['id'])?trim($_GET['id']):0;
    $act=trim($_GET['act'])?trim($_GET['act']):'add';
    $actName =$act =='add'?'添加':'修改';
```

```
        $article =$db->getOneRow ( "select * from cms_article where id=" . $id );
?>
<html>
<head>
    <title></title>
    <link href="images/css.css" rel="stylesheet" type="text/css">
    <script src="../include/js/jquery.js" type="text/javascript"></script>
</head>
<body onLoad="document.getElementById('title').focus( )">
    <form action="article.action.php" method="post" enctype="multipart/form-
        data" name="form1">
        <input type="hidden" name="act" value="<?php echo $act;?>">
        <table width="100%" border="0" cellpadding="0" cellspacing="0" class="
            form_title">
            <tr>
                <td height="31"><strong><?php echo $actName;?>文章</strong></td>
            </tr>
        </table>
        <table width =" 100%" border =" 0 " align =" center " cellpadding =" 0 "
            cellspacing="0">
            <tr>
                <td width="10%" height="40" class="form_list">标题 :</td>
                <td width="40%" class="form_list"><input name="title" type="
                    text" class ="form" style =" width: 90%" value ="<? php echo
                    $article ['title'];?>"></td>
                <td width="10%" class="form_list">副标题:</td>
                <td width="40%" class="form_list"><input name="subtitle" type="
                    text" class ="form" style =" width: 90%" value ="<? php echo
                    $article ['subtitle'];?>"></td>
            </tr>
            <tr>
                <td height="40" class="form_list">缩略图:</td>
                <td colspan="3" class="form_list">
                    <table width="100%" border="0" >
                        <tr>
                            <td width="200"><input type="file" name="pic" id=
                                "pic"></td>
                            <td><div id="picdiv"><?php if (!empty($article ['pic']))
                                {?><img src="../<?php echo $article ['pic'];?>" width=
                                "100" height =" 40 " onMouseOver =" document.
                                getElementById (' bigPic '). style. display = ' '"
                                onMouseOut ="document. getElementById ('bigPic').
                                style.display= 'none'"><div id="bigPic" style=
                                "display:none; position:absolute;"><img src="../
                                <?php echo $article ['pic'];?>"></div>?< font
```

```
                        style="cursor:pointer; font-size:12px" onclick="
                        doAction('delpic',<?php echo $id;?>)">删除图片</
                        font><?php } ?></div></td>
                </tr>
            </table>
        </td>
    </tr>
    <tr>
        <td height="40" class="form_list">出处:</td>
        <td class="form_list"><input name="source" type="text" class=
            "form" style="width: 90%" value="<?php echo $article ['source
            '];?>"></td>
        <td class="form_list">作者:</td>
        <tdclass="form_list"><input name="author" type="text" class=
            "form" value="<?php echo $article ['author'];?>"></td>
    </tr>
    <tr>
        <td height="40" class="form_list">所属栏目:</td>
        <td class="form_list"><input name="cid" type="hidden" value="<?
            php echo $id;?>"><select name="cid"><option value="0">--未
            分类--</option><?php getCategorySelect ($cid)?></select>
        <td class="form_list">摘要:</td>
        <td class ="form_list"><textarea name="resume" class="form"
            style="width: 90%; height: 50px; overflow: auto"><?php echo
            trim ( $article ['resume'] );?></textarea></td>
    </tr>
    <tr>
        <tdheight="40" colspan="4" align="center" class="form_list">
            <textarea id="content" rows="10" cols="100" name="content">
            <?php echo trim ( $article ['content'] );?></textarea></td>
    </tr>
</table>
<table width="100%" border="0" cellpadding="0" cellspacing="0" class="form_
    title">
    <tr>
        <td height="31" align="center"><input name="id" type="hidden" value=
            "<?php echo $id;?>"><input type="submit" name="button" id=
            "button" value=" 提 交 "><input type="button" value=" 返 回 "
            onClick="window.history.go(-1)"></td>
    </tr>
</table>
</form>
</body>
</html>
```

页面中使用了一个对图片删除操作的函数,代码如下:

```
<script type="text/javascript">
    function doAction(a,id){
        ids=0;
        if(a=='delpic'){
            $.ajax({
                url:'article.action.php', type: 'POST', data: 'act=delpic&id=
                    '+id, success: function(data){
                    document.getElementById('picdiv').innerHTML="";
                }
            });
        }
    }
</script>
```

新闻添加页面包括标题、副标题、缩略图、出处、作者、所属栏目、摘要、内容等信息。在编辑内容时,可以采用文档编辑器(例如 FCKeditor)编辑更为负责的内容,设置出类似于 Word 排版的内容。由于编辑器过于复杂,这里就不再详细描述,但是读者可以下载第三方的编辑器来完善自己的系统。

```
article.add.php?act=add&cid=1
```

下面语句执行后如图 11-16 所示。

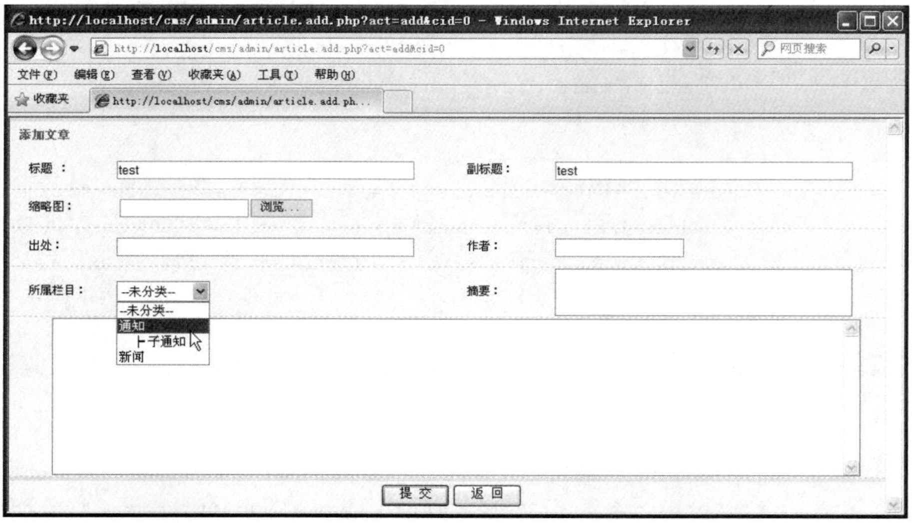

图 11-16　新闻添加页面

单击"提交"按钮后,交由 article.action.php 页面进行数据库的插入、更新、删除等操作。article.action.php 页面中,一些重要的代码段如下。

以下是添加的新闻代码:

```
require_once ("admin.inc.php");
```

```
$act=trim($_POST ['act']);
if ($act=='add') {
    if(empty($_POST['title'])){
        exit("<script>alert('标题不能为空！');window.history.go(-1)</script>");
    }
    if(empty($_POST['cid'])){
        exit("<script>alert('栏目不能为空！');window.history.go(-1)</script>");
    }
    $record=array(
        'cid'=>$_POST ['cid'],
        'title'=>$_POST ['title'],
        'subtitle'=>$_POST ['subtitle'],
        'source'=>$_POST ['source'],
        'author'=>$_POST ['author'],
        'resume'=>$_POST ['resume'],
        'content'=>$_POST ['content'],
        'pubdate'=>date ("Y-m-d H:i:s"),
        'created_date'=>date ("Y-m-d H:i:s"),
        'created_by'=>$_COOKIE['userid'] );
    if (!empty($_FILES['pic']['name'])){
        $upload_file=uploadFile('pic');    //上传图片,返回地址
        $record['pic']=$upload_file;
    }
    $id=$db->insert('cms_article',$record);
    header("Location: article.php?id=".$_POST['cid']);
}
```

以下是修改新闻代码：

```
if ($act=='edit'){
    $id=$_POST ['id'];
    if(empty($_POST['title'])){
        exit("<script>alert('标题不能为空！');window.history.go(-1)</script>");}
    if(empty($_POST['cid'])){
        exit("<script>alert('栏目不能为空！');window.history.go(-1)</script>");}
    $record=array(
        'cid'=>$_POST ['cid'],
        'title'=>$_POST ['title'],
        'subtitle'=>$_POST ['subtitle'],
        'source'=>$_POST ['source'],
        'author'=>$_POST ['author'],
        'resume'=>$_POST ['resume'],
        'content'=>$_POST ['content'],
        'pubdate'=>date ("Y-m-d H:i:s"),
        'created_date'=>date ("Y-m-d H:i:s"),
        'created_by'=>$_COOKIE['userid'] );
```

```
    if(!empty($_FILES['pic']['name'])){
        $upload_file=uploadFile('pic');      //上传图片,返回地址
        $record['pic']=$upload_file;
    }
    $db->update('cms_article',$record,'id='.$id);
    header("Location: article.php?id=".$_POST['cid']);
}
```

以下是删除新闻代码：

```
if ($act=='delete') {
    $id=$_POST ['id'];
    $db->update('cms_article',array('delete_session_id'=>$_COOKIE['userid']),
        'id in('.$id.')');
    exit();
}
```

以下是转移文章到其他栏目的代码：

```
if ($act=='move') {
    $scid=$_POST['scid'];
    $id=$_POST ['id'];
    $db->update('cms_article',array('cid'=>$scid),'id in('.$id.')');
    exit();
}
```

以下是删除缩略图代码：

```
if ($act=='delpic') {
    $id=$_POST ['id'];
    $pic_path=$db->getOneField("select pic from cms_article where id=".$id);
    $pic_path=$db->getOneField("select pic from cms_article where id=".$id);
    if (is_file(ROOT_PATH.$pic_path)){
        @unlink(ROOT_PATH.$pic_path);
    }
    $db->update('cms_article',array('pic'=>''),'id in('.$id.')');
    exit();
}
```

在后台公用函数库文件 admin.function.php 中,定义了图片上传函数,用户可以修改它的文件类型从而实现文件管理的扩展。

```
function uploadFile($filename){
    global $db;
    global $config;
    $attachment_dir=$config['attachment_dir'].date('Ym')."/";
    !is_dir(ROOT_PATH.$attachment_dir)&&mkdir(ROOT_PATH.$attachment_dir);
    $AllowedExtensions=array('bmp','gif','jpeg','jpg','png');
    $Extensions=end(explode(".",$_FILES[$filename]['name']));
```

```
if (!in_array(strtolower($Extensions),$AllowedExtensions)){
    exit("<script>alert('缩略图格式错误!只支持后缀名为 bmp,gif,jpeg,jpg,png
        的文件');window.history.go(-1)</script>");
}
$file_name=date('YmdHis').'_'.rand(10,99).'.'.$Extensions;
$upload_file=$attachment_dir.$file_name;
$upload_absolute_file=ROOT_PATH.$upload_file;
if (move_uploaded_file($_FILES[$filename]['tmp_name'], $upload_absolute_
    file)) {
    $record=array( 'filename'=>$file_name, 'ffilename'=>$_FILES [$filename]
        ['name'], 'path'=>$upload_file, 'ext'=>$Extensions, 'size'=>$_FILES
        [$filename]['size'], 'upload_date'=>date("Y-m-d H:i:s") );
    $id=$db->insert('cms_file',$record);
    return $upload_file;
    }
}
```

  文件上传过程中需要注意文件类型、大小的设置,在实际网站建设的过程中,根据服务器、接入带宽、访问量的不同,需要考虑的因素就更加广泛。

  至此,整个系统设计开发完成,构建 Apache+PHP+MySQL 环境后,就可以浏览制作自己的新闻管理系统,根据不同的需求不断改进,成为完善的内容管理系统。

11.5 本章小结

  本章主要介绍了新闻管理系统的分析和设计,介绍了前台新闻发布和后台管理的详细设计。栏目分类管理和新闻内容管理及新闻浏览和阅读是新闻管理系统的重点,而目录树的构建、函数调用、批量删除、文件上传是此类系统的难点。

  新闻管理系统是内容管理系统(CMS)的雏形,也是基础,后台的信息分类管理和前台的信息展示及浏览是所有内容管理系统的共有特征。本实例已经具有新闻管理系统的模型,但是对于实际的新闻管理系统来说,还有很多需要完善的地方。比如在新闻管理的审核机制、新闻的评论模块,用户的权限分类。对于一个网站也不可能仅仅是文章的管理,扩展到诸如电子商务、软件下载、电影网站等应用系统。而访问量较大的网站,可以考虑利用模板生成静态的 HTML 页面,提高访问速度,减轻服务器的解释执行的压力。

实训 11

【实训目的】

  新闻管理系统应用十分广泛,目前很多新闻管理系统都是基于 PHP 来制作使用,同时作为动态的站点管理也是不错的选择。本实验主要是练习新闻管里系统开发过程,进一步掌握 PHP 作为程序开发语言的编写、排错等内容。

  通过实验可以使学生掌握新闻管里系统程序的开发流程,并在实验过程中借鉴本章具体内容,在此基础上进行功能的改进和进一步开发。

【实训环境】

（1）硬件：计算机一台。

（2）软件：Windows 系统平台、PHP 5.2.13、Apache 2.2.4、MySQL 5.1.45。

说明：可根据实验室的具体情况选择软件的安装情况。

【实训内容】

（1）数据库的连接，并进行测试。

（2）首页新闻显示页面设计、编写。

（3）新闻内容页设计、编写。

（4）后台新闻内容的管理，要有添加、修改、删除功能，同时要有用户登录页面设置，考虑 Web 页面的安全性设置。

（5）系统完成后，要互相进行功能测试，并改进程序。

说明：代码部分参照本章所讲内容。

习题 11

利用 PHP 编写一个完整的图书管理程序，要求有项目说明、流程设计、前台页面，以及数据库的维护页面。

图 书 资 源 支 持

感谢您一直以来对清华版图书的支持和爱护。为了配合本书的使用,本书提供配套的资源,有需求的读者请扫描下方的"书圈"微信公众号二维码,在图书专区下载,也可以拨打电话或发送电子邮件咨询。

如果您在使用本书的过程中遇到了什么问题,或者有相关图书出版计划,也请您发邮件告诉我们,以便我们更好地为您服务。

我们的联系方式:

地　　址:北京市海淀区双清路学研大厦 A 座 714

邮　　编:100084

电　　话:010-83470236　010-83470237

客服邮箱:2301891038@qq.com

QQ:2301891038(请写明您的单位和姓名)

资源下载:关注公众号"书圈"下载配套资源。

资源下载、样书申请

书 圈

图书案例

清华计算机学堂

观看课程直播